北京大学国家地质学基础科学研究和教学人才培养基地系列教材

矿 物 学 基 础

秦 善 王长秋 编著

内 容 简 介

本书系统论述了矿物学基础理论和知识,共分11章。第1章引入矿物及矿物科学的基本概念;第2章介绍矿物的成因及其变化;第3章介绍矿物的宏观鉴定特征;第4章介绍矿物的化学组成;第5~10章系统介绍各类矿物的特征,包括自然元素矿物、卤化物矿物、硫化物矿物、氧化物和氢氧化物矿物、硅酸盐和其他含氧盐类矿物等,每一矿物种均从矿物的化学组成、结构、形态、物理性质、成因产状等方面作较详细介绍;第11章简要介绍矿物学的现代测试方法和技术。在附录中还给出了实习指导,以及矿物名称的中英文索引和关键词索引。

本书可作为高等院校地质、冶金、材料、物理、化学等学科的教材和教学参考书,也可供相关学科的研究人员参考。

图书在版编目(CIP)数据

矿物学基础/秦善,王长秋编著. —北京:北京大学出版社,2006.1
(北京大学国家地质学基础科学研究和教学人才培养基地系列教材)
ISBN 978-7-301-09923-0

Ⅰ. 矿… Ⅱ. ① 秦… ② 王… Ⅲ. 矿物学-高等学校-教材 Ⅳ. P57

中国版本图书馆 CIP 数据核字(2005)第 125632 号

书　　　　名:**矿物学基础**
著作责任者:秦　善　王长秋　编著
责 任 编 辑:郑月娥
封 面 设 计:张　虹
标 准 书 号:ISBN 978-7-301-09923-0/P · 0063
出 版 发 行:北京大学出版社
地　　　　址:北京市海淀区成府路 205 号　　100871
网　　　　址:http://www.pup.cn　　新浪官方微博:@北京大学出版社
电 子 信 箱:zye@pup.pku.edu.cn
电　　　　话:邮购部 62752015　发行部 62750672　编辑部 62767347　出版部 62754962
印 刷 者:涿州市星河印刷有限公司
经 销 者:新华书店
　　　　　　787 毫米×1092 毫米　16 开本　13.25 印张　330 千字
　　　　　　2006 年 1 月第 1 版　2020 年 6 月第 7 次印刷
定　　　　价:38.00 元

前　言

传统的矿物学(mineralogy)是以矿物为研究对象的一门自然科学。如果从认识和利用矿物的角度来看,那么矿物学的萌芽可以追溯至人类文明的早期。那时,无论是作为生产工具的石器、生活中取火的燧石,还是古岩画所用的颜料,无一例外都是人们认识矿物和使用矿物的明证。因此可以说,矿物学的历史与人类的文明史一样久远。然而,数千年的发展并没有使矿物学"成熟过头",相反,矿物学本身也在不断地进行自身调节,也在发展、变化和提高。正如我们在本书中叙述的那样:"现代矿物学已发展成为包含许多分支学科的庞大的综合体系……人们已将传统的矿物学及其分支归属为一门更广泛意义上的矿物科学(mineral sciences)。"也可以这样理解:矿物科学不再仅仅是地质学的一个分支,而是一门多学科综合的交叉学科,其研究对象和应用范围都远远超过了传统矿物学。

从教学角度上,矿物学和晶体学一起历来是地质学科的入门专业基础课。由于当今的学科交叉和融合越来越深入,在本科教育中更强调"宽基础"的理念,这样在某种程度上就对专业基础课的教学提出了更高的要求,无论是在教学的课时、教学内容还是在教学手段方面,都和以前有很大的不同。本书就是在这样的状况下编写的。但作为本科教材,虽然要考虑矿物学自身的发展,但更多要考虑教学对象和背景。所以本书的编写基本遵循了传统矿物学的框架和教学体系,但在参考其他矿物学教材的基础上,重点对以下几个方面进行了改进:

(1) 内容的精简。在着重基本原理和基础理论叙述的同时,只介绍最常见、最重要或者最具有典型意义的矿物种。对于具体矿物种的描述基本遵循传统的模式,即按照"晶体结构"、"形态"、"物理性质"、"成因产状"等条目来进行。

(2) 所有的矿物结构图、理想的晶体形态图都是我们根据矿物的结构数据重新绘制的。尤其是对一些教学难点部分,如硅酸盐矿物的硅氧骨干结构,我们特意绘制了准确和清晰的图件,这对于重要知识点的认识和理解有很好的帮助作用。

(3) 部分地方引入了新的观点和自己的科研成果。如对于链状硅酸盐矿物的结构,引入了"I束"的概念,使得对链状硅酸盐矿物结构的理解和某些物理性质的解释,都有了一个新的认识。

(4) 各章后均列出了复习思考题。虽然没有给出相应的解答,但是基本上都能从教材中找到答案。

(5) 矿物学也是一门实践的学科,在教学过程中课堂实习要占总学时的一半左右。所以我们在附录中给出了相应的实习指导,供有条件进行实习的读者使用。

除此之外,在附录中还附有主题词索引,主题词中的矿物名称还特意注出了英文。通过主题词,可以方便快速地查找相关内容。

需要说明的是,在课堂教学活动中,我们制作了计算机课件,可以向学生展示所有矿物的三维结构和立体形态。但遗憾的是这些内容并不能反映在本书中。

本书是"北京大学国家地质学基础科学研究和教学人才培养基地"的系列教材,也是北京大学主干基础课"结晶学与矿物学"的使用教材。本教材的编写和出版是在北京大学教务部和教材建设委员会的资助下立项完成的,得到了北京大学地球与空间科学学院教学主管部门领导的关心和督促,同时北京大学出版社也给予了大力支持。教材中精美的实际矿物图片(约66幅)均引自郭克毅教授和周正先生编著的《矿物珍品》一书,中国地质博物馆馆长程利伟先生也在本书编写过程中给予了帮助。刘迎新同志协助制作了部分插图。我们对上述单位和个人表示衷心的感谢!

由于时间和编者水平所限,书中难免存在缺点和错误,恳请专家和读者予以批评指正。

编　者

2005 年 12 月 8 日于北京大学

目　录

1　矿物与矿物学 ……………………………………………………………… (1)

1.1　矿物的概念 …………………………………………………………… (1)

1.2　矿物学 ………………………………………………………………… (2)

1.3　矿物种及其命名 ……………………………………………………… (3)

1.4　矿物的分类 …………………………………………………………… (5)

思考题 ………………………………………………………………………… (6)

2　矿物的成因 ………………………………………………………………… (7)

2.1　形成矿物的地质作用 ………………………………………………… (7)

2.1.1　岩浆作用 ……………………………………………………… (7)

2.1.2　伟晶作用 ……………………………………………………… (8)

2.1.3　热液作用 ……………………………………………………… (8)

2.1.4　风化作用 ……………………………………………………… (9)

2.1.5　沉积作用 ……………………………………………………… (9)

2.1.6　接触变质作用 ………………………………………………… (10)

2.1.7　区域变质作用 ………………………………………………… (11)

2.2　矿物的变化 …………………………………………………………… (11)

2.3　矿物形成的时空关系 ………………………………………………… (12)

2.3.1　矿物的形成顺序 ……………………………………………… (12)

2.3.2　矿物的世代 …………………………………………………… (12)

2.3.3　矿物的组合、共生和伴生 …………………………………… (13)

2.4　反映矿物成因的一些现象 …………………………………………… (13)

2.4.1　矿物的标型性 ………………………………………………… (13)

2.4.2　矿物中的包裹体 ……………………………………………… (14)

思考题 ………………………………………………………………………… (15)

3　矿物的宏观鉴定特征 ……………………………………………………… (16)

3.1　矿物的形态 …………………………………………………………… (16)

3.1.1　单体形态 ……………………………………………………… (16)

3.1.2　集合体的形态 ………………………………………………… (17)

3.2 矿物的物理性质 ·· (20)

3.2.1 矿物的光学性质 ·· (20)

3.2.2 矿物的力学性质 ·· (24)

3.2.3 矿物的磁性 ·· (29)

3.2.4 矿物的压电性和焦电性 ·································· (29)

思考题 ·· (30)

4 矿物的化学组成 ·· (32)

4.1 矿物的化学组成 ·· (32)

4.1.1 地壳中化学元素丰度与矿物化学组成 ·················· (32)

4.1.2 元素的离子类型与矿物化学组成 ······················ (33)

4.1.3 矿物化学成分的相对确定性 ···························· (34)

4.2 胶体矿物及其组成特征 ······································ (34)

4.3 矿物中的水 ·· (35)

4.4 矿物化学式及其计算 ·· (36)

4.4.1 矿物化学式的表示方法 ································ (36)

4.4.2 矿物化学式的计算 ····································· (37)

思考题 ·· (38)

5 自然元素矿物 ·· (39)

5.1 概述 ·· (39)

5.2 自然金属元素矿物 ·· (40)

5.2.1 自然铜族 ·· (40)

5.2.2 自然铂族 ·· (41)

5.3 自然半金属元素矿物 ·· (42)

5.3.1 自然铋族 ·· (42)

5.4 自然非金属元素矿物 ·· (43)

5.4.1 自然硫族 ·· (43)

5.4.2 金刚石-石墨族 ·· (43)

思考题 ·· (45)

6 卤化物矿物 ·· (46)

6.1 概述 ·· (46)

6.2 氟化物矿物 ·· (46)

6.2.1 萤石族 ·· (47)

6.2.2 氟镁石族 ·· (47)

6.2.3 冰晶石族 ·· (48)

6.3 氯化物、溴化物、碘化物矿物 ································ (48)

6.3.1 石盐族 ·· (48)

　　　　6.3.2　光卤石族 ………………………………………………………… (49)
　　　　6.3.3　角银矿族 ………………………………………………………… (49)
　　思考题 …………………………………………………………………………… (50)

7　硫化物及其类似化合物矿物 ………………………………………………… (51)
　7.1　概述 ………………………………………………………………………… (51)
　7.2　单硫化物及其类似化合物矿物 …………………………………………… (53)
　　　　7.2.1　辉铜矿族 ………………………………………………………… (53)
　　　　7.2.2　方铅矿族 ………………………………………………………… (53)
　　　　7.2.3　闪锌矿族 ………………………………………………………… (54)
　　　　7.2.4　辰砂族 …………………………………………………………… (55)
　　　　7.2.5　磁黄铁矿族 ……………………………………………………… (56)
　　　　7.2.6　镍黄铁矿族 ……………………………………………………… (57)
　　　　7.2.7　黄铜矿族 ………………………………………………………… (57)
　　　　7.2.8　斑铜矿族 ………………………………………………………… (58)
　　　　7.2.9　辉锑矿族 ………………………………………………………… (59)
　　　　7.2.10　雌黄族 ………………………………………………………… (60)
　　　　7.2.11　雄黄族 ………………………………………………………… (60)
　　　　7.2.12　辉钼矿族 ……………………………………………………… (61)
　　　　7.2.13　铜蓝族 ………………………………………………………… (61)
　7.3　双硫化物及其类似化合物矿物 …………………………………………… (62)
　　　　7.3.1　黄铁矿-白铁矿族 ……………………………………………… (62)
　　　　7.3.2　辉砷钴矿-毒砂族 ……………………………………………… (64)
　7.4　硫盐矿物 …………………………………………………………………… (64)
　　　　7.4.1　黝铜矿族 ………………………………………………………… (65)
　　　　7.4.2　淡红银矿族 ……………………………………………………… (66)
　　　　7.4.3　脆硫锑铅矿族 …………………………………………………… (66)
　　思考题 …………………………………………………………………………… (66)

8　氧化物和氢氧化物矿物 ……………………………………………………… (68)
　8.1　概述 ………………………………………………………………………… (68)
　8.2　氧化物矿物 ………………………………………………………………… (70)
　　　　8.2.1　赤铜矿族 ………………………………………………………… (70)
　　　　8.2.2　刚玉族 …………………………………………………………… (71)
　　　　8.2.3　金红石族 ………………………………………………………… (72)
　　　　8.2.4　晶质铀矿族 ……………………………………………………… (74)
　　　　8.2.5　石英族 …………………………………………………………… (74)
　　　　8.2.6　钛铁矿族 ………………………………………………………… (78)

8.2.7　钙钛矿族 ·· (78)

8.2.8　尖晶石族 ·· (79)

8.2.9　黑钨矿族 ·· (81)

8.2.10　铌铁矿-钽铁矿族 ·· (82)

8.3　氢氧化物矿物 ·· (82)

8.3.1　水镁石族 ·· (82)

8.3.2　三水铝石族 ·· (83)

8.3.3　硬水铝石族 ·· (83)

8.3.4　针铁矿族 ·· (84)

8.3.5　硬锰矿族 ·· (85)

思考题 ·· (85)

9　硅酸盐矿物 ·· (87)

9.1　概述 ·· (87)

9.2　岛状结构硅酸盐矿物 ·· (94)

9.2.1　锆石族 ·· (94)

9.2.2　橄榄石族 ·· (95)

9.2.3　石榴子石族 ·· (96)

9.2.4　蓝晶石族 ·· (98)

9.2.5　黄玉族 ·· (99)

9.2.6　十字石族 ·· (99)

9.2.7　榍石族 ·· (100)

9.2.8　异极矿族 ·· (101)

9.2.9　绿帘石族 ·· (101)

9.2.10　符山石族 ·· (102)

9.3　环状结构硅酸盐矿物 ·· (103)

9.3.1　绿柱石族 ·· (103)

9.3.2　董青石族 ·· (104)

9.3.3　电气石族 ·· (104)

9.4　链状结构硅酸盐矿物 ·· (105)

9.4.1　辉石族 ·· (105)

9.4.2　硅灰石族 ·· (111)

9.4.3　蔷薇辉石族 ·· (112)

9.4.4　闪石族 ·· (112)

9.5　层状结构硅酸盐矿物 ·· (115)

9.5.1　蛇纹石-高岭石族 ······································· (118)

9.5.2　埃洛石族 ·· (119)

9.5.3　滑石-叶蜡石族 ·· (120)

9.5.4　云母族 ·· (121)

9.5.5　蒙脱石-蒙皂石族 ··· (123)

9.5.6　蛭石族 ·· (123)

9.5.7　绿泥石族 ·· (124)

9.5.8　坡缕石族 ·· (125)

9.5.9　海泡石族 ·· (125)

9.5.10　葡萄石族 ··· (126)

9.5.11　间(混)层矿物 ·· (126)

9.6　架状结构硅酸盐矿物 ··· (127)

9.6.1　长石族 ·· (128)

9.6.2　霞石族 ·· (134)

9.6.3　白榴石族 ·· (134)

9.6.4　方钠石族 ·· (135)

9.6.5　日光榴石族 ·· (135)

9.6.6　方柱石族 ·· (136)

9.6.7　沸石族 ·· (137)

思考题 ··· (138)

10　其他含氧盐矿物 ··· (140)

10.1　硼酸盐类矿物 ··· (140)

10.1.1　概述 ·· (140)

10.1.2　硼镁铁矿族 ··· (141)

10.1.3　硼镁石族 ·· (141)

10.1.4　方硼石族 ·· (142)

10.1.5　硼砂族 ·· (142)

10.1.6　钠硼解石族 ··· (143)

10.2　磷酸盐、砷酸盐和钒酸盐类矿物 ····························· (144)

10.2.1　概述 ·· (144)

10.2.2　独居石族 ·· (145)

10.2.3　磷灰石族 ·· (145)

10.2.4　臭葱石族 ·· (147)

10.2.5　绿松石族 ·· (147)

10.2.6　蓝铁矿族 ·· (148)

10.2.7　铜铀云母族 ··· (149)

10.2.8　钒钾铀矿族 ··· (149)

10.3　钨酸盐、钼酸盐和铬酸盐类矿物 ····························· (149)

10.3.1　概述 ……………………………………………………………… (149)

10.3.2　白钨矿族 …………………………………………………………… (150)

10.3.3　钼铅矿族 …………………………………………………………… (151)

10.3.4　铬铅矿族 …………………………………………………………… (151)

10.4　硫酸盐类矿物 …………………………………………………………… (151)

10.4.1　概述 ……………………………………………………………… (151)

10.4.2　重晶石族 …………………………………………………………… (152)

10.4.3　硬石膏族 …………………………………………………………… (154)

10.4.4　石膏族 ……………………………………………………………… (154)

10.4.5　芒硝族 ……………………………………………………………… (155)

10.4.6　胆矾族 ……………………………………………………………… (156)

10.4.7　水绿矾族 …………………………………………………………… (156)

10.4.8　明矾石族 …………………………………………………………… (157)

10.5　碳酸盐类矿物 …………………………………………………………… (157)

10.5.1　概述 ……………………………………………………………… (157)

10.5.2　方解石-文石族 ……………………………………………………… (159)

10.5.3　白云石族 …………………………………………………………… (163)

10.5.4　钡解石族 …………………………………………………………… (164)

10.5.5　孔雀石族 …………………………………………………………… (164)

10.5.6　氟碳铈矿族 ………………………………………………………… (166)

10.6　硝酸盐类矿物 …………………………………………………………… (166)

10.6.1　概述 ……………………………………………………………… (166)

10.6.2　钠硝石族 …………………………………………………………… (166)

思考题 ……………………………………………………………………… (167)

11　矿物的鉴定与测试方法简介 ……………………………………………… (169)

11.1　矿物样品的采集与分选 ………………………………………………… (169)

11.1.1　矿物样品采集 ……………………………………………………… (169)

11.1.2　矿物分选 …………………………………………………………… (169)

11.2　矿物的物相鉴定方法 …………………………………………………… (170)

11.2.1　矿物的肉眼初步鉴定 ……………………………………………… (170)

11.2.2　矿物的光学显微镜鉴定 …………………………………………… (171)

11.2.3　矿物的简易化学实验鉴定 ………………………………………… (171)

11.2.4　矿物的精确鉴定 …………………………………………………… (172)

11.3　矿物的形态测试方法 …………………………………………………… (172)

11.3.1　晶体测角法 ………………………………………………………… (172)

11.3.2　扫描电子显微镜 …………………………………………………… (172)

　　　11.3.3　扫描探针显微镜 ································· (173)

　11.4　矿物的物理性质测试方法 ······························ (174)

　　　11.4.1　矿物硬度的测定方法 ····························· (174)

　　　11.4.2　矿物相对密度的测定方法 ························· (174)

　11.5　矿物的成分测试方法 ································· (175)

　　　11.5.1　湿化学分析 ································· (175)

　　　11.5.2　光谱类分析 ································· (175)

　　　11.5.3　电子探针显微分析 ····························· (175)

　　　11.5.4　热分析 ····································· (176)

　11.6　矿物的结构测试方法 ································· (177)

　　　11.6.1　X 射线衍射分析 ······························· (177)

　　　11.6.2　红外光谱和拉曼光谱 ··························· (177)

　　　11.6.3　穆斯堡尔谱 ································· (178)

　　　11.6.4　顺磁共振和核磁共振 ··························· (179)

　　　11.6.5　透射电子显微镜 ····························· (180)

　思考题 ··· (181)

附录 1　实习指导 ·· (182)

　实习一　矿物的形态 ···································· (182)

　实习二　矿物的物理性质 ································· (183)

　实习三　自然元素矿物和卤化物矿物 ························· (185)

　实习四　硫化物及其类似化合物矿物 ························· (186)

　实习五　氧化物和氢氧化物矿物 ··························· (187)

　实习六　硅酸盐(一):岛、环、链状结构硅酸盐矿物 ··············· (189)

　实习七　硅酸盐(二):层、架状结构硅酸盐矿物 ················· (190)

　实习八　硫酸盐和碳酸盐矿物 ····························· (191)

　实习九　其他含氧盐类矿物 ······························ (192)

附录 2　主题词和矿物名称索引 ······························ (194)

主要参考书目 ··· (199)

1

矿物与矿物学

1.1 矿物的概念

矿物的概念源自于人类的生产实践活动。早期的原始概念中,矿物泛指从矿山采掘且未经加工的天然物体。但随着人类对自然认识的深入以及科学技术水平的提高,矿物概念的内涵也在不断地发展。现在,人们对矿物的定义是:**矿物**(mineral)是指地质作用(包括宇宙天体作用)过程中形成的具有相对固定的化学组成以及确定的晶体结构的均匀固体。它们具有一定的物理、化学性质,在一定的物理化学条件范围内稳定,是组成岩石和矿石的基本单元。

现代的矿物概念首先强调其产出的天然性,必须是地质作用过程或者宇宙天体中形成的,从而与在工厂或实验室中的人工制备产物相区别。那些由人工合成的、各方面特性与天然产出的矿物相同或相似的产物,可以称为**合成矿物**(synthetic mineral)或**人造矿物**(artificial mineral),如合成金刚石、合成水晶等;而那些在自然界无对应矿物的人工合成物,则不能称为合成矿物,例如钛酸锶、钇铝榴石等。那些来自月球和陨石的矿物,与地球上的矿物种类和组成基本一致,有时为了强调它们的来源,特别称为**月岩矿物和陨石矿物**,或统称**宇宙矿物**。

其次,强调其必须是均匀的固体。这一方面排除了天然产出的气体和液体,它们可以是自然资源,但不属于矿物,如以往被作为矿物的液态自然汞;另一方面也与岩石和矿石区分开来。矿物作为组成岩石和矿石的基本单元,应该是各部分均一的,亦即不能用物理的方法把它分成化学成分上更为简单的不同物质。像花岗岩,它由长石、石英及黑云母等在化学成分和物理性质上都互不相同的多种物质组成,可以机械地分离出长石、石英、云母等矿物,所以花岗岩不是一种矿物,而是由几种不同矿物组成的岩石。

还有,每种矿物都有相对固定的化学成分,并可用化学式来表达。例如金刚石、闪锌矿和方解石,其化学成分可分别用化学式 C、ZnS 和 $CaCO_3$ 表示。但是,由于类质同像等因素的存在,矿物成分可以在一定范围内变化,例如闪锌矿中经常含有 Fe,它以离子的形式替代闪锌矿内部结构中的 Zn,Fe 的含量最高可达其质量的 26%。这种变化在矿物中往往是有约束的,如闪锌矿,尽管有 Fe 替代 Zn,使其成分在一定范围内变化,但 Zn 和替代它的 Fe 等一起,与 S 仍保持 1:1 的定比关系,相应地,化学式可表示为(Zn,Fe)S。因此,可以说,矿物的成分是特定的或相对固定的。矿物成分在一定范围内的变化,会引起矿物性质上的一些变异,并能反映形成时的条件,但是这种变化不改变该矿物的固有特征,如矿物的晶体结构等。

此外,矿物还具有确定的晶体结构。这表明矿物应该是晶质体,但只有天然产出的晶体才归属矿物。那些外观表现为固体的无结晶结构的物质,如蛋白石 $SiO_2 \cdot nH_2O$、水铝英石 $Al_2SiO_5 \cdot nH_2O$ 等不能归属为矿物。这类在地质作用(包括宇宙天体作用)过程中形成的具有相对固定的化学组成,但无确定晶体结构的均匀固体,称为准矿物(mineraloid)或似矿物。自然界的准矿物数量有限。较常见的有蛋白石、水铝英石以及某些放射性矿物或含放射性元素矿物的变生非晶质,如变生方钍矿、变生褐帘石、变生锆石等。天然非晶质的火山玻璃,因无一定的化学成分,不属准矿物之列。历史上,准矿物曾作为非晶质矿物的特例而归属为矿物,但由于非晶质体虽然外观呈凝固态,其实质却是过冷却液体,因此为避免出现将水、火山喷气等液体乃至气体也都归属于矿物的混乱,现代矿物概念的范围限定为晶体,同时又建立了准矿物的概念。但准矿物仍是矿物学研究的对象,而且在一般情况下往往并不把准矿物与矿物加以严格区分。

还要说明的是,任何矿物都稳定于一定的物理化学条件范围内,超出这个范围,原来的矿物会发生变化,生成新条件下稳定的矿物。如还原条件下形成的黄铁矿 FeS_2,与空气和水接触,会氧化分解,形成氧化条件下稳定的针铁矿 $FeO(OH)$。

1.2 矿物学

矿物学(mineralogy)是以矿物为研究对象的一门自然科学,是研究地球及宇宙天体物质成分特征及其历史的学科之一。具体研究矿物的外表形态、物理性质、化学组成、内部结构、时空分布、成因产状、形成和演变等方面的特征和规律及其相互关系,并由此研究、开发并合理利用其有用性质,同时为探索地球及宇宙天体的物质组成及演化规律提供重要信息。

矿物学的产生和发展是人类长期生产实践的结果。随着社会生产力的不断发展,矿物学也在不断地发展着。新理论、新技术的引入往往使其发生深刻的变革,并产生巨大的进步。19世纪中叶以前,人类对于矿物的认识尚处于萌芽阶段,尽管没有形成专门的矿物学理论和研究方法,也没有单独的矿物学专著,但是人类已经能够用肉眼对矿物进行外表特征鉴定,而且认识了一些矿物性质并加以利用,在一些著作中,也出现了对矿物的记述,如世界上最早记述矿物原料的书籍——我国的《山海经》(公元前 475 年前后)、首次提出"矿物"这一名词的德国人阿格里科拉(Georgius Agricola)的著作《论矿物的起源》(1556 年)、正确描述了 38 种药用矿物的我国的《本草纲目》(1596 年)等。此后,偏光显微镜(19 世纪中叶)、X 射线(20 世纪初)、物理化学和相平衡理论(20 世纪 30 年代)不断引入矿物学研究,每一次都引发了矿物学研究的深刻变革和巨大进步。20 世纪 60 年代以后,物理学、化学中的一些近代理论,如晶体场理论、配位场理论、分子轨道理论、能带理论被应用于矿物学研究,一系列电子光学和激光测试技术的引入,各种谱学手段的建立,矿物热力学性质数据测定新技术,特别是高温超高压等实验技术的实现,电子计算机技术的配合使用等,促使古老的矿物学发生了全面深刻的变化,进入了可以从宏观到微观对矿物进行全面认识的现代矿物学阶段。

现代矿物学已发展成为包含许多分支学科的庞大的综合体系,包括矿物形貌学、矿物晶体化学、结构矿物学、成因矿物学、实验矿物学、找矿矿物学、应用矿物学、矿物材料学、宝石矿物学、粘土矿物学、综合矿物学等,与其他学科交叉渗透还产生或逐渐形成一些边缘学科,如矿物物理学、量子矿物学、环境矿物学、生命矿物学、纳米矿物学等。正因为如此，人们已将传统的矿物学及其分支归属为一门更广泛意义上的矿物科学(mineral sciences)。

矿物学是地球科学的基础学科之一，也与其他学科密切相关。

结晶学是矿物学的重要基础。由于所有的矿物都是晶体，因此，矿物学与结晶学密不可分。某种程度上可以说结晶学是矿物学的一个重要组成部分。

矿物学与其他研究地球物质成分特征的岩石学、矿床学和地球化学关系密切。矿物是组成岩石和矿石的基本单元，也是元素存在的载体和"迁移的中间站"，因此，岩石学、矿床学及地球化学研究离不开矿物学这个重要基础。

地质学的其他学科，如构造地质学、水文地质学、工程地质学、地震地质学、地史学、古生物学等也都与矿物学有不同程度的联系。

矿物学还与一些基础学科，特别是物理学和化学联系密切，这些基础学科为矿物学研究提供了理论基础和实验手段。正是由于物理学、化学等学科的新理论和实验技术不断应用于矿物学研究，才使得矿物学研究不断丰富和深入。

矿物学在国民经济建设中有着十分重要的作用。人类在茹毛饮血的原始时期就利用矿物作为生产工具和装饰品。迄今，矿物已广泛应用于人类生产和生活的各个领域。目前我国工业生产所用原料的 70％取之于矿物。对矿物中有用成分的提取、有益性能的开发利用，甚至有害成分的无害化处理，是当前矿物资源利用的基本内容。这些都需要矿物学的理论指导。

1.3　矿物种及其命名

矿物种(species)是指具有一定的化学组成和晶体结构的矿物。这里的"一定"同样具有相对意义，由于类质同像等因素的影响，它们可以在一定范围内有所变化。矿物种是矿物分类的基本单位。

对于类质同像系列的矿物种，如果是完全类质同像系列，按"50％的原则"分为两个矿物种，如 $MnCO_3$-$FeCO_3$ 系列，凡 $MnCO_3$＞50％ (mol)者即为菱锰矿，$FeCO_3$＞50％ (mol)者则为菱铁矿；对于不完全类质同像系列，只有一个矿物种，即便以后再发现另一个端员也不能取新的种名，而只能作为亚种，如 ZnS-FeS 系列，目前未发现 FeS 端员，所以该有限类质同像系列，就只有闪锌矿 ZnS 一个矿物种，铁闪锌矿(Zn,Fe)S 是一个亚种。但是，对于那些历史上广泛使用已久的个别类质同像系列既有的划分规定，一般仍予保留，如斜长石系列就有钠长石、奥(更)长石、中长石、拉长石、培长石和钙长石六个不同的矿物种。

对于同质多像变体，同一物质的不同变体虽然化学组成相同，但它们的晶体结构有明显的差别，因而各自分属不同的矿物种。但对于同一矿物的不同多型，尽管可能属于不同的晶系，但其间的差异仅是晶体内部结构层的堆垛顺序不同，它们仍被作为同一个矿物种，如辉钼矿-2H和辉钼矿-3R都属于同一矿物种——辉钼矿。

如果一个矿物在其次要化学成分、物理性质或形态等方面出现较明显变异时，可分出**亚种**(subspecies)或**变种**(variety，也称**异种**)。如铁闪锌矿(Zn,Fe)S 是闪锌矿 ZnS 的亚种，其 Fe 含量大于质量的 8％；层解石是片状形态的方解石亚种。按国际新矿物及矿物命名委员会(CNMMN)的新规定，亚种不单独命名，往往采用在矿物种名前加适当形容词修饰语来表示。

如所谓的钛辉石(titanaugite)应称为钛质普通辉石(titanian augite)。但历史上广泛使用已久的亚种独立名称，一般也仍予保留。

关于矿物种，国际新矿物及矿物命名委员会还对一些模糊的问题进行了特别说明。譬如，关于生物成因的物质，如牙齿中的羟磷灰石、尿路结石中的水草酸钙石、软体动物壳中的文石，甚至由蝙蝠粪结晶出的化合物，都可接受为矿物；关于在人类干预下形成的物质，如自然环境下在矿坑、采矿废石堆形成的矿物，也可接受为矿物。此外，对某些特殊情况下矿物种的确定也有相应的说明，如调制结构(modulated structure)、多体系列(polysomatic series)、规则混层(regular interstratification)、矿物的尺寸、矿物的稳定性等。

每个矿物种都有各自独立的名称。矿物种的命名方法主要有：

(1) 以化学成分命名： 如钙钛矿 $CaTiO_3$、银金矿(Au，Ag)。

(2) 以物理性质命名： 如重晶石(密度大)、孔雀石(孔雀绿颜色)、方解石(菱面体解理)、滑石(滑腻感)。

(3) 以形态特点命名： 如十字石(双晶呈十字形)、石榴子石(形状如石榴籽)。

(4) 结合两种特征命名： 如磁铁矿(Fe_3O_4，强磁性)、红柱石(肉红色，柱状形态)、四方铜金矿(晶系和成分)。

(5) 以地名命名： 如高岭石(我国江西高岭地区产的最著名)、香花石(发现于我国湖南香花岭)。

(6) 以人名命名： 如张衡矿(zhanghengite，纪念我国东汉科学家张衡)。

此外，还有一些是按其他形式命名的，如独居石(英文 monazite，源于希腊文，因在首次发现地该矿物产出稀少)、暧昧石(英文 griphite，源于希腊文，因最初搞不清其化学成分)等。

在矿物命名方面，我国有着悠久的历史，如水晶、雄黄等名称，在二千多年前的古籍《山海经》中就有记载，至今仍在使用。我国目前所用的矿物名称中，还沿用着一些古代矿物名称的字尾，如"矿"、"石"、"玉"、"晶"、"砂"、"华"、"矾"等。一般金属光泽或者可以从中提炼金属的矿物，称××矿，如磁铁矿、黄铜矿；非金属光泽的矿物，称××石，如重晶石、萤石；可作为宝石的矿物，称××玉，如刚玉、软玉；透明的晶体称××晶，如水晶、赛黄晶；经常以细小颗粒出现的称××砂，如辰砂、硼砂；地表次生的呈松散状的称××华，如钴华、镍华；易溶于水的称××矾，如胆矾、水绿矾。

我国现用的矿物种名称，除沿用我国传统矿物名称和由我国研究者发现并命名者外，还有不少根据外文名称翻译而来。中文译名大多根据矿物成分，间或考虑一些形态、物理性质等特点来翻译，也有采用音译的，其中包括一些以外国地名和人名命名的矿物。

此外，还有一些看似矿物名称，如长石(feldspar)、云母(mica)、辉石(pyroxene)、角闪石(amphibole)等，它们并不是矿物种的名称，而是包括了若干成分和特征相似的矿物种的统称，在矿物分类上可以作为矿物族的名称；铝土矿(bauxite)和褐铁矿(limonite)也不是矿物种的名称，而是指以极细颗粒的铝的氢氧化物或者铁的氢氧化物为主要组分且含有数量不等的粘土矿物的混合物。

目前世界上已知的矿物有 4000 余种，且种类繁多，成分复杂。由于历史上的种种原因，迄今在矿物名称中还存在着某些混乱和不当之处。这些给矿物学研究和学习都带来了不便，甚至可能造成错误。有鉴于此，我国新矿物及矿物命名委员会于 1982 年对 3000 余个矿物种和少数矿物族的中文名称进行了全面审订,并出版了《英汉矿物种名称》(科学出版社,1984),以便以后有统一的名称可以遵循。

1.4 矿物的分类

目前,全世界已发现的矿物有 4000 余种,这些矿物一方面各自有特定的化学组成和确定的晶体结构,从而表现出一定的形态及物理、化学性质;另一方面,一些矿物之间经常由于化学组成和晶体结构上存在某些相似之处,也会表现出某些相似的特征。因此。为了揭示 4000 余种矿物之间的相互联系及其内在的规律性,掌握矿物之间的共性与个性,必须对矿物进行合理的科学分类。这也是矿物学研究的基础课题之一。

虽然不少矿物学家从不同的角度出发,提出了多种不同的矿物分类方案,如单纯以化学成分为依据的分类方案、以元素地球化学特征为依据的分类方案、以矿物成因为依据的分类方案等,但目前矿物学中广泛采用的是以矿物成分、晶体结构为依据的晶体化学分类方案,它既考虑了矿物化学组成的特点,也考虑了晶体结构的特点,在一定程度上也反映了自然界元素结合的规律,因此,是一种比较合理的分类方案。本书即采用这一分类方案。分类体系见表 1-1。

表 1-1 矿物晶体化学分类体系

分类体系	划分依据	举 例
大类	化合物类型	含氧盐大类
类	阴离子或络阴离子种类	硅酸盐类
(亚类)	络阴离子结构	架状结构硅酸盐亚类
族	晶体结构类型	长石族
(亚族)	阳离子种类	碱性长石亚族
种	一定的晶体结构和化学成分	微斜长石 $KAlSi_3O_8$
(亚种、变种)	化学成分、物理性质、形态等方面变异	天河石

需要说明的是,矿物族一般是指化学组成类似且晶体结构类型相同的一组矿物。但为了便于说明某些矿物之间的联系,同质多像各变体也被归于同一族。另外,为了配合目前矿物学课程学时少的形势,本书在含氧盐大类中把本属于不同类的矿物放到一起阐述,如把钨酸盐、钼酸盐、铬酸盐矿物合在一起等。此外一些自然界少见的矿物,如溴化物、碘化物及有机化合物矿物等,本书也未作阐述。

本书采用的具体矿物分类如下(族和种从略):

第一大类　自然元素矿物
　第一类　自然金属元素矿物
　第二类　自然半金属元素矿物
　第三类　自然非金属元素矿物
第二大类　卤化物矿物
　第一类　氟化物矿物
　第二类　氯化物矿物
第三大类　硫化物及其类似化合物矿物

第一类　单硫化物及其类似化合物矿物

第二类　双硫化物及其类似化合物矿物

第三类　硫盐矿物

第四大类　氧化物和氢氧化物矿物

第一类　氧化物矿物

第二类　氢氧化物矿物

第五大类　含氧盐矿物

第一类　硅酸盐矿物

第一亚类　岛状结构硅酸盐矿物

第二亚类　环状结构硅酸盐矿物

第三亚类　链状结构硅酸盐矿物

第四亚类　层状结构硅酸盐矿物

第五亚类　架状结构硅酸盐矿物

第二类　硼酸盐类矿物

第三类　磷酸盐、砷酸盐和钒酸盐类矿物

第四类　钨酸盐、钼酸盐和铬酸盐类矿物

第五类　硫酸盐类矿物

第六类　碳酸盐类矿物

第七类　硝酸盐类矿物

思　考　题

1-1　什么是矿物？矿物与岩石和矿石的区别何在？

1-2　什么是准矿物？它与矿物的本质区别何在？它们之间的转化关系如何？

1-3　什么是矿物种和变种？金刚石和石墨的成分都是 C，它们是否同属一种？

1-4　试简述矿物种的命名原则。属于不同晶系的晶体，是否可能属于同一矿物种？铁闪锌矿（Zn，Fe）S 应
　　是矿物种还是亚种？矿物名称中词尾为××矿、××石、××玉、××华、××砂分别具有什么含义？

1-5　简述本书采用的矿物分类依据及分类体系。

矿物的成因

矿物成因是矿物学的基本问题之一,已发展成为矿物学的一个独立分支——成因矿物学。它研究矿物和矿物组合的形成、变化及其规律性,并为找矿勘探、矿床评价、矿石加工及综合利用等提供指导。

本章将从形成矿物的地质作用、矿物的变化、反映矿物的成因信息等方面作简要叙述。

2.1　形成矿物的地质作用

矿物主要是地质作用的产物,形成于一定的物理化学条件下。矿物形成的地质作用根据能量来源一般分为**内生作用**、**外生作用**和**变质作用**。

内生作用(endogenic process):主要指由地球内部热能导致的形成矿物的各种地质作用。主要包括岩浆作用、伟晶作用和热液作用。

外生作用(exogenic process):又称表生作用,指发生于地球表层,主要在太阳能作用下,岩石圈、水圈、大气圈和生物圈相互作用过程中形成矿物的各种地质作用。主要有风化作用和沉积作用。

变质作用(metamorphism):指已形成的矿物,受到岩浆活动和地壳运动的影响,发生结构和(或)成分改造,导致矿物形成的地质作用。主要包括接触变质作用和区域变质作用。

上述几种地质作用也不是截然可分的,其中存在着互相渗透或叠加。如内生火山作用叠加外生沉积作用成为火山沉积作用;变质过程产生的热液和从地表渗透到地下深处的地下水可直接参与热液作用等。

2.1.1　岩浆作用

岩浆作用(magmatism)是指在地下深处的高温高压下形成的岩浆熔融体中结晶形成矿物的地质作用。岩浆主要是硅酸盐质,极少数为碳酸盐质。硅酸盐岩浆一般由 90% 以上的 O、Si、Al、Fe、Ca、Mg、Na、K 等造岩元素,8%~9% 的以 H_2O 为主,还包括 CO_2、H_2S、Cl、F、B 等的挥发份以及 1%~2% 的 Cu、Pb、Zn、Cr、V、Ni、Li、Ag、Be、Sb 等微量造矿元素组成。它们形成于地下深处的高温(800℃以上)、高压(数千大气压以上)条件下,主要来源于上地幔物质的分熔或地壳物质的局部熔融。

由于来源及成因的不同,硅酸盐岩浆在成分上有显著差异,可以分为超基性(SiO₂ 含量

<45%)、基性(含 SiO_2 45%～53%)、中性(含 SiO_2 53%～66%)、酸性(SiO_2 含量>66%)和碱性(SiO_2 不足，Na_2O、K_2O 含量高)岩浆。成分不同，表现在形成的矿物种类、组合和含量上有明显差异。如超基性岩主要矿物有橄榄石、辉石等，不含石英；而酸性的花岗岩则主要由石英、长石和云母组成。

伴随着地壳运动而形成的岩浆，沿深断裂向上运动，在地壳的不同深度就位，结晶形成岩浆岩。根据就位的位置，岩浆作用分为侵入作用(深成作用)和火山作用。前者指岩浆在地壳深处就位，冷却结晶形成侵入岩。由于结晶作用是在地壳深处进行，温度降低缓慢，结晶时间较长，因此，矿物颗粒较粗，常成各种显晶质集合体。后者是指岩浆运移到地壳表层，在地表冷却形成火山岩。由于地表条件下，外部温度、压力骤降，岩浆迅速冷凝固结，结晶不充分，通常矿物颗粒细小，呈隐晶甚至非晶玻璃质，斑状构造，而且可形成一些高温低压的特征矿物，如透长石、鳞石英等。

2.1.2 伟晶作用

伟晶作用(pegmatitization)指形成伟晶岩及其有关矿物的地质作用。伟晶作用是岩浆作用的继续。矿物在 400～700℃之间、外压大于内压的封闭系统中，由富含挥发份和稀有、放射性元素的残余岩浆中结晶。主要矿物与有关深成岩相似，如常见的花岗伟晶岩主要矿物为长石、石英和云母，但又以晶体粗大为特征，同时富含挥发份和稀有元素的矿物含量更高，如绿柱石、黄玉、电气石、锂辉石、铌钽铁矿、褐帘石等。伟晶岩常呈脉状产出，其中富集的稀有、稀土和放射性元素矿物可以构成重要的矿产。伟晶岩一般形成于地下 3～8 km。

2.1.3 热液作用

热液作用(hydrothermalism)指从气水溶液到热水溶液过程中形成矿物的地质作用。热液按来源主要有岩浆期后热液、火山热液、变质热液和地下水热液等。

岩浆期后热液是伴随岩浆冷却结晶聚集的以 H_2O 为主的挥发份，随着温度降至水的临界温度(374℃)以下，这些气态物质变成的热水溶液。变质热液是岩石在变质作用过程中释放的孔隙水以及矿物中的吸附水、结晶水和化合水所构成的热液。地下水热液是由渗透到地壳深部的地表水与保存在沉积岩中的各种水汇合在一起受地热影响而形成的热液。而火山热液是介于岩浆期后热液和地下水热液之间的过渡类型，其中的水以地表水为主，而不是岩浆中的水。

这些热液携带着来自岩浆或在其沿裂隙运移过程中淋滤和溶解围岩中的成矿物质，在一定的物理化学条件下可沉淀结晶出矿物。由于热液活动性强，常与围岩发生化学反应，使围岩在化学成分、矿物组合和结构构造等方面发生变化，这种作用叫做"围岩蚀变"。

热液作用温度范围在 500～50℃，形成深度为地下数千米至近地表。温泉就是温度最低、出露地表的热液活动。

热液作用按温度大致可分成高、中、低温三种类型：

高温热液作用(high-temperature hydrothermalism)：也叫气化-高温热液作用。形成温度约在 500～300℃之间，其中高于 374℃时称气化作用。主要形成 W、Sn、Mo、Bi、Be、Fe 的矿物组合及相应的矿床。金属矿物为黑钨矿、锡石、辉钼矿、辉铋矿、磁黄铁矿、毒砂等，非金属矿物为石英、云母、黄玉、电气石、绿柱石等。相应的围岩蚀变主要为云英岩化。

中温热液作用（medium-temperature hydrothermalism）：形成温度在 $300 \sim 200℃$ 之间，主要形成 Cu、Pb、Zn 的矿物组合和相应的矿床。金属矿物有黄铜矿、闪锌矿、方铅矿、黄铁矿、自然金等，非金属矿物以石英为主，其次有方解石、白云石、菱镁矿、重晶石等。围岩蚀变主要有绢云母化、绿泥石化、硅化等。

低温热液作用（low-temperature hydrothermalism）：形成于 $200 \sim 50℃$ 之间，主要形成 As、Sb、Hg、Ag 的矿物组合及相应的矿床。矿石矿物有雄黄、雌黄、辉锑矿、辰砂、自然银等，非金属矿物有石英、方解石、蛋白石、重晶石等。围岩蚀变产物有高岭石、明矾石、石英、蒙脱石、伊利石、沸石、绢云母等。

2.1.4　风化作用

风化作用（weathering）指出露于地表或近地表的矿物和岩石，在太阳能、大气、水及有机物的作用下，在常温常压下发生的机械破碎和化学分解作用，包括物理风化、化学风化和生物风化三种主要作用过程。风化作用可以形成一些稳定于地表条件下的表生矿物。

矿物抵抗风化作用的能力各不相同。一般说来，在地表风化作用下，化学性质不稳定的矿物容易发生分解，成分中的可溶性组分（如硅酸盐中的碱金属和碱土金属成为可溶于水的碳酸盐；硫化物转变为可溶于水的硫酸盐）将溶于水中形成真溶液，被地表水带走；一些难溶组分（如硅、铝、铁、锰等形成难溶于水的氧化物或氢氧化物）则呈微粒悬浮于水中形成胶体溶液，它们除了被表生水带走外，其余部分在适当条件下可以形成表生矿物。

例如硫化物矿床中黄铜矿 $CuFeS_2$ 在风化作用过程中的变化。它首先分解转变为 $CuSO_4$ 和 $FeSO_4$ 溶液，当 $CuSO_4$ 与富含碳酸的水溶液起反应，或与碳酸盐岩石（如灰岩）发生交代作用，则形成表生矿物孔雀石 $Cu_2[CO_3](OH)_2$；而 $FeSO_4$ 极易氧化为 $Fe_2(SO_4)_3$，后者又易水解为氢氧化铁 $Fe(OH)_3$，氢氧化铁成胶体凝聚于地表，即形成了表生褐铁矿 $Fe_2O_3 \cdot nH_2O$。

再如花岗岩中的钾长石 $KAlSi_3O_8$ 在 H_2O 和 CO_2 作用下，成分中的钾逐渐淋失，先变成水云母，最后变为地表条件下稳定的高岭石 $Al_4[Si_4O_{10}](OH)_8$。

那些在地表条件下物理和化学性质稳定的矿物，如石英等，在风化过程中主要因机械破碎作用而变成碎屑，或残留于原地或被搬运至异地。

风化作用形成的矿物集合体，常具有多孔状、皮壳状、钟乳状、土状等形态。

2.1.5　沉积作用

沉积作用（sedimentation）指矿物和岩石因风化作用形成的一系列产物，经水流等搬运，在地表适当条件下发生沉积的地质作用。如果沉积的物质来源于火山喷发的产物，这种作用又称为**火山沉积作用**（volcanic sedimentation）。它兼有内生及外生的双重特点，是沉积作用的一种特殊形式。

根据沉积机理和方式，沉积作用分为机械沉积、化学沉积、胶体沉积和生物化学沉积。

机械沉积（mechanical sedimentation）：指物理和化学性质稳定的矿物，在风化过程中主要因受机械破碎作用而形成碎屑，它们除残留原地外，会被流水搬运到适宜的场所，由于水流速度降低，矿物按颗粒大小、比重高低而先后分选沉淀下来，形成机械沉积。如石英、长石及少量其他重矿物,可以形成砂岩等沉积岩。有工业意义的重矿物,可以由此富集成砂矿床,如自然金、金刚石、金红石、锡石、锆石、独居石、黑钨矿等。优质的宝石往往产于砂矿,如金刚石、刚玉、翡翠等。

化学沉积(chemical sedimentation):风化作用下被分解的矿物,其成分中可溶组分溶于水形成的真溶液,或沿断裂带上升的携带矿物质的深部卤水等,当它们进入内陆湖泊、封闭或半封闭的泻湖或海湾以后,如果处于干热的气候条件时,水分将不断蒸发,溶液浓度不断增高,达到过饱和时,所发生的结晶作用即化学沉积。主要形成石膏、芒硝、石盐、钾盐、光卤石、硼砂等一系列易溶盐类矿物。

胶体沉积(colloid deposit):指风化作用产生的胶体溶液被水流带入海、湖盆后,受到电解质的作用而发生凝聚、沉淀作用。主要形成铁、锰、铝等氧化物和氢氧化物的**胶体矿物**(colloid mineral)。此外,海底火山喷气可以直接在海底形成铁、硅等胶体沉淀。

生物化学沉积(biochemical sedimentation):包括某些生物死亡后,骨骼堆积形成矿物,以及在细菌等有机质参与下,通过复杂的生物化学反应形成矿物的沉积作用。前者如硅藻土、方解石(贝壳石灰岩的矿物成分),后者如某些磷灰石(磷块岩的矿物成分)。一些沉积铁矿的形成,也与生物化学作用,特别是与细菌作用有关。

2.1.6 接触变质作用

接触变质作用(contact metamorphism)是指岩浆侵入围岩,由于岩浆放出的热能,使得接触带附近的岩石在矿物组成、结构等方面发生变化的地质作用。包括:

接触热变质作用(thermal metamorphism):指岩浆侵入与围岩接触时,围岩受岩浆高温的烘烤而发生变质的作用。变质发生在围岩部分,即外接触带,岩体与围岩基本上不发生交代作用。围岩一方面发生矿物的重结晶,使颗粒变粗,如石灰岩变为大理岩;也可以形成新生的矿物,如泥质岩石中的红柱石和堇青石。

接触交代作用(contact metasomatism):指岩浆侵入围岩时,侵入体与围岩交换某些组分发生化学反应而形成新矿物的地质作用。作用发生在侵入体内外接触带的范围内。与热变质作用的显著区别在于有组分的交换,即有交代作用。常见的是中酸性侵入体与碳酸盐岩围岩接触时,侵入体中富含挥发性组分的气体和溶液进入围岩,带入 SiO_2、Al_2O_3 等组分,而围岩中部分 CaO、MgO 组分被带出到侵入体,接触带附近的围岩和侵入体都要发生成分、结构构造的变化,形成一系列接触交代成因的矿物,它们组成交代成因的矽卡岩(skarn)。这种交代也叫**双交代作用**(dimetasomatism)。

当围岩富镁时,如白云岩或白云质灰岩,形成由镁橄榄石、尖晶石、透辉石、镁铝榴石及后期热液蚀变的硅镁石、斜硅镁石、蛇纹石、金云母等组成的镁质矽卡岩;当围岩为富钙的灰岩时,则出现由钙铝榴石、钙铁榴石、透辉石、钙铁辉石、硅灰石、方柱石、符山石及后期热液蚀变的透闪石、阳起石、绿帘石、绿泥石等组成的钙质矽卡岩。

接触交代作用可形成磁铁矿、黄铜矿、白钨矿、辉钼矿、方铅矿、闪锌矿等矿物的富集,构成相应的矽卡岩矿床。矽卡岩形成温度一般在 $600\sim400$℃,深度不大,一般不超过地下 4.5 km。

2.1.7 区域变质作用

区域变质作用(regional metamorphism)指伴随着区域构造变动而发生的大面积的变质作用。造成变质的直接因素是地壳变动时出现的高温、高压及以 H_2O、CO_2 为主要活动组分的流体,使原有岩石和矿物所处的物理化学条件发生了很大的变化,原有岩石在结构构造和矿物成分上调整改造,以适应新的物理化学条件,从而导致了新矿物的形成。

区域变质作用的温度和压力条件变化范围很大。按温压条件的不同可分为高、中、低三级区域变质作用。原岩化学成分及变质程度的不同决定着出现的矿物组合。低级区域变质矿物一般为白云母、绿帘石、绿泥石、阳起石、蛇纹石、滑石、黑云母等含 OH 的硅酸盐矿物;中级区域变质矿物主要有角闪石、斜长石、石英、石榴石、透辉石、云母、绿帘石等;高级区域变质主要形成高温高压下稳定的不含 OH 的矿物,如正长石、斜长石、辉石、橄榄石、石榴石、刚玉、尖晶石、矽线石、堇青石等。

区域变质作用形成的矿物随变质程度加深,一方面向形成不含 OH 矿物的方向发展,另一方面是向体积小、比重大的矿物转化。在定向压力下,柱状、片状矿物定向排列,形成片理和片麻理构造。

2.2 矿物的变化

矿物形成之后,在后来的地质作用中,若物理化学条件的改变超出矿物的稳定范围时,矿物就会发生成分和(或)结构上的变化,形成新矿物。矿物变化的方式多种多样,其中最普遍的是化学成分的变化。如岩浆作用形成的橄榄石受热液作用转变为蛇纹石,其反应式如下:

$$3Mg_2SiO_4 + 4H_2O + SiO_2 \longrightarrow Mg_6[Si_4O_{10}](OH)_8$$

这种作用属于交代作用。所谓**交代作用**(metasomation),是指在地质作用过程中,已经形成的矿物与熔体、气液或溶液相互作用而发生组分上的交换,使原矿物转变为其他矿物的作用。交代作用一般先从原矿物的边缘或沿裂隙进行。当交代作用强烈时,则原矿物全被新矿物替代,当新形成的矿物仍保持原矿物的晶形时,这种晶形即称为**假像**(pseudomorph)。

再如风化作用中,钾长石在 H_2O 和 CO_2 作用下变为高岭石,化学反应为

$$4KAlSi_3O_8 + 4H_2O + 2CO_2 \longrightarrow Al_4[Si_4O_{10}](OH)_8 + 8SiO_2 + 2K_2CO_3$$

含水矿物因失去结晶水而变成另一种矿物的作用称为**失水作用**(dehydration)。如芒硝在干燥空气中失去水分而转变为无水芒硝,其反应式为

$$Na_2SO_4 \cdot 10H_2O \longrightarrow Na_2SO_4 + 10H_2O$$

无水矿物因水的加入变为含结晶水矿物的作用称为**水化作用**(hydration)。如硬石膏在近地表,由于外部压力的减低,并受地表水作用而转变为石膏,其反应式为

$$CaSO_4 + 2H_2O \longrightarrow CaSO_4 \cdot 2H_2O$$

矿物的变化也可以反映在矿物的结构上,即同质多像转变。如火山岩中的高温 β-石英经过一段时间会变成低温稳定的变体 α-石英。这种转变也可以形成假像,如火山岩中 α-石英常具有 β-石英的六方双锥假像。不过由同质多像转变而形成的假像特称为**副像**。

此外，含放射元素铀或钍的矿物，如锆石 $ZrSiO_4$ 等，由于受到成分中微量铀、钍等放射蜕变发出能量的作用，晶体结构遭受破坏，由结晶质转变为变生非晶质。这种作用称为**非晶化作用**或**玻璃化作用**（vitrification）。这些变生非晶质的矿物称为**变生矿物**（metamict mineral）。

另一方面，一些非晶质准矿物在漫长的地质历史中会逐渐变为结晶质，如蛋白石转变为石英，火山玻璃脱玻化为长石、石英。这种作用称为**晶质化**或**脱玻化**（devitrification）。如果是胶体老化转变为结晶质，也称**胶体结晶作用**（collocrystallization），形成的晶质矿物特称为**变胶体矿物**（metacolloid mineral）

矿物的变化往往会留下种种痕迹，详细研究这些痕迹对于追溯矿物演化历史、了解矿物变化与介质条件改变间的关系具有重要意义。

2.3　矿物形成的时空关系

这里时空关系指在某一地质体（岩体、矿体）中，矿物在形成时间上的先后顺序和空间上的共存关系。

2.3.1　矿物的形成顺序

自然界地质体中，矿物的形成可以是同时的，也可以有时间上的先后，这种矿物形成时间上的先后关系，称为**矿物的形成顺序**。矿物的形成顺序由结晶温度、熔体或溶液中各组分的相对**浓度**等多种因素决定。确定矿物形成顺序的标志有：

（1）矿物间的接触关系：一种矿物穿过或充填、交代另一种矿物时，则被穿过或被充填、交代的矿物形成较早；一种矿物包围另一种矿物时，则被包围的矿物形成较早。

（2）矿物晶体的自形程度：两种矿物晶体接触时，一般说来，自形程度高者先于自形程度差者形成，但这一标志使用要谨慎。因为除了形成时间先后影响自形程度，矿物本身的结晶能力也影响自形程度。比如变质岩中的变斑晶（metacryst），虽然形成可能晚于周围的矿物，但由于本身结晶能力强，竞争空间能力强，常具有很完整的晶形。

（3）矿物在地质体中的空间位置：对称带状构造中，外带矿物早于内带；环带构造中，对于结核体（见第 3 章），外圈矿物晚于内圈矿物，而分泌体恰好相反；皮壳状构造中外层矿物晚于内层矿物；在晶洞中的矿物一般晚于洞壁的矿物。

2.3.2　矿物的世代

一个矿床中，同种矿物有时也会先后多次形成。这种同种矿物形成的先后关系称为矿物的**世代**（generation）。一般说来，矿物的世代是与一定的成矿阶段相适应的。一个矿床的形成往往不是一个成矿阶段完成，而是经历了较长时间。在这个较长时间内，成矿溶液可以多次活动，相应地出现多个成矿阶段。不同成矿阶段所形成的同种矿物分属不同的世代。按形成时间的先后而依次分为第一世代、第二世代等。由于各成矿阶段间均有一定的时间间隔，其成矿介质和形成条件不可能一样，因此不同世代的同种矿物，在成分、物理性质、形态等方面往往会有差异。例如我国某地热液矿床中的萤石，具有三个世代，各世代萤石特征见表 2-1。

表 2-1　某地不同世代萤石的特征对比

世代	晶形	颜色	气液包裹体均匀化温度
第一世代	八面体与菱形十二面体聚形,二者发育程度相似	暗紫色或烟紫色,发荧光	330℃
第二世代	菱形十二面体与八面体聚形,以前者发育为主	中心为浅绿色或浅紫色,边缘为暗紫色	300～330℃
第三世代	立方体或立方体与菱形十二面体聚形,以立方体为主	浅绿色、白色、无色,透明或不透明	300℃

确定矿物的世代,除根据矿物本身的化学成分、物理性质及形态外,还必须考虑矿物的产状以及与其他矿物的共生关系。

2.3.3　矿物的组合、共生和伴生

不管形成时间是否相同,只要不同种矿物在一个空间内共同存在,我们就称其为矿物组合。其中成因相同,同一成矿期(或成矿阶段)的矿物组合为**共生组合**。共生的矿物或者同时形成,或者在同一次来源的成矿溶液中依次析出。不同成因或不同成矿阶段的矿物组合为**伴生组合**。如黄铜矿上散布着次生的孔雀石,就是一个常见的伴生关系实例。因为黄铜矿与孔雀石在形成的时间和成因上均不相同,它们只是在空间上共存。自然界中由于在同一矿床的同一空间内往往有先后几个成矿阶段的相互叠加,使得矿物的共生和伴生关系复杂化,划分其矿物共生组合往往也不是很容易。

矿物共生组合的研究在探索矿物成因及指导找矿勘探上具有重要意义,此外,进行矿物鉴定时往往也需要矿物共生组合的知识。

2.4　反映矿物成因的一些现象

2.4.1　矿物的标型性

矿物的**标型性**(typomorphism)是指能反映一定成因信息的矿物学标志。它主要包括标型矿物和矿物的标型特征。

2.4.1.1　标型矿物

标型矿物(typomorphic mineral)是指只在某种特定的地质作用中形成的矿物。成为标型矿物的都是单成因的,其本身就是成因标志。例如只产于碱性火山岩和次火山岩中的白榴石,标示碱性岩浆的高温、浅成的结晶条件;只产于变质岩中的十字石,标示中级变质作用环境;只产于花岗伟晶岩中的铯沸石,标示伟晶过程的后期交代作用阶段;只产于沉积岩中的海绿石,标示着滨浅海的沉积环境。

2.4.1.2　矿物的标型特征

自然界中多数矿物不是单成因的,可以在不同的成因类型中形成。即使成因类型相同,不同时期形成的某种矿物,由于形成时的物理化学条件不可能相同,不同的形成条件往往会在矿物上留下可识别的特征,这种能说明其成因的特征,称为矿物的**标型特征**(typomorphic feature)。标型特征通常主要表现于以下几个方面：

(1) 成分标型特征：包括矿物化学成分中主要元素的量比、微量元素和稳定同位素含量及元素量比等方面。例如黄铜矿 $CuFeS_2$ 的主要元素量比与形成温度有关。当形成温度高于 200℃时，硫的含量就不足，即(Cu+Fe)：S>1，形成温度越高，硫的含量越不足；而形成温度低于 200℃时，黄铜矿的成分与理想化学式一致，即(Cu+Fe)：S=1。微量元素含量及其量比的标型性上如锡石 SnO_2 在不同成因类型中，其成分中微量元素 Nb、Ta、Sc、In 等含量，尤其是 Nb/In 比值的差异是重要的成分标型特征。产于伟晶岩中的锡石，形成温度约为 600℃，Nb/In 比值大于 10 000；产于高温热液石英脉中的锡石，形成温度约为 500～350℃之间，Nb/In 比值平均为 300；产于锡石-硫化物矿床中的锡石，形成温度约在 350～125℃之间，Nb/In 比值平均为 5。

(2) 结构标型特征：主要反映在晶胞参数、离子配布、多型、有序度、键长等方面。如产于金伯利岩中与金刚石共生的镁铝榴石，由于成分中富含 Cr，其晶胞参数 a_0 远比产于"非金伯利岩"中的镁铝榴石要大。又如普通角闪石$(Ca,Na)_{2\sim3}(Mg,Fe,Al)_5[(Si,Al)_4O_{11}]_2(OH)_2$结构中四次配位 Al^{IV} 和六次配位 Al^{VI} 分配可以反映温压条件。在压力近似的条件下，Al^{VI} 含量随结晶温度增高而增大；在温度近似的条件下，Al^{VI} 随压力的增高而增大。多型性如 $3T$ 型多硅白云母是低温高压变质作用的特征矿物。有序度是温度和冷却速度的函数。高温晶出或迅速结晶的有序度低，低温晶出或缓慢结晶的有序度高。如堇青石，其有序度高的属区域变质成因，而有序度低的属接触变质成因。

(3) 形态标型特征：晶体形态主要取决于晶体结构特征，也受形成条件的影响。如方解石的晶形随形成温度由高至低，从板状经短柱状至长柱状；辰砂的晶形变化与其形成时的深度有关，随深度的增加，其晶形由板状经三向等长的菱面体状变为柱状；产于相对贫 Si 岩石如正长岩、斜长岩中的刚玉，呈长柱状和近三向等长的晶形，而产于 Si 较高的岩石如花岗质片麻岩中的刚玉，则呈板状。

(4) 物理性质标型特征：包括矿物的颜色、硬度、密度、磁性、电性、发光性等方面。其中有一些必须应用专门近代设备测试才能加以区分。其中最直观的标型特征是颜色。如变质岩中的普通角闪石，其 c 轴方向的颜色随其结晶温度的增高，由蓝绿色变为绿色，最后为褐色；变质岩中的黑云母，颜色也随着变质程度增加，有从绿色变为棕褐色的趋势。

上述各种矿物标型特征，多数是定性的，有的也可以半定量或定量估测形成时的温度压力等物理化学条件。所谓的**地质温度计**（geothermometer）和**地质压力计**（geobarometer），也就是利用矿物或矿物组合的标型特征（主要是成分标型）来计算温度或压力条件。

2.4.2　矿物中的包裹体

矿物中的**包裹体**（inclusion）是矿物在其生长过程中或形成后所捕获而包裹在矿物晶体内部的外来物质。包裹体可以是其他矿物晶体，也可以是气体、液体或非晶质体，其中以由气体和液体共同组成的气液包裹体最为常见。包裹体一般极为细小，往往要在显微镜下才能看到。

2.4.2.1　包裹体的分类

包裹体按成因分为原生、次生、假次生三种类型。**原生包裹体**（primary inclusion）是在主矿物生长过程中同时捕获的包裹体。其形状常呈主矿物的主要结晶形态,如主矿物的负晶形,也可呈复杂的不规则形态。通常成群成环带规则分布。**次生包裹体**(secondary inclusion)是在主矿物形成之后,由后期热液沿主矿物的微裂隙进入主矿物而引起主矿物的局部溶解,并在重结晶过程中被捕获而形成的包裹体。其分布受裂隙控制。**假次生包裹体**(pseudo-secondary inclusion)是主矿物结晶过程中由于应力和构造活动的作用,使主矿物发生裂隙而导致成矿溶液的进入,并使这些部位发生重结晶时捕获的包裹体。这些包裹体与原生包裹体属同一成矿溶液,但其在主矿物中的分布很类似次生包裹体,故称为假次生包裹体。

包裹体还可按物理状态分为四类:**固态包裹体**(solid inclusion),又叫玻璃包裹体,主要由玻璃和气孔组成;**气体包裹体**(gas inclusion),主要由气体和液体组成,气体占总体积的一半以上;**液体包裹体**(liquid inclusion),主要由液体和气体组成,液体占总体积的一半以上;**多相包裹体**(multi-state inclusion),由气相、盐水溶液及其他相(如子矿物相等)组成的气液包裹体。

2.4.2.2 包裹体的成因意义

包裹体,特别是原生包裹体,对于研究矿物形成时的物理化学条件具有极为重要的价值。原生包裹体所包含的气液就是主矿物的成矿溶液或熔融体,是形成主矿物的成矿溶液的样品,其性质反映矿物形成时的物理化学条件(温度、压力、pH、盐度等)。因此,对这些包裹体的物理化学性质和成分的测定,能为主矿物的形成条件提供一定的依据。次生包裹体也能反映主矿物形成后所经历的环境变化。

思 考 题

2-1 简述矿物形成的主要地质作用。

2-2 侵入作用与火山作用有什么异同?火山熔岩中的矿物,其粒径远比深成岩中的矿物细小,原因何在?

2-3 为什么在伟晶作用中会形成大量含稀有元素的矿物?伟晶岩中晶体发育得很大的原因是什么?

2-4 接触交代作用(矽卡岩化)与热变质作用有何异同?

2-5 热液矿床在国民经济中有重要意义,为什么?

2-6 风化作用中只破坏矿物而不形成矿物,这种看法对吗?试举例证实或驳倒上述论点。

2-7 何谓共生、伴生?在一块手标本上有孔雀石和蓝铜矿,还有黄铜矿,它们之间的共生、伴生关系如何?

2-8 何谓假像和副像?它们的存在分别说明什么?

2-9 何谓矿物的标型特征?矿物主要有哪些方面的标型特征?这些标型特征间有无内在联系?试以正文中提到的镁铝榴石为例说明之。

2-10 简述矿物包裹体的成因和物理状态分类。

矿物的宏观鉴定特征

矿物的宏观鉴定特征指那些不需借助大型仪器分析即可肉眼感知的直观特征,如矿物的形态、颜色、硬度等物理性质。这些特征一方面受晶体结构和化学组成控制,同时也受形成时环境条件的影响,因此既可以借此鉴别矿物,又可以作为标型特征揭示矿物的形成条件。此外,矿物的许多物理性质在国民经济建设中有重要的用途,如水晶的压电性、白云母的绝缘性、金刚石和刚玉的高硬度、重晶石的高密度等。

本章主要介绍与矿物手标本鉴定有关的外观特征,包括形态及一些物理性质。

3.1 矿物的形态

矿物的形态分为单体形态和集合体形态。单体形态指矿物单晶体的形态,集合体形态指矿物集合体的外貌。集合体有同种矿物和异种矿物之分。集合时也有规则集合与无规则集合之分。规则集合,也叫规则连生,同种晶体的规则连生体分为平行连生和双晶两类,异种晶体的规则连生则为衍生。这些概念在有关晶体学的书籍中已有阐述。

自然界矿物多是群聚无规则集合生长。矿物学中,主要涉及同种矿物之间所形成的集合体,而不同种矿物之间的不规则连生所形成的集合体,是岩石学和矿床学中研究的问题,这里不作阐述。

3.1.1 单体形态

矿物的单体形态一般用晶体习性来描述。所谓**晶体习性**(crystal habit),又称**结晶习性**,指晶体通常习惯表现的外观形态。根据矿物晶体发育程度,可以有不同的描述方法。当晶体表现为某一单形发育占优势时,可用单形来描述,如萤石的八面体习性、黄铁矿的五角十二面体习性(图 3-1)等。通常自然界的晶体不能很好地表现出单形,这时可以用矿物整体几何形态来描述,如柱状习性(如电气石、角闪石)、针状习性(辉铋矿)、板状习性(石膏、重晶石、钛铁矿)、片状习性(云母、辉钼矿)、粒状习性(石榴石、橄榄石)等(图 3-2),或者更笼统地仅仅区分为一向延伸(柱状、针状、纤维状)、二向延伸(板状、片状)和三向等长(粒状)习性。有时加上一些单形或晶面花纹等作为修饰,如黄铁矿常呈带有条纹的立方体习性、电气石的具纵纹的柱状习性、锆石的带双锥柱状习性等。一些常见的晶体习性见图 3-2。

晶体习性的描述,是对单形和聚形分析的必要补充,两者不能互相替代。由不同单形或聚

形组成的晶体可以有相同的晶体习性,而由
相同单形或聚形组成的晶体也可以表现出
不同的晶体习性。

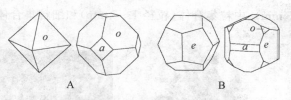

图 3-1   晶体习性

A—萤石的八面体(o)习性;B—黄铁矿的
五角十二面体(e)习性

矿物的晶体习性一方面受晶体结构的
制约,如角闪石和辉石之所以呈柱状习性,
是由于它们具有链状结构;同时,矿物形成
时的外界环境,即物理化学条件和空间情
况,对晶体习性的影响也十分重要。物理化
学条件包括温度、压力、介质的 Eh 和 pH 以及组分浓度等因素。它们通过改变不同晶面间的
相对生长速度影响晶体形态。例如在碱性岩里形成的锆石,柱面不发育,所以以双锥状习性为
主,而在正常花岗岩中则以柱状习性为主。矿物形成时的空间条件,也很明显地影响晶体习
性,如在花岗岩中的石英颗粒,一般都呈不规则的粒状,很难看到晶形;但在晶洞中,因为有自
由空间,可以发育出完好的柱状晶体。因此研究晶体习性,不但对于矿物鉴定有帮助,而且可
以作为标型特征反映矿物形成时的外界条件。

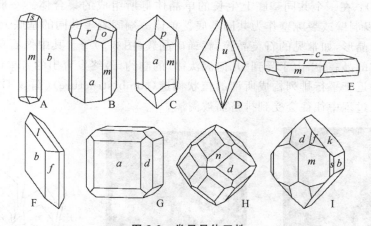

图 3-2   常见晶体习性

A—柱状习性(辉锑矿);B—柱状习性(电气石);C—带双锥的柱状习性(锆石);D—带双锥的柱状习性(方解石);
E—板状习性(钛铁矿);F—板状习性(石膏);G—粒状习性(方铅矿);H—粒状习性(石榴石);I—粒状习性(橄榄石)

3.1.2   集合体的形态

自然界中绝大多数矿物以集合体的形式出现。集合体的形态取决于矿物单体的形态及它
们的集合方式。根据集合体中矿物单体的可辨认程度可分为:肉眼可以辨认单体的显晶集合
体、显微镜下才能辨认单体的隐晶集合体及显微镜下也不能辨认单体的胶态集合体。

3.1.2.1   显晶集合体

显晶集合体根据单体的晶体习性来描述。一向延伸的有柱状(图 3-3)、针状、束状、毛发
状、纤维状集合体(图 3-4)。二向延伸的有片状(图 3-5)、鳞片状、板状集合体等。三向等长的
为粒状集合体(图 3-6)。粒状集合体按其颗粒大小的不同,一般还分为粗粒集合体(粒径>

5 mm)、中粒集合体（粒径 1～5 mm）和细粒集合体（粒径＜1 mm）。

 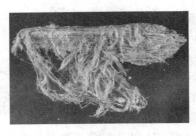 

图 3-3　辉锑矿晶簇的柱状集合体　图 3-4　纤蛇纹石的纤维状集合体　图 3-5　白云母的片状集合体

此外，还有一些特殊形状的显晶集合体，常见的有：

放射状集合体（radiated aggregate）：单体围绕某些中心呈放射状排列。单体主要是柱状或针状，如针钠钙石的放射针状集合体（图 3-7），有时片状单体也可以有放射状集合体，如叶蜡石的放射片状集合体。

晶簇（druse）：在一个共同基底上生长的单晶体群所组成的集合体。一般发育在岩石的空洞或裂隙中，以洞壁或裂隙壁作为共同基底。单体一端固着于共同的基底上，另一端自由发育而具有完好的晶形，如常见的石英晶簇、辉锑矿晶簇（图 3-3）等。其中像石英等单体呈一向延伸的晶体组成的晶簇中，由于受到"几何淘汰律"的制约，最终发育出的各单体的延伸方向往往垂直于基底并近于平行排列构成所谓的**梳状构造**（comb structure）（图 3-8），而不垂直于基底的单体在生长过程中往往会受到排挤而被淘汰。

图 3-6　自然硫的粒状集合体　　图 3-7　针钠钙石的放射状集合体　　图 3-8　几何淘汰律示意

图 3-9　软锰矿的树枝状集合体

树枝状集合体（dendritic aggregate）：单体生长过程中，在棱角处生长速度快，从而不断分叉形成树枝状集合体。往往是由于结晶速度快、溶液过饱和度大或溶液（熔体）方向性运移造成的。形成于岩石裂隙壁者，往往状若植物化石，有"假化石"之称，如图3-9的树枝状软锰矿。树枝状集合体的单体有时很细小，也常被归入隐晶集合体。

还有一些矿物会表现出比较特殊的集合体形态，如辉沸石的束禾状、白铁矿的鸡冠状等。

3.1.2.2 隐晶和胶态集合体

隐晶和胶态集合体的主要类型有：

结核体(nodule)：是围绕某一核心自内向外生长的球状、卵状、瘤状或不规则状的矿物集合体。内部呈同心层状、放射状或致密块状。有些结核中心有被溶解的空腔。结核体大小不一，大小如鱼卵者，称**鲕状集合体**(oolitic aggregate)；如豌豆大小者称**豆状集合体**(pisolitic aggregate)；一般直径在 1 cm 以上者，即称结核。结核体往往是胶体成因的，常见于沉积层中，如鲕状灰岩(图 3-10)、豆状白云石(图 3-11)、含煤地层中的黄铁矿结核(图 3-12)等。

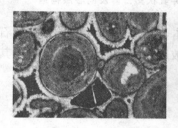

图 3-10 鲕状灰岩

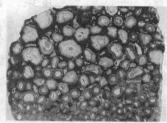

图 3-11 豆状白云石

图 3-12 黄铁矿结核及其
内部放射状构造

分泌体(secretion)：指在球状或不规则的岩石空洞内自洞壁向中心逐渐沉积(充填)形成的矿物集合体。分泌体中心常有空腔，有时还生长有晶簇。其特点是多数具有同心层构造，各层成分和颜色往往有差异，从而形成表现为不同颜色的色环，如带状玛瑙(图 3-13)。平均直径大于 1 cm 者称晶腺；小于 1 cm 者称**杏仁体**(amygdaloid)，如火山岩气孔中常见充填有方解石、沸石等形成的杏仁体(图 3-14)。

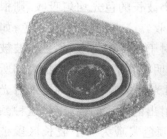

图 3-13 玛瑙晶腺

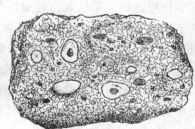

图 3-14 火山岩中的
方解石、沸石杏仁体

图 3-15 赤铁矿的肾状集合体

钟乳状集合体(stalactitic aggregate)：指由真溶液蒸发或胶体凝聚，在同一基底上逐层向外堆积形成的矿物集合体。内部常具有同心层状、放射状或致密块状构造，也见显晶粒状构造。根据外表形态常用物体类比给予不同名称，如状如葡萄或肾状者称葡萄状集合体(botryoidal aggregate)或肾状集合体(reniform aggregate)(图 3-15 和 3-16)。石灰岩溶洞中壮观的石钟乳(附着于溶洞顶壁下垂者，图 3-17)、石笋(自溶洞底竖直向上生长者)、石柱(石钟乳与石笋相连)均属此类。

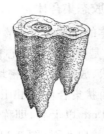

图 3-16　钡硬锰矿的葡萄状集合体　　　　　**图 3-17　钟乳状集合体及同心层构造**

此外,还有块状(借助放大镜也不能辨别颗粒界限的集合体,分为致密块状和土状,如石髓、高岭石)、肉冻状(水凝胶体矿物特征的脂肪状,如蛋白石)、被膜状(又叫皮壳状,覆盖于其他岩石或矿物表面的集合体,覆盖层较厚)集合体等。

3.2　矿物的物理性质

3.2.1　矿物的光学性质

3.2.1.1　矿物的颜色

颜色(colour)是人对可见光波的视觉感应。当约 $390 \sim 770$ nm 波长范围(可见光区)内的电磁波刺激视神经时,人就会有颜色的感应。

通常意义上的矿物颜色是指矿物在白光照射下呈现的颜色。当矿物受白光照射时,会对光产生吸收、反射及透射等各种光学作用。如果矿物对白光中各个波长的色光均匀吸收,则根据吸收程度,矿物会表现为黑色或不同浓度的灰色;若基本上不吸收,就表现为白色或无色;如选择性地吸收白光中某些特定波长的色光,矿物就会呈现彩色。对于透明矿物,颜色是光波被矿物吸收后,透射出的光波的混合色,显示被吸收色光的补色。透明矿物的颜色是矿物内部所表现的颜色,也叫**体色**(body colour)。对于不透明矿物,由于它对光波的吸收非常强,入射光难以深入矿物内部,其颜色主要是矿物表层对入射光吸收后再辐射出的光波的混合色,这种颜色主要来自矿物表层,故称**表面色**(surface colour)或**反射色**。其颜色表现为哪个波长区段被吸收得多,再辐射时,该区段的辐射强度就大,所以表面色表现为与被吸收色光一致的颜色,不是其补色。如果矿物对各波段色光均匀吸收并再辐射时,则根据反射能力由大到小依次表现为银白(如自然银)、钢灰(如黝铜矿)、铅灰(如方铅矿)、铁黑(如磁铁矿)等不同的表面色。

矿物的呈色是固体物理中的一个复杂问题。总的来说,其呈色机制可分两种情况:一种是矿物成分中的原子或离子,其外层电子发生电子跃迁,选择性地吸收可见光,导致矿物呈色;另一种是由于漫射、反射、衍射、干涉等物理光学作用造成的呈色现象。

对于第一种情况,电子跃迁可发生在某一离子内部,如过渡金属元素(主要是 Ti、V、Cr、Mn、Fe、Co、Ni)及 Cu、U 和稀土元素离子在晶体中,其 d 或 f 亚层分裂后的能量差恰好在可见光范围,其间的电子跃迁可使矿物呈色,这些离子也称**色素离子**。如红宝石的颜色就是其中替代 Al^{3+} 的 Cr^{3+} 的 d-d 电子跃迁所致。此外,电子转移也可以发生在不同离子或离子与晶体色心(晶体中能选择性吸收可见光的点缺陷有多种类型,主要是阳离子或阴离子缺位引起的 V 心和 F 心)之间。如蓝宝石的颜色被认为是电子在 Fe^{2+} 和 Ti^{4+} 之间转移所致,而萤石的彩色是色心引起的。

矿物学中,传统上将矿物的颜色分为以下三类:

(1) 自色(idiochromatism):是矿物自身固有的化学成分引起的颜色。例如黄铁矿的亮黄色、橄榄石的绿色、孔雀石的翠绿色等。自色较为固定,可作为矿物的鉴定特征。

(2) 他色(allochromatism):是矿物的非固有因素引起的颜色,但也不包括物理光学效应引起的颜色。他色一般是由于外来的杂质,包括机械混入物和晶格缺陷等引起的。如红宝石的红色就是他色,它是由于刚玉中替代 Al^{3+} 的 Cr^{3+} 引起的,而 Cr^{3+} 不是刚玉的固有组分;萤石的紫色和绿色也是他色,是由色心导致的。

同一种矿物,往往可以因为所含杂质不同而呈现不同的他色。不少矿物亚种的命名便是依颜色而命名的(如红宝石和蓝宝石),即颜色在区分亚种时有一定的意义。

(3) 假色(pseudochromatism):是由光的干涉、衍射、漫射等物理光学效应引起的颜色。矿物中常见的假色有:

- **蛋白光**(opalescence):又称乳光,是一种朦胧柔和的略带淡蓝色调的乳白光。它是由于矿物内部含有的许多远比可见光波长小的其他矿物或胶体颗粒对入射光产生漫反射所致。乳蛋白石和月长(光)石中可见到这种蛋白光。

- **锖色**(tarnish):是矿物表面因风化产生的氧化薄膜引起反射光的干涉而产生的颜色。一些硫化物表面常有这种氧化薄膜,薄膜两侧界面上的两束反射光相互干涉,即产生锖色。如斑铜矿表面独特的色彩斑驳的蓝紫色,可作为斑铜矿的鉴定特征。

- **晕色**(iridescence):是无色透明的矿物晶体内部表现的如彩虹般色带的彩色。晕色中的不同色彩一般成带状分布,并按一定色序排列。在方解石、白云母等具完全解理的矿物中常见。它是由于晶体内部出现的楔形解理或裂隙两侧界面上两束反射光相互干涉造成的。

- **变彩**(play of colour):指矿物随着变化观察角度可呈现不同色彩变化的现象。它是由于矿物内部含有与可见光波长属于同一数量级的某种周期性结构,导致不同色光的衍射而形成。蛋白石(宝石中称欧泊)和拉长石是典型的具变彩的矿物。拉长石变彩是由于其中含有两种成分不同的两相叶片构成的交生体,叶片的厚度与可见光的波长属于同一数量级;而蛋白石是由于其中的 SiO_2 胶体颗粒作最紧密堆积所引起的。

3.2.1.2 矿物的条痕

矿物的**条痕**(steak)是指矿物粉末的颜色。通常是将矿物在白色无釉瓷板摩擦后,查看其所留下的粉末痕迹的颜色,进行辨识。条痕可以消除假色的干扰,减轻了他色的影响,突出表现出矿物的自色,比较固定,常可作为彩色或金属色矿物的重要鉴定依据。例如赤铁矿的外观颜色,有铁黑、褐红等色,但是条痕都是樱红色,它就成为赤铁矿的一个主要鉴定特征。

但是对于浅色矿物,由于其条痕均呈白色或灰白色,就没有鉴定意义。此外有些矿物由于类质同像混入物的影响,条痕也会有所变化,这在鉴定时应给予注意。如闪锌矿 $(Zn,Fe)S$,当铁含量高时,呈褐黑色条痕;铁含量低时,为淡黄色或黄白色条痕。当然根据其条痕色的细微变化,也可以大致了解矿物成分的变化。

3.2.1.3 矿物的透明度

矿物的**透明度**(transparency)是指矿物允许可见光透过的程度。设 I_0 为入射光的强度,

在矿物中穿过 dx 距离后,强度损失为 $-\mathrm{d}I$,则

$$-\mathrm{d}I = KI_0\mathrm{d}x$$

K 为矿物的吸收系数。不同矿物有不同的 K 值,K 值越大,矿物的透明度越低。

肉眼鉴定矿物时,一般将矿物的透明度分成三个等级:

(1) 透明(transparent):隔着约 1 cm 厚的矿物观察其后面的物体时,依然能清晰地辨别出物体的轮廓和细节。其 K 值很小,一般小于 10^{-8},如水晶、金刚石、冰洲石等。

(2) 半透明(subtransparent):隔着 1 cm 或不足 1 cm 厚的矿物观察其后面的物体时,可以看到物体的存在,但其轮廓和细节则无法分辨。其 K 值中等,约在 $10^{-2} \sim 10^{-1}$ 之间,如辰砂、锡石、自然硫等。

(3) 不透明(opaque):隔着极薄的矿物样品,也观察不到其后面的物体。其 K 值很大,约接近于 1,如磁铁矿、石墨、黄铁矿等。

上述划分是粗略的,不同级别间没有明确的标志。在矿物显微镜鉴定时,一般以薄片所用的标准厚度 0.03 mm 为标准,将矿物分为透明和不透明两类。薄片厚度下能透光者称为透明矿物,不透光者为不透明矿物。需要说明的是,有些矿物手标本看似不透明,但在薄片下却属于透明矿物。手标本区分矿物透明程度可借助光泽。金属或半金属光泽的矿物为不透明矿物,而非金属光泽的矿物为透明矿物。

矿物之所以有不同的透光能力,主要受其组成成分和晶格类型的制约。从能带理论看,金属晶格的矿物,其组成主要是各种金属元素,如自然金、自然铜等,晶格中存在着自由电子,其价带和导带之间不存在带隙,不同波长的可见光波均能被导带中的电子所吸收,导致电子跃迁,因此吸收系数很大,所以不透明。而离子晶格的矿物,如硫酸盐矿物、硅酸盐矿物等,价带与导带间带隙宽度很大,均高于可见光的能量,难以引起电子跃迁,吸收系数极小,所以透明度高。至于以共价键为主的矿物,如硫化物中的黄铁矿、黄铜矿等,它们的带隙宽度小于可见光中红光的能量,所以在可见光的辐照下,各种波长的可见光均能不同程度地被吸收,引起电子跃迁,所以吸收系数仍然很大,也不透明。但是有些原子晶格的矿物,如金刚石,其带隙宽度大于可见光的能量范围,所以是透明矿物。至于像辰砂、闪锌矿等一些矿物,其带隙宽度恰好落在可见光区内,因而对可见区的某一段光波能够吸收,对另一段则可透过。如辰砂对红光来说,是透明的;对紫、绿等短波长的可见光,却是不透明的。

影响矿物透明度的因素除了上述本质上的因素外,矿物表面的光滑程度、粒度、致密程度、有无包裹物或裂缝等也都对矿物透明度有不同程度的影响。例如纯净的石英,是无色透明的,而乳石英由于内部含有许多细小的气液包裹体,成为乳白色,透明度大为下降。

3.2.1.4　矿物的光泽

矿物的**光泽**(luster)是指矿物表面对光的反射能力。矿物表面对光的反射能力可用反射率 R 表达。$R = I/I_0$,其中 I_0 为入射光的强度,I 为矿物平滑表面反射光的强度。反射率越高,光泽越强。反射率的大小,与矿物折射率和吸收系数有关。对于透明矿物,吸收系数很低,可以忽略不计。其反射率的大小主要取决于折射率。折射率高者,则反射率大,光泽就强。对于吸收系数大的不透明矿物,由于被矿物表层吸收的光大部分会再度辐射出来,因而光泽都很强。

矿物的手标本鉴定中,依据反射率的大小,一般将矿物的光泽分为四级:

(1) 金属光泽(metallic luster)：反射能力极强，表现为金属抛光面上所呈现的光泽，$R >$ 25％。天然的金属单质及其互化物和大多数硫化物矿物呈现金属光泽，如自然金、方铅矿等。

(2) 半金属光泽(submetallic luster)：反射能力强，表现为未经抛光的金属表面所呈现的光泽，R 在 19％～25％之间。一些天然的半金属元素矿物、部分氧化物和硫化物矿物，特别是硫盐矿物具有此种光泽，如自然砷、黑钨矿、黝铜矿等。

(3) 金刚光泽(adamantine luster)：反射能力较强，呈现如金刚石表面所呈现的光泽，R 在 10％～19％之间。部分自然非金属元素、硫化物、氧化物和含氧盐矿物具有此种光泽，如金刚石、辰砂、锡石、锆石等。

(4) 玻璃光泽(vitreous luster)：反射能力较弱，像平板玻璃所呈现的光泽，R 在 4％～10％之间。绝大多数透明矿物都是这种光泽，如长石、石英、萤石、方解石、橄榄石等。

后两者也称非金属光泽(nonmetallic luster)。

矿物表面的光滑程度对光泽影响很大。平滑表面或解理面上的光泽要强于粗糙断面上的光泽。土状块体表面的光泽也不及致密块体表面的光泽强。在矿物集合体或不平坦表面上，会产生一些特殊光泽。同时透明矿物因内部裂缝或解理面的存在使入射光线又能从内层反射时，也会引起特殊的光泽。特殊光泽主要有以下几种：

(1) 珍珠光泽(pearly luster)：指类似珍珠表面或蚌壳内壁具有的柔和而多彩的光泽。透石膏、白云母等解理发育的透明矿物解理面上，经常呈现这种光泽。出现彩色是由于重叠的解理面对入射光反复反射并相互干涉引起的。

(2) 丝绢光泽(silky luster)：类似一束蚕丝所呈现的光泽。纤维状集合体矿物，如石棉、纤维石膏等具有这种光泽。

(3) 油脂光泽(greasy luster)、**树脂（松脂）光泽**(resinous luster)和**沥青光泽**(pitchy luster)：见于矿物不平坦的断口上。浅色透明矿物所表现的类似脂肪表面所呈现的光泽为油脂光泽，如石英、霞石等。黄-黄褐色矿物所表现的像树脂外表般的光泽为树（松）脂光泽，如浅色闪锌矿和独居石等。黑色矿物所表现的沥青般反光则为沥青光泽，如沥青铀矿。这些光泽都与反射面不光滑、造成部分光发生漫反射有关。

(4) 蜡状光泽(waxy luster)：如石蜡表面所呈现的光泽。这种光泽出现在透明矿物的隐晶或非晶质致密集合体上，也是由于不平坦的表面对光发生漫反射所致，但漫反射程度比油脂光泽更强，光泽也就更暗，块状叶蜡石就具有这种光泽。

(5) 土状光泽(earthy luster)：光泽暗淡如土，只出现在粉末状或土状集合体表面。这种光泽最弱，有人干脆称之为无光泽。高岭石、褐铁矿等矿物集合体经常具有这种光泽。

一些矿物，当被加工成特殊的形状（平底、圆弧形顶面）时会出现特殊的反光现象。有的反光聚集成一条亮带，该带可以随入射光方向的改变发生侧向移动，状如猫的眼睛，故称为猫眼光(chatoyance)。它是由于在晶体内存在一系列垂直于光带且平行密集排列的针状、管状或丝状包裹体对光的反射所致。如果这些包裹体不是一组，而是沿几个方向对称分布，就可形成两条或三条相交的光带的星状光芒，称为星光(asterism)。这些反光在宝石界极为重要，可使宝石身价倍增，如金绿宝石猫眼、星光红、蓝宝石都是贵重的高档宝石。

矿物的颜色、条痕、透明度、光泽之间关系密切。手标本鉴定时，应注意利用其间的关系帮助区别这些光学性质的级别。初学者往往掌握不好对透明度和光泽的判断分级，这时可以根据表 3-1 的关系,利用颜色和条痕这些更为直观的特征来帮助判断。

表 3-1　矿物光学性质关系表

颜色	非金属色(体色为主)		金属色(反射色为主)	
透明度	透明	透明-半透明	半透明-微透明	不透明
条痕色	白色	白色-浅彩色	深彩色	深彩色-黑色
光泽	玻璃	金刚	半金属	金属
反射率 R	4%～10%	10%～19%	19%～25%	>25%

3.2.1.5　矿物的发光性

矿物受外加能量激发,发出可见光的性质称为**发光性**(luminescence)。

根据激发源的不同,发光可分为光致发光(主要是紫外线、阴极射线和 X 射线等为激发源)、热发光(由热能激发)以及电致发光、摩擦发光、化学发光等。

根据持续时间长短,发光分为**荧光**(fluorescence)和**磷光**(phosphorescence)两种类型。前者指激发一停止,发光现象在 10^{-8} s 内迅速消失;后者相反,指激发停止后,发光现象可以持续 10^{-8} s 以上。

矿物的发光性几乎总是与晶格中存在微量杂质有关,因杂质而产生的晶格缺陷带来了局部附加能级,它可成为发射可见光的中心。矿物在外界高能激发下,原子中的电子从基态跃迁到能级较高的激发态,受激电子处于激发态是不稳定的,会自发地向基态回落。如果直接落回基态,将辐射出人眼不能感知的电磁波。但如果电子回落时,是先落入杂质带来的附加能级(也称"陷阱")而逐级回落,则原来能级差较大的基态与激发态之间由于加入了附加能级,这时附加能级与基态之间能量差若在可见光范围,跃迁电子在逐级回落时就会发射可见光。

同一种矿物,有的有发光性,有的则没有。这取决于作为激活剂(activator)的杂质的有无与多少。所谓激活剂,就是那些能促使矿物发光的物质。激活剂在矿物中的含量很低,一般不超过 1%。如果杂质含量过多,一些缺陷(发光中心)发出的光会被相邻缺陷吸收,反而不再具有发光性。引起硅酸盐矿物发光的激活剂,通常是铁族过渡元素(其中尤其是 Mn)和稀土元素。引起硫化物发光的激活剂经常是银或铜。其标记方法如 $CaCO_3$：Mn^{2+},表示 Mn^{2+} 为方解石的激活剂。

在矿物鉴定上有意义的主要是那些比较稳定的发光,如在紫外线下白钨矿总是发浅蓝色荧光,独居石发绿色荧光,金刚石在 X 射线下发天蓝色荧光。这些稳定的发光可在矿物鉴定及找矿、选矿上应用。

3.2.2　矿物的力学性质

3.2.2.1　矿物的密度和相对密度

矿物的**密度**(density)是指矿物单位体积的质量,量纲为 g/cm^3。矿物手标本鉴定中通常使用**相对密度**(relative density),也称**比重**(specific gravity),是指矿物在空气中的质量与 4℃时同体积水的质量之比,数值与密度相同,无量纲。

矿物的相对密度可以用手掂大致估计或通过浮力法使用天平等精确测定,也可以理论计算。计算公式为

$$D = MZ/(NV)$$

式中 M 为晶体化学式的相对分子质量;Z 是单位晶胞内所含的相当于晶体化学式的分子数;N 为阿伏加德罗常数,当晶胞参数以 10^{-1} nm 为单位时,$1/N = 1.6605$;$V = abc \cdot \sqrt{1 - \cos^2\alpha - \cos^2\beta - \cos^2\gamma + 2\cos\alpha\cos\beta\cos\gamma}$($a, b, c, \alpha, \beta, \gamma$ 为晶胞参数),为单位晶胞体积。

肉眼鉴定和重砂分析时,矿物以相对密度分为三级:

轻矿物:相对密度小于 2.5,如石盐(2.1~2.2)、石膏(2.3)。

中等矿物:相对密度介于 2.5~4,如石英(2.65)、方解石(2.72)、金刚石(3.52)。

重矿物:相对密度大于 4,如重晶石(4.50)、方铅矿(7.5)、自然金(15.6~19.3)。

大多数金属矿物属于重矿物,而非金属矿物多属于中等矿物。矿物密度大小主要取决于化学成分和结构紧密程度。从化学组成看,矿物组成成分的相对原子质量及离(原)子半径直接影响密度。相对原子质量增大会使矿物质量增加,而一般说来相对原子质量大的元素,其离(原)子半径也大,这时密度的变化就要看相对原子质量和离(原)子半径哪个变化更明显,比如结构类型相同的菱镁矿 $MgCO_3$、方解石 $CaCO_3$ 和菱铁矿 $FeCO_3$ 比较,其阳离子的相对原子质量分别为 24.3,40.1,55.8,而离子半径分别为 0.072,0.100,0.078 nm,密度分别为 3.00,2.71,3.96 g/cm^3。可以看出,尽管 Ca 比 Mg 的相对原子质量大,但 Ca^{2+} 比 Mg^{2+} 半径增大更显著,所以方解石反而比菱镁矿密度小,而 Fe^{2+} 与 Mg^{2+} 相比,相对原子质量增大更明显,所以菱铁矿密度更大。结构堆积紧密程度是决定密度的另一个重要因素。无疑结构越紧密,密度越大。结构紧密程度可由原(离)子的配位数反映。配位数越大,结构越紧密。例如碳的两个常见的同质多像变体金刚石和石墨,其中 C 的配位数分别为 4 和 3,前者密度约 3.52 g/cm^3,而后者仅约 2.23 g/cm^3。结构的紧密程度与矿物的形成条件有关,高温有利于形成配位数低而密度小的矿物,而高压有利于形成配位数高而密度大的矿物。金刚石的形成就需要比形成石墨更高压的条件。

3.2.2.2 矿物的硬度

矿物的**硬度**(hardness)是指矿物抵抗外来刻划、研磨或压入等机械作用的能力,用 H 表示。根据外力作用方式的不同,可将硬度分成**刻划硬度**、**压入硬度**和**研磨硬度**等几种。

矿物手标本鉴定时,一般采用**摩斯硬度**(Mohs hardness),以 H_M 表示。它是一种刻划硬度,以十个硬度不同的常见矿物为标准,从软到硬,代表 1~10 十个摩斯硬度等级,构成**摩斯硬度计**(Mohs scale of hardness)。这十个矿物及硬度级分别是:

1	滑 石	2	石 膏	3	方解石	4	萤 石	5	磷灰石
6	正长石	7	石 英	8	黄 玉	9	刚 玉	10	金刚石

摩斯硬度计是矿物实验室中常备的用具之一。实际工作中,还可以借助指甲、铜针、小钢刀或碎玻璃大约估计矿物的摩斯硬度。指甲的硬度约为 2.5,常用铜针的硬度在 3 左右,普通窗玻璃的硬度为 5.5,一般小钢刀的硬度约为 5.5~6。利用这些工具和摩斯硬度计,与待鉴定矿物互相刻划,根据刻划的难易程度、刻痕的深浅等可方便地判断该矿物的摩斯硬度。

精确测定矿物硬度常用显微硬度计,是在显微镜下测定的压入硬度。方法是在矿物抛光面上加一定质量金刚石或合金的角锥压入,通过施加重量和矿物抛光面上留下的压痕面积(或深度)之间的关系,求得矿物硬度。显然,矿物硬度越大,抵抗压入的能力越强,在相同负荷下,留下的压痕越浅,压痕面积越小。目前一般采用显微硬度仪,利用维克(Vicker)法(又称维氏法)测定矿物的显微硬度,也称维氏硬度 H_V。它与摩斯硬度 H_M 大致有如下经验关系:

$$H_M = 0.7\sqrt[3]{H_V}$$

此关系不适用于金刚石。

硬度是晶体异向性表现较明显的性质之一,其中最明显的是蓝晶石。在蓝晶石的(100)晶面上,沿 b 轴方向的刻划硬度为 6.5,沿 c 轴方向的刻划硬度为 5.5,在(001)和(010)面上,不同方向的刻划硬度也有差异,所以蓝晶石又名二硬石。

决定矿物硬度大小的主要因素是晶体结构的牢固程度,这与化学键类型及强度密切相关。一般说来,典型的共价键矿物硬度大,金属键矿物硬度小,分子键矿物硬度最小,以氢键为主的矿物硬度也很小。例如金刚石具典型的共价键,是目前所知硬度最大的矿物;而分子晶格的自然硫,硬度仅为 1～2;金属键的自然金硬度 2.5～3;以氢键为主的水镁石硬度也仅为 2.5。对于离子晶格的矿物,由于离子键强度随离子性质不同而变化,因而矿物硬度变化较大。其他影响因素还有离子半径(硬度随离子半径减小而增大)、离子电价(电价高,键力强,硬度大)、结构紧密程度(结构越紧密,硬度越大)等。

3.2.2.3 矿物的解理、裂理和断口

1. 解理

矿物的**解理**(cleavage)是指矿物在外力作用下,能沿晶格中特定方向的面网发生破裂的固有性质。因解理裂开的平面叫做**解理面**(cleavage plane)。

解理是矿物的固有性质,由晶体结构所决定。由于晶体具有异向性,不同结晶方向的化学键力有差异,在外力作用下,那些键力弱的面网之间就会产生解理,所以解理总是沿着晶体中连接较弱的面网之间发生。一般说来,原子晶格中,若各个键的强度都相等,其解理会平行于网面密度最大的面网出现,因为,网面密度大之面网间距也大,面网间的引力就小,易于发生破裂,如金刚石的{111}解理就是这个方向。在离子晶体中,同号离子相邻的面网以及由异号离子组成的电性中和的面网之间也是容易发生解理的方向,这是由于这种面网之间存在同号离子的斥力或静电引力弱,前者如萤石的{111}解理,后者如石盐的{100}解理。在存在不同化学键类型的晶体中,解理平行于化学键力最强的方向出现,如石墨为层状结构,层内的 C—C 键是很强的共价键和 π 键,而层间则为很弱的分子键,因此石墨的解理就沿{0001}平行层的方向产生。对于金属晶格的矿物,由于其原子之间通过弥漫整个晶格的自由电子联系,受力后晶体易于发生晶格滑移而不致引起断键,所以,延展性良好的金属矿物都没有解理,如自然金、自然铜等。

解理既然是矿物固有的性质,沿着一定的面网方向发生,因此它也和面网一样符合晶体的对称性,可以用符号来表示。矿物的解理用单形符号表示,因为单形就是由晶体中可以对称重复的一组最外部的面网构成的。用单形符号表示矿物解理,同时表示解理的几组对称的方向,如方铅矿的{100}立方体解理和方解石的{10$\bar{1}$1}都有三组方向;萤石的{111}八面体解理有四

组方向;闪锌矿的{110}菱形十二面体解理有六组方向;而石墨的{0001}底面解理只有一组方向。

矿物学中,根据破裂的难易程度,一般将解理分为五级:

(1) 极完全解理(eminent cleavage):矿物在外力作用下,极易沿解理方向破裂成薄片,解理面平整、光滑,如云母、石墨等。

(2) 完全解理(perfect cleavage):矿物在外力作用下,容易沿解理面破裂,但不成薄片,解理面平滑,如萤石、方解石等。

(3) 中等解理(good or fair cleavage):也称清晰解理。指矿物在外力作用下,能沿解理分裂,解理面明显,但多延伸不远,常与断口共存呈阶梯状,如金红石和角闪石的柱面解理。

(4) 不完全解理(imperfect cleavage):矿物受力后,不易沿解理方向分裂,解理面小且不平整,易出现断口,如磷灰石的底面解理。

(5) 极不完全解理(cleavage in traces):习惯上也称无解理。指矿物受力后,很难沿解理方向破裂,多形成断口,如 α-石英、黄铁矿等。

对矿物解理的描述应包括方向及完好程度。方向即用单形符号或单形名称表示,完好程度就是上述五个级别。例如重晶石的解理描述为具有{001}和{210}完全解理以及{010}中等解理。

解理是矿物的固有属性。同种矿物,受外力作用后,会产生方向和完好程度相同的解理,因而解理可以作为鉴定矿物的可靠特征之一。利用解理还可以判断结晶方位,尤其是那些外形发育不完好的矿物。此外解理特征还可以帮助推测晶体的结构特征。如层状结构的矿物往往具有一个方向的极完全解理,而链状结构的矿物往往具有平行于链的柱状解理等。

2. 裂理

裂理(parting):也称裂开,是指矿物在外力作用下,可以一定的结晶方向裂开成平面的性质。裂开的平面叫**裂理面**(parting plane)。

裂理与解理在现象上很相似,但它不是矿物本身固有的属性,其产生原因与解理不同。裂理的产生是外界因素导致的。如在晶体的某一面网上有其他成分的细微包裹体或者出溶的矿物夹层,或者一些双晶接合面特别是聚片双晶的接合面,都可能导致裂理发生。如磁铁矿的(111)裂理就是因为出溶的钛铁矿分布在(111)面网方向;而刚玉常见的(0001)和(10$\bar{1}$1)裂理则是沿着双晶接合面发生的。

裂理不是矿物本身固有的属性,同一种矿物,有的个体有裂理,有的则没有。同时,裂理尽管也是沿着一定的面网方向发生,但是它不像解理那样符合晶体的对称性,如刚玉的(10$\bar{1}$1)裂理,可能只是在{10$\bar{1}$1}单形所代表的三个方向中的某一个或两个方向出现,因此裂理不用单形符号表示,而是用晶面符号表示。

裂理作为鉴定特征,不如解理稳定可靠,它只在少数矿物上有鉴定意义,如刚玉。但由于它的出现可以说明该晶体含有某种杂质或具有某种双晶,因而可以为矿物综合利用或形成条件的研究提供有益的线索。

3. 断口

矿物受外力作用下,在任意方向破裂成各种凸凹不平的断面为**断口**(fracture)。

断口在矿物晶体、集合体及非晶质体中均可出现。在晶体中,断口和解理是互为消长的。一个晶体如果解理发育,则在解理面方向就不易出现断口。

断口作为鉴定矿物的辅助特征,主要体现在形态上。按形态,断口主要有以下几种:

(1) 贝壳状断口(conchoidal fracture):断口类似蚌壳的内表面形态,呈圆形或椭圆形曲面,具有以受力点作为圆心的同心圆波纹。α-石英及一些玻璃体中常见贝壳状断口,图 3-18 为黑曜岩的断口。

(2) 次贝壳状断口(subconchoidal fracture):断口呈光滑曲面形态,与贝壳状断口相似,但一般无或只有少数同心圆纹。许多变生非晶质矿物如钛铀矿以及隐晶质块状的矿物如玉髓等,常具此种断口。

图 3-18　黑曜岩的断口

(3) 锯齿状断口(hackly fracture):断口呈尖锐的锯齿状。延展性强的矿物如自然金等,具有这种断口。

(4) 参差状断口(uneven fracture):断口呈参差不齐、粗糙不平状。大多数脆性矿物以及块状和粒状矿物集合体常具这种断口,如橄榄石、磷灰石等。

(5) 平坦状断口(even fracture):断口面比较平坦,无粗糙起伏。一些呈土状或致密状块体的矿物,如高岭石,常具此种断口。

(6) 阶梯状断口(interrupted fracture):断口面台阶状,是由于解理面和断口面交替出现而引起的。出现在具中等或完全解理的矿物,如角闪石、长石等矿物上。

(7) 刀片状或纤维状断口(splintery or fibrous fracture):断口面如重叠排列的刀片或纤维。纤维交织集合体上可见这种断口,如软玉。

3.2.2.4　矿物的弹性、挠性、延展性和脆性

矿物受外力作用时,能发生弯曲形变而不断裂,外力撤除后,又能恢复原状的性质称为**弹性**(elasticity);而外力撤除后,不能恢复原状的性质称为**挠性**(flexibility)。弹性和挠性在一些片状和纤维状矿物上表现明显,如云母、石棉等具有弹性,而石墨、辉钼矿、蛭石、水镁石等具有挠性。

具有明显的弹性和挠性的矿物应具有层状或链状结构,而表现为弹性还是挠性与结构层或链之间键力的强弱有关。如果键力较强,矿物将表现为脆性;若键力较弱但又有一定强度,如离子键,则矿物在受力时,层或链之间可以发生相对的晶格位移,当外力撤去后,其键力可以使之恢复原状,就表现为弹性;若键力很弱,如分子键,则矿物变形后将无力促使晶格复原,从而表现为挠性。

具有明显弹性和挠性的矿物都很少,因此可以作为一个特征在手标本鉴定中使用。

矿物在外力拉引或锻压下,能形成细丝或薄片而不断裂的性质分别称为**延性**(ductility)和**展性**(mallebility)。延性和展性在矿物或其他物体中几乎总是并存,所以一般合称为**延展性**。

延展性是金属键矿物的特征之一。由于金属晶格内部以金属键连接金属原子,其化学键无方向性,同时其化学组成和晶体结构都很简单,对称程度高,这使得金属晶格矿物在外力作用下容易发生晶格滑移,一系列的晶格滑移使得晶格伸长或变薄,并能保持结构上的完整性而

不断裂。如自然金、自然银、自然铜等都有良好的延展性。其他晶格的矿物,如一些硫化物也具有一定的延展性。

延展性通常会随温度升高而增强。如常温下表现为脆性的石英,在高温下也会表现出很强的延展性,可拉成细丝。

当用小刀刻划具延展性的矿物时,只留下光亮的刻痕而不产生粉末或碎粒,借此可与脆性矿物相区别。

矿物的**脆性**(brittleness)是指矿物在外力作用下容易破碎的性质。脆性矿物受力时表现为无显著的形变即发生破裂。

脆性是与延展性、弹性和挠性相反的特性。矿物的脆性与硬度之间也无特定的联系。硬度大小不同的矿物都可能有明显的脆性,如摩斯硬度为 10 的金刚石和硬度为 2 左右的自然硫。

3.2.3　矿物的磁性

矿物的**磁性**(magnetism)是指矿物受外磁场作用时,因被磁化而呈现出能被外磁场吸引或排斥或对外界产生磁场的性质。

物质的磁性主要来自组成成分中的原子磁矩或离子磁矩,而原子磁矩或离子磁矩又主要来自核外电子的绕核运动和电子自旋运动。电子绕核运动产生电子轨道磁矩,电子自旋运动产生自旋磁矩,二者之和合称本征磁矩。矿物中所有原子或离子本征磁矩的总和构成总磁矩,这是矿物具有磁性的根源。

物理学中,根据物体在外磁场中被磁化的强弱首先分出**强磁性**和**弱磁性**两类。其中强磁性又分出**铁磁性**和**亚铁磁性**,弱磁性则包括**抗磁性**(也称逆磁性)、**顺磁性**和**反铁磁性**。强磁性物体容易被强烈磁化,本身还能对外界产生磁场,它们既可被永久磁铁吸引,本身又能吸引铁屑等物体。弱磁性物体在外磁场中磁化弱,其中顺磁性和反铁磁性物体只能被电磁铁吸引,而抗磁性物体与上述几类相反,它们的磁化方向与外磁场方向相反,因而会被外磁场微弱排斥。

在矿物分选工作中,常利用到磁性。通常把矿物按磁性分为三类:

(1) 磁性矿物:常温下呈现铁磁性或亚铁磁性的矿物属于此类。种别有限,最常见的是磁铁矿和磁黄铁矿。其粉末或细小颗粒可能被普通磁铁所吸引。这类矿物在手标本鉴定时可以用永久磁铁鉴别。

(2) 电磁性矿物:大多数具顺磁性或反铁磁性的矿物属此类。电磁铁所产生的强磁场,可吸引其碎屑,而对普通永久磁铁,一般没什么反应,如黑云母、普通角闪石等。

(3) 无磁性矿物:所有抗磁性矿物以及某些弱顺磁性或反铁磁性矿物均属此类。它们在很强的电磁铁作用下,也不被吸引。绝大多数矿物都是无磁性矿物,如方解石、石英等。

矿物的磁性不仅在鉴定、分选中具有重要的实际意义,在找矿勘探中也有利用矿物磁性的磁法找矿。同时矿物的磁性研究还具有重要的理论意义,如古地磁的研究目前已成为地壳演化研究的一个重要方面;研究矿物的精细结构时,也需进行磁化率的测定。

3.2.4　矿物的压电性和焦电性

某些矿物晶体,当某一方向受到压应力或张应力作用时,因变形效应使垂直于应力的两边表面上荷电的性质称为**压电性**(piezoelectricity)。两边表面上出现的电荷数量相等而符号相反,且荷电量正比于应力大小。应力方向反转时,两边表面上的电荷易号。这样,在机械地一压一张的交替作用下,可以产生一个交变电场,这种效应称为**压电效应**(piezoelectric effect)。反过来,具有压电性的矿物晶体,放入一个交变电场中,会产生一伸一缩的机械振动的效应,称为**电致伸缩**(electrostriction)或**反压电效应**(converse piezoelectric effect)。

具有压电性的矿物种类不多,只有具有异极对称型的晶体才有可能具有压电性。最常见的压电性矿物是水晶和电气石。晶体的压电性有很大的使用价值,在超声波发生器、谐振片中都要用到压电晶体,其中尤以石英的应用最广。由于水晶的天然资源日渐枯竭,合成水晶已代替天然水晶成为工业应用的主角。

某些矿物当环境温度变化时,在晶体的某些结晶方向产生荷电的性质称为**焦电性**(pyroelectricity)。如电气石晶体,当加热到一定温度时,其 Z 轴的一端带正电,另一端带负电;而将已加热的晶体冷却,则两端电荷变号。焦电性主要存在于无对称中心、具有极性轴的矿物晶体中,如电气石、异极矿等。

矿物研究中可利用焦电性帮助确定矿物的对称性,红外探测中也已利用到晶体的焦电性。

思 考 题

3-1 比较同一种矿物的理想晶体形态和实际晶体的异同。

3-2 何谓晶体习性?像石英、电气石、绿柱石等柱状习性的中级晶族晶体,为什么总是沿 c 轴方向延伸?中级晶族晶体若呈板状或片状习性,它们通常应平行于晶体的什么方向延展?

3-3 矿物单体和集合体经常呈哪些形态?如何描述集合体中的单体形态?

3-4 为什么鲕状集合体不能称为粒状集合体?

3-5 结核体和分泌体在成因上有何不同?

3-6 为什么在方解石的隐晶集合体——石钟乳断面上经常能看到放射状的方解石晶体?

3-7 何谓矿物的自色、他色和假色?简述矿物颜色产生的机制。

3-8 何谓条痕色?简述矿物颜色、条痕、透明度、光泽之间的关系?

3-9 孔雀石的孔雀绿色、含铁闪锌矿(Zn,Fe)S 的黑褐色、含有细分散赤铁矿的石英的红色,以及透明方解石在裂隙附近呈现的五颜六色属于自色、他色和假色中的哪一类颜色?

3-10 何谓荧光,何谓磷光?举三种具有发光性的矿物,并说明其发光的颜色。

3-11 何谓矿物的密度和相对密度?决定矿物密度的因素有哪些?肉眼鉴定中相对密度如何分级?

3-12 在石英中含有大量赤铁矿(Fe_2O_3)微粒,石英的比重是否因而加大?如果含的是无数小气泡,其比重是否因而减小?通过这两个事例,你认为精确测定矿物比重难在何处?

3-13 何谓相对硬度和绝对硬度?摩斯硬度属哪一类硬度?它如何分级?

3-14 影响矿物硬度的因素有哪些?如何较准确获得矿物的硬度?

3-15 解理与裂开有何异同?在手标本上如何区分?并简述解理产生的各种原因。

3-16 在准矿物或准晶体中是否有可能出现解理?为什么?

3-17 在一个矿物晶体上如果有解理就不会出现断口,对吗?为什么?

3-18 萤石($m3m$ 对称型)具有{111}完全解理。试问:(1)萤石共有几个不同方向的解理面?(2)在平行萤石晶体的(100)和(111)切面上,分别可见到几个方向的解理缝(解理面在切面上的迹线)?

3-19 根据实际资料,晶体的解理面总是平行于那些米氏指数值很小(绝大多数为 1 和 0)的晶面。其原因何在?

3-20 具有磁性的矿物其成分有何特点？$CuSO_4 \cdot 5H_2O$ 有无磁性(提示：先写出 Cu^{2+} 的电子层结构,再分析有无磁性)？

3-21 各向异性和对称性是晶体的两项基本性质。它们不仅表现在晶体结构和外形上,也体现在晶体的物理性质中。试举两个物理性质具有明显异向性和对称性的实际矿物晶体的例子。

3-22 矿物的物理性质是矿物结构的外在反映,不同晶格类型晶体的主要物理性质差异明显。简述矿物晶格类型与物理性质的关系。

矿物的化学组成

化学成分是组成矿物的物质基础,它与晶体结构共同构成确定矿物的两个最根本依据。矿物与国民经济息息相关很大程度上也是源于它的化学组成,矿物提供的有用成分自古以来就是人类的重要资源,矿物中的有毒有害成分对人类生存的影响也已经引起人们的高度重视。因此,化学组成是矿物学研究的重要课题之一。

4.1 矿物的化学组成

4.1.1 地壳中化学元素丰度与矿物化学组成

矿物主要是地壳中各种地质作用的产物,因此地壳的化学组成是形成矿物的物质基础。元素在地壳中的丰度,即平均百分含量,一般用克拉克值(clark)表示。

地壳中各化学元素的丰度相差巨大,最多与最少的元素含量相差达 10^{17} 倍。O、Si、Al、Fe、Ca、Na、K、Mg 八种元素就占了地壳总质量的 98.59%,其他元素只占 1.41%。其中 O 几乎占了一半,Si 占四分之一强(图 4-1)。考虑到离子半径的差异,将质量百分比换算为体积百分比,O 占了地壳总体积的 93.77%,因此,从某种角度看,地壳基本上是由氧阴离子堆积而成,其他离子充填在其孔隙中。

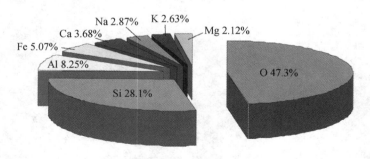

图 4-1 地壳中最主要元素的丰度

地壳中元素的丰度直接影响着自然界矿物的种类及数量。统计研究表明,克拉克值大的元素,由其形成的矿物种类和数量也多。因此,地壳中的矿物主要是由 O、Si、Al、Fe、Ca、Na、K、Mg 等结合形成的各种含氧盐和氧化物。其中硅酸盐最多,占地壳质量的约 75%、矿物种数的约 24%;其次是氧化物,占地壳质量的约 17%、矿物种数的约 14%。

当然,矿物的形成不仅取决于元素地壳丰度,还与元素的地球化学行为有关,尤其是那些克拉克值低的元素。有些元素虽然丰度很低,但趋于集中,可以形成独立的矿物种,有时可富集成矿床,称为**聚集元素**(accumulative element),如 Sr、Sb、Bi、Hg、Ag 等。而有些元素丰度虽然比上述元素高,但趋于分散,不易聚集成矿床,甚至很少形成独立的矿物种,而是作为微量混入物赋存于主要由其他元素组成的矿物中,称为**分散元素**(dispersed element),如 Rb、Cs、Ga、In 等。

4.1.2 元素的离子类型与矿物化学组成

周期表中的元素绝大多数可以在地壳中找到,但哪些元素之间易于结合形成矿物,哪些元素不易与其他元素结合则与元素的性质,主要是核外电子层结构、原子半径等因素有关。元素之间结合形成离子时,各离子都力图通过得失或共用电子使自己的外电子层达到稳定的 2、8 或 18 个电子的结构。根据形成离子的最外电子层结构,可将元素分成三种基本类型(表 4-1)。

表 4-1 元素的离子类型
(La、Ac 分别代表镧系和锕系元素)

惰性气体型离子　过渡型离子　铜型离子　惰性气体原子

(1) 惰性气体型离子:包括碱金属和碱土金属以及一些ⅢA～ⅦA 的非金属元素(表 4-1)。当它们得失电子成为离子时,其最外电子层与惰性气体原子的最外电子层结构相似,具有 8 个或 2 个电子。碱金属和碱土金属电离势小,易形成阳离子,而非金属元素(主要是氧和卤族元素)电负性大,易形成阴离子。氧是地壳中最多的元素,所以其他元素易与氧结合形成氧化物或含氧盐(主要是硅酸盐),形成大部分造岩矿物(rock-forming mineral),地质上将这部分元素称为**造岩元素**(rock-forming element),也称**亲石元素**或**亲氧元素**。碱金属和碱土金属元素的离子半径较大,与氧和卤族元素形成以离子键为主的矿物。

　　(2) 铜型离子：表 4-1 中的 I B、II B 以及部分 III A ~ VI A 的金属、半金属元素。它们失去电子成为阳离子时，最外电子层具有 18 或 18+2 个电子，与 Cu^+ 的最外电子层结构相似。本类元素易与 S^{2-} 结合形成以共价键为主的金属矿物，因此这部分元素被称为**造矿元素**（ore-forming element），也称**亲硫元素**或**亲铜元素**。

　　(3) 过渡型离子：包括了表 4-1 中的 III B ~ VIII（含镧系和锕系）区的元素。其阳离子最外电子层具有 8~18 个电子的过渡型结构。其离子的性质介于惰性气体型离子和铜型离子之间。外电子层电子越近于 8 者（Mn 和铁族的左侧），亲氧性越强，易形成氧化物和含氧盐；而愈近于 18 者（Mn 和铁族的右侧），亲硫性愈强，易形成硫化物；居于中间的 Mn 和 Fe，则与氧和硫都能结合。

　　元素之间的结合除了取决于本身的性质之外，还受所处环境的影响。如 W 本来倾向于与氧结合，但当介质中硫浓度高时，也可与硫结合。铜型离子只有在还原条件下，即硫为负价时，才能形成硫化物，而在氧化环境中，硫与氧形成 SO_4^{2-}，此时铜型离子则与氧结合形成氧化物或含氧盐。过渡型离子，如 Fe 和 Mn，在还原条件下与硫结合成硫化物，如黄铁矿 FeS_2、硫锰矿 MnS；而在氧化环境中，则形成氧化物或含氧盐，如赤铁矿 Fe_2O_3、软锰矿 MnO_2、菱铁矿 $FeCO_3$。

4.1.3　矿物化学成分的相对确定性

　　矿物的化学成分都不是固定不变的，通常会在一定范围内有所变化。但绝大部分矿物的各组分间仍遵守定比、倍比定律，并可用化学式表达。对于矿物而言，类质同像替代是引起矿物成分变化的一个主要因素。但成类质同像替代关系的元素占据相同的结构位置，具有相同的作用，因而把它们看成一个整体时，则它与其他元素之间仍符合定比、倍比定律。如闪锌矿常有铁替代锌，但铁与锌离子之和与硫的比值仍是 1：1，化学式为 $(Fe,Zn)S$。

　　还有一些矿物的化学组成不符合定比、倍比规律，它们则属于非化学计量化合物（nonsto-ichiometric compound）。其原因主要是矿物晶格中有某种缺陷或结构不均匀。如方铁矿 $Fe_{1-x}O$，其理想化学式是 FeO，但实际成分总是 Fe 原子数略少。这是由于其中的 Fe 部分为 Fe^{3+}，晶格中便出现空位来补偿因 Fe^{3+} 增加的电荷。x（约为 0.04~0.1）的大小随 Fe^{3+} 的多少而变化。再如镁铁闪石，一种双链结构的硅酸盐矿物，理想化学式为 $(Mg,Fe)_7[Si_8O_{22}](OH)_2$。近代高分辨透射电镜观察表明，其晶体结构中普遍夹杂少量三链 $(Mg,Fe)_{10}[Si_{12}O_{32}](OH)_4$ 甚至更多重链结构的晶畴，因而导致矿物的总成分偏离理想的化合比。

　　至于胶体矿物的成分，由于其较强的吸附作用，变化较复杂，一般只能表示其中的主要分散相和分散媒。

4.2　胶体矿物及其组成特征

　　胶体（colloid）是一种细分散相，是由两相或多相物质组成的不均匀混合体系。它可以分成分散其他物质的分散媒（或分散剂）及被分散的分散相（或分散质）两部分，类似于溶液中的溶剂和溶质。胶体中分散相粒径通常在 1.0~100 nm 之间。

　　胶体具有一些特殊的性质：作为分散相的胶体微粒具有巨大的比表面积，表面能很高，同时其表面电荷不平衡。这使得胶体本身具有较强的吸附性，可以对周围介质中的离子选择性吸附，并具有离子交换性能。

地壳中的胶体矿物主要形成于表生风化作用和沉积作用。如风化作用形成的难溶物质（如铝、铁、锰、硅的氧化物和氢氧化物等）分散于水中首先形成的**水溶胶体**（sol，以水为分散剂且分散剂远多于分散相的胶体）；水溶胶体被迁移后，或遇电荷相反的电解质发生电性中和而沉淀，或因水分蒸发而凝聚，变形成**水凝胶体**（gel，以水为分散剂且分散相远多于分散剂的胶体），即胶体矿物，如铝土矿、褐铁矿、蛋白石、胶磷矿等。胶体矿物通常被看做准矿物。因为尽管其中分散相可以是晶质的，但其粒径细小，为超显微纳米级，每个颗粒可能含有几个或几十个晶胞，而且颗粒间的取向杂乱无章，光学性质上具非晶质特点。只有变胶体矿物才是真正的矿物。

胶体矿物化学组成的主要特点就是它的可变性，这与胶体本身的特殊性质有关。其变化的原因，一是它的分散相和分散媒间的量比不受定比定律约束，二是它的强吸附性使得其成分与周围环境有很大关系。这些变化都与类质同像引起的变化根本不同。

4.3 矿物中的水

绝大多数矿物或多或少都含有水，水还是许多矿物的重要组成之一。矿物的许多性质与其含水有关。根据矿物中水的存在形式及其在晶体结构中的作用，可以分为两类：一类是不参加晶格、与晶体结构无关的，统称为吸附水；另一类是参与晶格或与晶体结构密切相关的，包括结构水、结晶水、沸石水和层间水。

（1）吸附水（hydroscopic water）：以中性的水分子 H_2O 的形式存在，不参与矿物晶格，而是被机械地吸附于矿物颗粒的表面或缝隙中，因而不属于矿物的固有成分，不写入化学式。吸附水在矿物中含量不固定，随环境温度、湿度等条件而变化。常压下，温度达到 110℃，吸附水基本上全部逸散而不破坏矿物晶格。吸附水可以呈气态、液态或固态存在。

胶体矿物中的胶体水是吸附水的一种特殊类型。它作为分散媒被微弱的连接力固着在胶体分散相的表面，是胶体矿物固有的特征，应计入化学组成，如蛋白石化学式写做 $SiO_2 \cdot nH_2O$（n 表示水含量不固定）。胶体水的逸失温度稍高，一般为 100～250℃。

（2）结晶水（water of crystallization）：以中性水分子 H_2O 的形式存在，参与矿物晶格，有固定的配位位置。其含量固定，与矿物中其他组分的含量成简单的比例关系。不同矿物中结晶水与晶格联系的牢固程度不同，因此逸出温度也不同。结晶水的逸出温度一般在 200～600℃。每种矿物有各自确定的结晶水逸出温度，结晶水可以一次或分次逐步逸出。脱水后矿物结构被破坏，变成另一种矿物。如石膏 $CaSO_4 \cdot 2H_2O$ 在 100～120℃时一次逸出全部结晶水，变成硬石膏 $CaSO_4$。而三斜晶系的胆矾 $CuSO_4 \cdot 5H_2O$ 在 30℃时脱失两个结晶水，变成单斜晶系的三水胆矾 $CuSO_4 \cdot 3H_2O$；到 100℃再失去两个结晶水，变成单斜晶系的一水硫酸铜 $CuSO_4 \cdot H_2O$；到 400℃时，脱失最后一个结晶水，变成斜方晶系的铜矾石 $CuSO_4$。

（3）沸石水（zeolitic water）：介于结晶水与吸附水之间的一种水，以中性水分子 H_2O 形式存在，因主要存在于沸石族矿物的空腔和通道中而得名。沸石水在结构中占据确定的位置，含量有一上限值。上限值与矿物中其他组分遵守定比定律。随着环境温度升高或湿度减小，沸石水能通过晶格中相当宽的结构通道逐渐逸失，而且不导致结构的破坏，只引起物理性质（如密度、折射率、透明度等）的变化。部分脱水后的沸石，可以重新吸收环境中的水而恢复原来的物理性质。

(4) 层间水(interlayer water)：也是介于结晶水与吸附水之间的一种水，以中性水分子H_2O存在，性质类似于沸石水。因存在于层状结构硅酸盐矿物中的结构层之间，而得名。层间水含量不固定，随环境温度和湿度等条件而变化，常压下加热至110℃便大部分逸出。层间水的脱失不导致晶格破坏，但可使结构层间距缩小，晶胞参数c_0变小，相应地，矿物物理性质发生变化，如密度、折射率增高。当其处于潮湿环境中时，又可重新吸水进入层间，并使晶格相应膨胀。

(5) 结构水(chemically combined water)：也称**化合水**，为以OH^-、H^+或H_3O^+离子的形式参与矿物晶格的"水"。如高岭石$Al_4[Si_4O_{10}](OH)_8$、水云母$(K,H_3O)Al_2[AlSi_4O_{10}](OH)_2$中的"水"。结构水在矿物晶格中有固定的配位位置，并有确定的含量比。结构水与晶格中其他组分以较强的键力联系，因此需要较高的温度才能使之逸出。逸出温度约在600～1000℃。结构水逸出，矿物结构即完全破坏。

4.4 矿物化学式及其计算

4.4.1 矿物化学式的表示方法

矿物的化学成分以化学式表达。化学式有**实验式**(experimental formula)和**结构式**(structural formula)两种表示方法。前者只表示组成矿物的元素种类和数量比，如高岭石的实验式为$H_8Al_4Si_4O_{18}$或$2Al_2O_3 \cdot 4SiO_2 \cdot 4H_2O$。后者也称**晶体化学式**(crystallochemical formula)，它不仅表示组成矿物的元素种类和数量比，还能在一定程度上反映矿物中元素的结合情况，是目前矿物学中普遍采用的表示方法。其书写规则如下：

首先是阳离子在前，阴离子在后，络阴离子往往用方括号括起，复盐中阳离子按碱性强弱顺序排列，如石英SiO_2、白云石$CaMg[CO_3]_2$。如果有附加阴离子，则写在主要阴离子或络阴离子之后，如蛇纹石$Mg_6[Si_4O_{10}](OH)_8$。

互为类质同像的离子写在一个圆括号内，彼此用逗号隔开，按含量高低顺序排列，前高后低，如铁白云石$Ca(Mg,Fe,Mn)[CO_3]_2$、黄玉$Al_2[SiO_4](F,OH)_2$。有时为了详尽表示矿物的成分，还要说明变价元素的离子电价及离子的实际数目，此时各元素符号之间不再加逗号，如我国某地一个磁铁矿的结构式为

$$(Fe^{2+}_{0.929}Mg_{0.062}Mn_{0.004})_{0.995}(Fe^{3+}_{1.874}Ti_{0.053}Al_{0.043}V_{0.095})_{2.065}O_{4.000}$$

含水矿物中的水写在最后边，并用圆点与其他组分分开，如石膏$CaSO_4 \cdot 2H_2O$。当水含量不固定时，常用nH_2O或aq(英文"含水"aqua-的缩写)表示。吸附水因不属于矿物本身的化学组成，一般不表示，但胶体水是胶体矿物的固有特征，需要表示，如蛋白石$SiO_2 \cdot nH_2O$或$SiO_2 \cdot aq$。对于沸石水，以其含量的上限为准，如浊沸石$Ca[Al_2Si_4O_{12}] \cdot 4H_2O$。对于层间水，如果含量有上限，书写方法同沸石水；如果含量不固定，也用nH_2O表示，如蒙脱石$(Na,Ca_{0.5})_{0.33}(Al,Mg,Fe)_2[(Si,Al)_4O_{10}](OH)_2 \cdot nH_2O$。

4.4.2　矿物化学式的计算

矿物化学式可以根据成分分析得出。目前矿物成分分析方法主要是湿法化学全分析和电子探针微区分析。前者一般允许误差在 1% 之内；后者理论误差为 5%，一般不能测出原子序数 10 以前的轻元素，并且不能直接测出变价元素各价态的比值，如 Fe^{2+}、Fe^{3+} 的相对含量需要通过电价平衡等方法计算得出。

由成分分析给出的数据，通过简单换算可以得出矿物化学式的实验式。如果要写出结构式，还需要根据已有的晶体结构知识和晶体化学原理，对各元素的存在形式做出合理的判断，并进行适当的分配。

表 4-2 和 4-3 给出了三个矿物晶体化学式计算实例。对于已知矿物化学通式的矿物，通常通过指定阴离子或某些阳离子数为基础，来计算其他离子数，从而得出其化学式；对于成分复杂，特别是有附加阴离子和类质同像替代关系复杂的矿物，化学式计算比较复杂，还需要知道其结构情况。有关成分复杂矿物族的化学式计算，可参阅有关专门著作。

表 4-2　矿物化学式计算实例

矿　物	组　分	质量百分数/%	相对原子(分子)质量	原子(分子)数之比	近似的原子(分子)数之比	化学式
黝锡矿	Cu	29.52	63.55	0.464	2	Cu_2FeSnS_4
	Fe	13.01	55.85	0.233	1	
	Sn	27.62	118.71	0.233	1	
	S	29.85	32.06	0.931	4	
	总量	100.00				
黄钾铁矾	K_2O	9.38	94.20	0.100	1	$K_2O \cdot 3Fe_2O_3 \cdot 4SO_3 \cdot$
	Fe_2O_3	47.92	159.69	0.300	3	$6H_2O$ 或
	SO_3	31.91	80.06	0.398	4	$KFe_3[SO_4]_2(OH)_6$
	H_2O	10.79	18.02	0.599	6	
	总量	100.00				

表 4-3　由石榴子石的电子探针数据计算化学式实例

氧化物	质量百分数/%	相对分子质量	分子数	阳离子数	以 8 阳离子数为基础的阳离子数	阳离子电价	理论负电价	氧离子数	以 12 个氧为基础的阳离子数
SiO_2	38.48	60.08	0.640	0.640	2.978	11.912		1.280	$Si^{4+}=2.984$
Al_2O_3	21.87	101.96	0.214	0.428	1.992	5.976		0.642	$Al^{IV}=0.016$
TiO_2	0.06	79.88	0.001	0.001	0.005	0.020		0.002	$Al^{VI}=1.979$
$\sum FeO$	25.34	71.85	0.353	0.353	1.643	3.286		0.353	$Ti^{4+}=0.005$
MnO	1.03	70.94	0.014	0.014	0.065	0.130		0.014	$Fe^{3+}=0.042$
MgO	7.24	40.30	0.180	0.180	0.838	1.676		0.180	$Fe^{2+}=1.604$
CaO	5.76	56.08	0.103	0.103	0.479	0.958		0.103	$Mn^{2+}=0.065$
总量	99.78			1.719		23.958	24.000	2.574	$Mg^{2+}=0.839$
									$Ca^{2+}=0.480$

思 考 题

4-1 举例说明什么是聚集元素和分散元素? 什么是亲硫元素和亲氧元素?

4-2 胶体矿物在组成、形态、物理性质和成因上有何特点? 胶体矿物应属于矿物还是准矿物?

4-3 矿物中的水有几种形式,在晶体化学式中如何表示?

4-4 结晶水和其他存在形式的水的根本区别是什么? 为什么说沸石水和层间水是介于结晶水和吸附水之间的一种水?

4-5 从以下矿物的结构式中你能得到关于矿物晶体化学上的什么信息? (1) 红柱石 $Al^{VI} Al^{V} [SiO_4]O$、蓝晶石 $Al^{VI} Al^{VI} [SiO_4]O$ 和夕线石 $Al^{VI} [Al^{IV} SiO_5]$;(2) 黑钨矿 $(Fe, Mn)WO_4$ 和白钨矿 $CaWO_4$;(3) 褐帘石 $(Ca, Ce, Y)_2 (Fe^{2+}, Fe^{3+}) (Al, Fe^{3+})_2 [SiO_4][Si_2O_7]O(OH)$。

4-6 计算分子式:顽火辉石,通式为 $R_2 Si_2 O_6$,化学组成见下表:

氧化物	质量百分数/%	相对分子质量	分子数(=质量百分数/相对分子质量)	氧原子数	阳离子数	以 6 个氧为基础的阳离子数
SiO_2	54.47					
TiO_2	0.06					
Al_2O_3	3.88					
FeO	7.34					
MnO	0.24					
MgO	38.82					
CaO	0.78					
Na_2O	0.41					
K_2O	0.04					
P_2O_5	0.01					

自然元素矿物

5.1 概述

自然元素矿物即元素以单质的形式存在的矿物,也包括一些金属互化物。自然界中能以单质形式出现的元素约 30 种左右,主要是一些电离势较大的金属和半金属元素,非金属元素主要是碳和硫(表 5-1)。

表 5-1　自然元素矿物在周期表中的位置

IA	IIA										IIIB	IVB	VB	VIB	VIIB	VIII			IB	IIB	IIIA	IVA	VA	VIA	VIIA	0
																						6 C 12.011				
																								16 S 32.066		
																25 Mn 54.938	26 Fe 55.847	27 Co 58.933	28 Ni 58.693	29 Cu 63.546	30 Zn 65.39			33 As 74.922	34 Se 78.96	
																43 Tc (97.91)	44 Ru 101.07	45 Rh 102.91	46 Pd 106.42	47 Ag 107.87	48 Cd 112.41	49 In 114.82	50 Sn 118.71	51 Sb 121.76	52 Te 127.6	
																73 Ta 180.95	74 W 183.84	75 Re 186.21	76 Os 190.23	77 Ir 192.22	78 Pt 195.08	79 Au 196.97	80 Hg 200.59	82 Pb 207.2	83 Bi 208.98	

（图例：原子序数 1　元素符号 H　相对原子质量 1.01）

目前已知自然元素矿物超过 50 种。这是由于一些元素可以形成多个同质多像变体,如碳,就有金刚石、六方金刚石、石墨、赵石墨四个变体;此外,金属元素还可以形成互化物,如铜金矿 CuAu,其原子间以金属键结合,没有阴阳离子之分。

自然元素矿物占地壳总质量不足 0.1 %,并且在地壳中的分布是很不平均的,其中一些矿物可以富集形成具有工业意义的矿床。本大类矿物提供了大多数甚至唯一的金、铂、金刚石、石墨、硫等资源。

本大类矿物按元素类别分为自然金属元素矿物、自然半金属元素矿物和自然非金属元素矿物三类。

5.2 自然金属元素矿物

自然界以单质形式出现的金属元素主要是铂族元素（Pt、Ru、Rh、Pd、Os、Ir）及部分铜族元素（Cu、Ag、Au），其他产出很少，铁、钴、镍的自然元素矿物主要见于铁陨石中。

金属自然元素矿物中，原子排列时倾向于立方或六方最紧密堆积，因此其构成的晶体都属于高对称的等轴或六方晶系，具典型的金属键。主要结构类型有：铜型（图 5-1A），立方最紧密堆积，原子按立方面心位置排列，配位数为 12；锇型（图 5-1B），六方最紧密堆积，原子位于（0，0，0）和（2/3，1/3，1/2）位置，配位数为 12；铁型或 α-Fe 型（图 5-1C），立方体心式密堆积，原子位于（0，0，0）和（1/2，1/2，1/2）位置，配位数为 8。

自然金属元素矿物共同特征为：金属色（铜红、金黄、银白等色）、不透明、金属光泽、强延展性、导电和导热性好、硬度低（锇、铱例外）、无解理、密度大，一般无良好晶形。

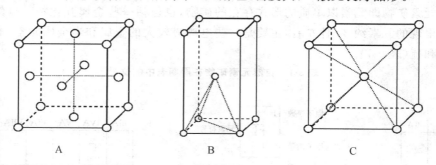

图 5-1　自然金属元素矿物的主要结构类型
A—铜型结构；B—锇型结构；C—铁型结构

5.2.1　自然铜族

本族矿物包括自然铜、自然金、自然银等，均属于铜型结构（图 5-1A）。其中金和银原子半径、性质相近，可以广泛混溶形成固溶体，当自然金中 Ag 的含量达 $10\%\sim15\%$ 时，称为**银金矿**（electrum）。铜的原子半径较小，只在高温时与金形成有限固溶体。此外，金和铜可形成金属互化物，如**铜金矿**（cuproaurite）。

自然铜　Copper　Cu

等轴晶系，对称型 $m3m$，空间群 $Fm3m$；$a_0=0.3908\,\mathrm{nm}$；$Z=4$。自然铜的结构见图 5-2A，由 8 个单胞构成，可看到 Cu 的 12 次配位构成的截角立方体以及原子的立方面心分布。

单晶少见，呈立方体，通常呈不规则树枝状（图 5-2B）、片状或致密块状集合体。铜红色，表面常因氧化呈棕黑色；条痕铜红色；不透明；金属光泽；硬度 $2.5\sim3$；具强延展性；无解理；锯齿状断口；密度 $8.4\sim8.95\,\mathrm{g/cm^3}$；导电、导热性良好。

自然铜形成于多种地质过程中的还原条件下。热液成因的自然铜，往往呈散染状与沸石、方解石等共生，充填于玄武岩气孔中。最常见的是外生成因的自然铜，形成于含铜硫化物矿床的氧化带下部，是由含铜硫化物氧化后，又经还原形成，往往与赤铁矿、孔雀石、辉铜矿等伴生。

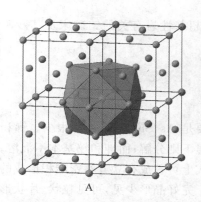

图 5-2　自然铜的晶体结构(A)和树枝状集合集(B,21 cm,美国)

富含有机质的一些沉积岩中亦可见沉积成因的自然铜。

自然金　Gold　Au

等轴晶系,对称型 $m3m$,空间群 $Fm3m$;$a_0=0.4078$ nm;$Z=4$。铜型结构。

单晶少见,呈立方体。多呈不规则粒状,常见块状、树枝状、片状等形态的集合体。块度较大的自然金俗称"狗头金",见图 5-3。颜色和条痕均为金黄色,随成分中 Ag 含量增加,向淡黄色变化;金属光泽;硬度 2.5～3;具强延展性;无解理;密度15.6～19.3 g/cm³;电和热的良导体。

自然金主要形成于中、高温热液成因的石英脉中,或产于蚀变岩以及与火山热液作用有关的中、低温热液矿床中。由于其密度大、性质稳定,常常在外生条件下聚集成重要的砂金矿床。我国许多省区均产自然金,原生矿床以山东玲珑、招远一带最著名。

图 5-3　块状自然金(狗头金,3 cm,四川)

5.2.2　自然铂族

本族矿物包括自然铂、自然铱、自然钯、自然锇、自然钌等。成分中还常见 Fe、Cu 等类质同像混入,如自然铂含铁 9%～11% 的亚种粗铂矿(polyxene)。

本族矿物按晶体结构分为自然铂和自然锇两个亚族。前者为铜型结构,等轴晶系,单晶呈八面体或立方体,包括自然铂、自然铱、自然钯等;后者为锇型结构,六方晶系,包括自然锇、自然钌等,呈六方板状晶形,硬度显著增高。

自然铂　Platinum　Pt

等轴晶系,对称型 $m3m$,空间群 $Fm3m$;$a_0=0.3924$ nm;$Z=4$。

单晶少见,呈立方体。多呈不规则小颗粒状或块状、葡萄状集合体。锡白色,含铁多者呈钢灰色,表面常带浅黄色;条痕钢灰色;金属光泽;硬度 4～4.5;具强延展性;无解理;锯齿状断口;密度 14～21.5 g/cm³。

自然铂和其他铂族矿物主要产于与基性、超基性岩有关的铂矿床及其砂矿中。在矽卡岩含金黄铁矿矿床和含铂石英脉中也偶有所见。

5.3 自然半金属元素矿物

自然界以单质形式存在的半金属元素主要是 As、Sb、Bi,产出都很少。锑和铋可形成连续类质同像系列;砷和锑只在高温时可混溶,低温下则分解;而砷和铋基本不混溶。

自然铋、自然砷和自然锑为砷型结构,形式上可看成有立方紧密堆积形成的立方面心格子沿三次轴畸变而成的略显层状的菱面体格子。完好晶形少见,可见粒状、片状形态。自然铋性质与金属元素矿物类似,但由于晶格中存在不同的键性,产生{0001}解理。随着自然铋、自然锑、自然砷三矿物非金属性的增加,晶格畸变的程度和键性的变化越大,而解理的完好程度也越显著。同时随着非金属性的增加,从自然铋至自然砷硬度加大,脆性增高,金属光泽减弱,比重降低,延展性渐无。

5.3.1 自然铋族

本族矿物包括自然铋、自然锑、自然砷、砷锑矿(AsSb)等。自然铋少见,其他则罕见。

自然铋 Bismuth Bi

三方晶系,对称型 $\overline{3}m$,空间群 $R\overline{3}m$;$a_{rh}=0.4746$ nm,$\alpha=57°16'$;$Z=2$。自然铋的结构见图 5-4。

单晶极少见,呈菱面体状。通常为粒状,有时呈片状、致密块状或羽毛状,如图 5-4D。新鲜面呈微带浅黄的银白色,表面常见浅红锖色;条痕灰色;金属光泽;硬度 2～2.5;解理平行{0001}完全;锯齿状断口;密度 9.70～9.83 g/cm³;延展性弱;具抗磁性;导电。

中、高温热液成因,主要产于高温钨锡石英脉及中温钴镍砷化物碳酸盐脉中,少量见于伟晶岩中。与黑钨矿、锡石、砷钴矿等共生。地表条件下,自然铋易氧化而变成泡铋矿、铋华等次生矿物。

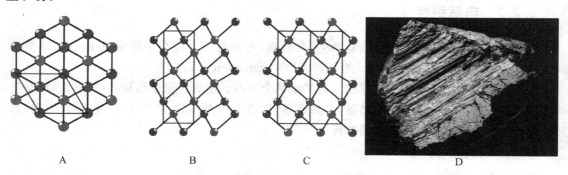

A   B   C   D

图 5-4 自然铋的晶体结构(A、B、C)和形态(D,2 cm,江西)

A、B 和 C 投影面分别垂直于[0001]、[10$\overline{1}$0]和[11$\overline{2}$0]

5.4 自然非金属元素矿物

非金属元素以单质产出的主要是硫和碳,而自然硒和自然碲极少见。自然非金属元素矿物的结构和化学键类型差异很大,物理性质也很不相同。如金刚石(C)具典型共价键,结构类型为金刚石型,硬度大,熔点高;自然硫具分子键,呈分子结构型,硬度低,熔点低,易升华;而石墨同样由 C 组成,但具层状结构,层内为共价键-金属键,层与层之间为分子键,硬度也很低。

5.4.1 自然硫族

自然硫有三个同质多像变体,即斜方晶系的 α-硫及单斜晶系的 β-硫和 γ-硫。常温常压条件下只有 α-硫稳定。通常所说的自然硫即指 α-硫。

自然硫为分子结构。晶体结构中八个硫原子以共价键连接,组成由图 5-5 所示的环状硫分子 S_8,16 个这样的 S_8 分子彼此以微弱的分子键联系,组成自然硫的单位晶胞。

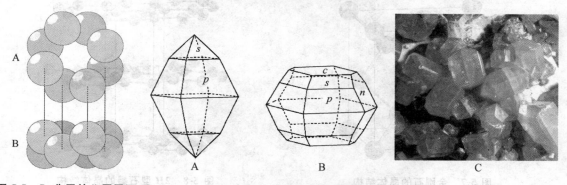

图 5-5 S_8 分子的八原子环
A—顶视图;B—侧视图

图 5-6 自然硫的晶体形态
A、B—理想晶体:$c\{001\}$平行双面,$n\{0\overline{1}1\}$斜方柱,$p\{111\}$、$s\{113\}$
斜方双锥;C—实际晶体(1.2 cm,乌兹别克斯坦)

自然硫 Sulphur α-S

斜方晶系,对称型 mmm,空间群 $Fddd$;$a_0 = 1.0437$ nm,$b_0 = 1.2845$ nm,$c_0 = 2.4369$ nm;$Z=128$。

单晶常呈双锥状或厚板状(图 5-6),常见块状、粒状、条带状、粉末状、钟乳状等集合体。黄色,因含杂质常带各种不同色调;条痕白色至淡黄色;晶面金刚光泽,断面油脂光泽;贝壳状断口;解理不完全;硬度 1~2;性脆;密度 2.05~2.08 g/cm³;熔点低,易燃,有硫臭味。

自然硫为硫蒸气直接凝华或由硫化物,如硫化氢、黄铁矿等不完全氧化或氧化后还原形成,见于地壳的表层。主要产于有细菌参与的生物化学沉积和火山喷发成因的自然硫矿床。此外,硫化物矿床氧化带下部也可产出。我国自然硫的主要产地是台湾大屯火山区。

5.4.2 金刚石-石墨族

本族包括碳的四个同质多像变体:金刚石、六方金刚石(lonsdaleite)、石墨和赵石墨

(chaoite)。后两者在自然界罕见。

金刚石的结构为典型的金刚石型结构(图 5-7),具有立方面心晶胞。碳原子除位于立方体晶胞的八个角顶和六个面的中心外,在立方体被分割出的八个小立方体中心有一半也相间分布有碳原子。每个碳原子与周围四个碳原子以相同的共价键连接,原子间距 0.154 nm,键角 $109°28'16''$。

石墨为层状结构(图 5-8)。其碳原子成层排布,每层内碳与周围的三个碳以相同的共价键相连,排列成六方环状网。层间以分子键相连。层内碳原子间距为 0.142 nm,而碳原子层间距为 0.335 nm。石墨有 $2H$ 和 $3R$ 两种多型。$2H$ 型石墨的第三层碳原子位置与第一层的完全重复,$3R$ 型石墨是第四层碳原子位置与第一层的重复。石墨是多键型晶体,层内 C—C 的共价键用去碳原子最外层四个电子中的三个,剩余一个未配对电子可以在层内移动,类似于金属晶格中的自由电子,因而石墨层内还有部分金属键。因此石墨结构中,既有共价键、分子键,也有金属键。

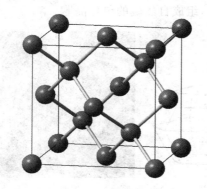

图 5-7　金刚石的晶体结构

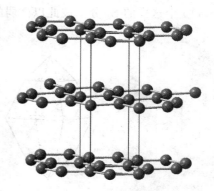

图 5-8　$2H$ 型石墨的晶体结构

金刚石　Diamond　C

等轴晶系,对称型 $m3m$,空间群 $Fd3m$;$a_0 = 0.356$ nm;$Z = 8$。

晶体常呈八面体、菱形十二面体及其聚形,也见由立方体、四六面体等组成的聚形,常见晶面弯曲而成的凸晶(图 5-9)。无色透明,通常带深浅不同的黄褐色调,也有少数呈蓝、黄、褐、粉红和黑色者;典型的金刚光泽;折射率 $N = 2.40 \sim 2.48$;强色散;X 射线下发天蓝色荧光。硬度 10;性脆;平行 {111} 解理中等;密度 $3.50 \sim 3.52$ g/cm³;导热性良好,室温下其导热率几乎是铜的五倍。

金刚石形成于高温高压条件下,是岩浆作用的产物。产于超基性的金伯利岩和钾镁煌斑岩中,共生矿物有橄榄石、镁铝榴石、铬透辉石、金云母等。此外高压变质的榴辉岩中也见零星的金刚石微粒。外生条件下,金刚石可以聚集成重要的砂矿床。我国金刚石产地主要有山东、辽宁和湖南。1977 年,山东临沭地区曾发现一颗重达 158.786 克拉的金刚石,命名为"常林钻石"。

石墨　Graphite　C

有两种多型。六方晶系 $2H$ 型,对称型 $6/mmm$,空间群 $P6_3/mmc$;$a_0 = 0.246$ nm,$c_0 =$

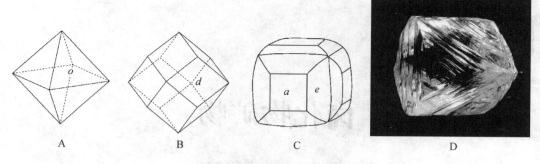

图 5-9　金刚石的形态

A、B—理想形态：$o\{111\}$ 八面体，$d\{110\}$ 菱形十二面体；C—常林钻石的形态：$a\{100\}$ 立方体，$e\{210\}$ 四六面体；

D—实际晶体（八面体和菱形十二面体的聚形，1.5 cm，辽宁）

0.670 nm；$Z=4$。三方晶系 $3R$ 型，对称型 $\bar{3}m$，空间群 $R\bar{3}m$；$a_0=0.246$ nm，$c_0=1.0050$ nm；$Z=6$。前者常见。

通常为鳞片状、块状或土状集合体。颜色和条痕均为黑色；金属光泽；隐晶的土状集合体光泽暗淡；不透明；硬度 $1\sim2$；平行 $\{0001\}$ 解理极完全，薄片具挠性；性软，有滑感，易污手；密度 $2.09\sim2.26$ g/cm³；导电性好。

石墨形成于高温条件下，主要为变质成因。沉积变质成因者是由富含有机质或碳质的沉积岩经区域变质作用而成，分布最广。接触变质成因的石墨，可由煤系或碳质页岩热变质或碳酸盐矿物分解而成。我国石墨储量居世界首位，许多省区都有石墨矿床，如黑龙江萝北、山东南墅等。

思　考　题

5-1　哪些元素可以形成自然元素矿物？它们是如何分类的？

5-2　简述自然金属、半金属和非金属元素矿物的晶体化学特征与其形态和物理性质之间的关系。

5-3　本大类哪些矿物能在漂砂中保存并富集？它们各有何特点？

5-4　自然元素矿物中包括金属互化物矿物，它们与类质同像混晶有何本质区别？与黄铜矿等一般的复化合物又有何根本不同？

5-5　As、Sb 和 Bi 可形成自然半金属元素矿物。根据化学知识，你认为它们在物理性质上应表现出怎样的特征？

5-6　为什么自然界中金、铂以自然元素状态存在最为稳定，而钾、钠则不形成自然元素矿物？

5-7　在自然金中，Ag 可完全类质同像替代 Au，而 Cu 仅能部分替代，为什么？

5-8　试以金刚石和石墨为例，说明同质多像的概念，并说明两者在形态和物理性质上差异显著的原因。

5-9　为什么自然金、自然铜无解理？

6

卤化物矿物

6.1 概述

卤化物(halides)矿物即卤素(氟、氯、溴、碘)阴离子与金属阳离子结合形成的矿物。矿物种数约100余种,主要是氟化物和氯化物,而溴化物和碘化物少见。

卤化物矿物中的阳离子主要是K、Na、Ca、Mg、Al等惰性气体型离子,其次有Rb、Y、稀土等离子,Cu、Ag、Pb、Hg等铜型离子的卤化物只在特殊地质条件下才能形成。

虽然F⁻、Cl⁻、Br⁻、I⁻在周期表上同属ⅦA族,性质相似,但由于其离子半径差异较大,F⁻的半径(六次配位时0.133 nm)比Cl⁻(0.181 nm)、Br⁻(0.196 nm)和I⁻(0.220 nm)的半径明显小,从而决定了它们具有对阳离子的选择性,并显著影响矿物的物理性质。F⁻主要与Ca²⁺、Mg²⁺、Al³⁺等组成稳定的化合物,性质比较稳定,熔点和沸点高,硬度较大,且大都不溶于水;而Cl⁻、Br⁻、I⁻往往与Na⁺、K⁺等形成熔点和沸点低、硬度较小、易溶于水的矿物,并可以与铜型离子结合形成矿物,如角银矿AgCl等。

卤化物矿物的化学键性与阳离子性质有关。由惰性气体型离子组成的矿物,为典型的离子键,而由铜型离子组成的矿物,表现为共价键性。其物理性质也有显著差异,前者一般无色透明、密度小、折射率低、玻璃光泽,而后者一般浅彩色、透明度低、密度大、金刚光泽。

卤化物矿物主要在热液作用和外生作用中形成。萤石在热液作用和沉积作用中都可以形成巨大的矿床,而氯化物矿物,如石盐,主要形成于外生作用。外生作用中,氯有很强的迁移能力,往往与钠、钾等形成易溶于水的化学物,大量沉积于干旱的内陆盆地、泻湖、海湾环境中。铜型离子的卤化物矿物只见于干热地区的金属硫化物矿床氧化带中,由硫化物氧化形成的易溶硫酸盐与下渗的含卤素的地表水反应而成。现今绝大部分氯、溴、碘集中于海水中。

根据晶体化学特点,本大类矿物分为氟化物矿物和氯化物、溴化物、碘化物矿物两类。

6.2 氟化物矿物

自然界中氟化物矿物分布有限,已发现的矿物约25种。与氟结合形成矿物的元素约15种,最主要的是钙,形成大量的萤石。

6.2.1 萤石族

萤石族矿物属 AX_2 型。晶体结构为萤石型（图 6-1），表现为阳离子作立方最紧密堆积，占据立方面心晶胞的角顶和面中心，阴离子充填所有四面体空隙。阴、阳离子配位数分别为 4 和 8，离子键型。因平行{111}面网方向有相邻的阴离子层，其静电斥力使得本族矿物有八面体完全解理。当阴阳离子的位置互换，即阴离子具有 8 次配位，阳离子具有 4 次配位，则称反萤石型结构。一些 A_2X 型化合物就具有反萤石型结构。

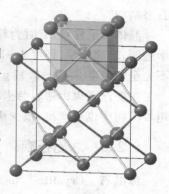

图 6-1 萤石的晶体结构

萤石 Fluorite CaF₂

等轴晶系，对称型 $m3m$，空间群 $Fm3m$；$a_0 = 0.5462$ nm；$Z = 4$。

主要呈立方体、八面体或菱形十二面体晶形以及它们的聚形（图 6-2），有些晶体也见有四六面体、四角三八面体单形。双晶常见，为两个立方体穿插而成，双晶面(111)。集合体粒状、块状、球粒状或钟乳状。颜色多样，常见无色、白色、紫色、绿色；透明；玻璃光泽；硬度 4；性脆；解理平行{111}完全。密度 3.18 g/cm³。显荧光性，稀土含量较多者具热发光性。

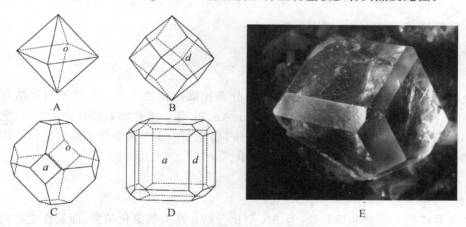

图 6-2 萤石的形态

A~D—理想形态：$a\{100\}$立方体，$o\{111\}$八面体，$d\{110\}$菱形十二面体；E—实际晶体：
立方体、八面体和菱形十二面体聚形(2 cm，江西)

萤石主要形成于热液作用和沉积作用。热液矿床主要产于石灰岩及流纹岩、花岗岩、片岩中的中低温萤石脉，与金属硫化物和碳酸盐等共生。沉积成因的萤石呈层状与石膏、硬石膏、方解石等共生，或作为胶结物及砂岩中的碎屑矿物产出。我国萤石储量巨大，浙江、福建等省区有著名的大型萤石矿。

6.2.2 氟镁石族

氟镁石 Sellaite MgF₂

四方晶系，对称型 $4/mmm$，空间群 $P4_2/mnm$；$a_0 = 0.461$ nm，$c_0 = 0.306$ nm；$Z = 4$。金红

石型结构。

晶体常呈柱状,有时为粒状;发育膝状双晶、三连晶及环晶。无色或白色,有时微带紫色;半透明;玻璃光泽;硬度 4～5,具明显的异向性;性脆;解理平行 {110} 完全,{101} 中等,{100} 不完全。密度 3.14～3.17 g/cm³。显荧光性。

主要产于火山熔岩与火山喷出物中,在高、中温热液矿床、矽卡岩矿床以及盐类矿床和冰川堆积物中也有产出,很少聚集成工业矿床。

6.2.3 冰晶石族

冰晶石 Cryolite Na₃AlF₆

单斜晶系,对称型 $2/m$,空间群 $P2_1/n$;$a_0=0.546$ nm,$b_0=0.560$ nm,$c_0=0.780$ nm,$\beta=90°11'$;$Z=2$。当温度达 560℃时转变为等轴晶系。

单晶呈短柱状或假立方体形外貌,通常呈块状或粒状集合体。无色或白色;玻璃至油脂光泽。折射率为 1.338,与水相近。硬度 2～3;无解理,有时见三组彼此近于正交的裂开;参差状断口。密度 2.97 g/cm³。

主要产于伟晶岩脉内,极少聚积成矿床。格陵兰西部伊维格杜特(Ivigtut)有著名的冰晶石矿床。

6.3 氯化物、溴化物、碘化物矿物

本类矿物约 60 余种,其中以氯化物为主,分布比氟化物更广泛。自然界与氯结合成矿物的元素有 16 种,以 Na、K、Mg 为主,其次为 Cu、Ag、Pb 等。溴化物和碘化物极少见,它们主要与 Ag、Cu、Hg 结合成独立矿物,如溴银矿 AgBr,偶见于干热气候条件下的硫化物矿床氧化带中。大部分溴以类质同像方式分散于氯化物中。

6.3.1 石盐族

本族主要矿物为石盐和钾石盐,为 AX 型化合物。结构属氯化钠型,即氯作立方最紧密堆积,占据立方体晶胞的角顶和面中心,阳离子充填所有八面体空隙(图 6-3)。阴阳离子配位数均为 6。

尽管 Na 和 K 同属周期表的 ⅠA 族,化学性质相似,而且形成的石盐和钾石盐也有许多相似性质,但由于两者离子半径相差较大,不能形成连续的类质同像系列。

石盐 Halite NaCl

等轴晶系,对称型 $m3m$,空间群 $Fm3m$;$a_0=0.5628$ nm;$Z=4$。

单晶呈立方体形;盐湖中形成的晶体,在 {100} 面常有漏斗状阶梯凹陷,特称漏斗晶体(hopper crystals);有些呈珍珠状

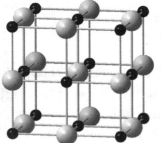

图 6-3 石盐的晶体结构

者,特称珍珠盐。集合体常成块状、粒状或疏松盐华状。纯净者透明无色,因含杂质可见灰、蓝、黄、红、黑色。玻璃光泽,风化面显油脂光泽。硬度 2～2.5;性脆;解理平行 {100} 完全。密

度 2.1～2.2 g/cm^3。易溶于水,味咸。

典型的化学沉积矿物。主要产于气候干旱
的内陆盆地盐湖和浅水泻湖、海湾中。少量为
火山喷发凝华的产物,见于火山口附近。我国
石盐资源丰富,除沿海盛产海盐外,其他地区也
有大面积石盐产出,最著名的是柴达木盆地。

钾石盐　Sylvine　KCl

等轴晶系,对称型 $m3m$,空间群 $Fm3m$;
$a_0=0.6278$ nm;$Z=4$。

单晶常呈立方体或立方体与八面体聚形。
集合体常成块状、粒状,偶见柱状、皮壳状。纯

图 6-4　石盐的实际晶体(立方体,2 cm,美国)

净者透明无色,含杂质可呈乳白或红色。玻璃光泽。硬度 1.5～2;性脆;解理平行{100}完全。
密度 1.97～1.99 g/cm^3。易溶于水,味咸且涩。

与石盐相似,为典型的化学沉积矿物。产于气候干旱的内陆盆地、盐湖中,层位一般在盐
层上部,其下为石盐、石膏、硬石膏等。我国钾石盐主要产于云南勐野井和青海柴达木盆地。

6.3.2　光卤石族

光卤石　Carnallite　KMgCl₃·6H₂O

$KMgCl_3 \cdot 6H_2O$

斜方晶系,对称型 mmm,空间群 $Pban$;$a_0=0.954$ nm,$b_0=1.602$ nm,$c_0=2.252$ nm;$Z=12$。

单晶极少见,通常成致密块状或粒状集合体。无色至白色,含 Fe_2O_3 者显红色;新鲜面玻
璃光泽,在空气中很快变暗并转为油脂光泽。硬度 2～3;性脆;无解理。密度 1.60 g/cm^3。在
空气中极易潮解。易溶于水,味辛、咸、苦。具强荧光性。

典型的化学沉积矿物,是富含镁、钾的盐湖中蒸发作用最后形成的矿物之一,出现于沉积
盐层的最上部。常与钾石盐、石盐、泻利盐等伴生。我国青海柴达木盆地达布逊湖盛产光卤
石。

6.3.3　角银矿族

本族矿物包括角银矿和溴银矿 AgBr(bromargyrite),二者可形成完全类质同像系列。晶
体结构为氯化钠型,但化学键呈共价键性。

角银矿　Chlorargyrite (Cerargyrite)　AgCl

等轴晶系,对称型 $m3m$,空间群 $Fm3m$;$a_0=0.5547$ nm;$Z=4$。

单晶呈立方体形,极少见。通常成皮壳状或角质状块体。新鲜者无色,或微带黄色;暴
露于日光中很快变为暗灰色,直至紫褐色;新鲜晶体金刚光泽,角质状块体蜡状光泽。硬度
1.5～2;具塑性和柔性,易被小刀切割;无解理。密度 5.55 g/cm^3。

产于干热地区银硫化物矿床的氧化带中,系银硫化物氧化后所形成的易溶银硫酸盐与下
渗的含氯地表水反应而成。

思 考 题

6-1 简述萤石型结构和反萤石型结构的特点。为什么萤石会产生{111}解理？其颜色多变的原因是什么？

6-2 从萤石、石盐的成分和结构，分析两者的共同点和不同点，并说明原因。例如二者均透明、玻璃光泽、性脆等与晶格类型有什么关系？萤石硬度较大，溶解度较小，与阴离子的电价半径有何联系？二者的晶形和解理又有何异同？

6-3 钾和钠两元素在地壳中的克拉克值近似，都可形成典型的化学沉积的氯化物矿物，但在自然界钾石盐的分布远较石盐为少，为什么？

6-4 石盐常呈漏斗状骸晶，它是怎样形成的？

7

硫化物及其类似化合物矿物

7.1 概述

硫化物(sulfides)及其类似化合物矿物包括一系列金属、半金属元素与 S、Se、Te、As、Sb、Bi 结合形成的矿物。矿物种数有 350 种左右,硫化物占 2/3 以上,其他为硒化物(selenides)、碲化物(tellurides)、砷化物(arsenides)及个别锑化物(antimonides)、铋化物(bismuthides)

本大类矿物只占地壳总质量的 0.15%,其中绝大部分为铁的硫化物,其他元素的硫化物及其类似化合物只相当于地壳总质量的 0.001%。尽管其分布量有限,但却可以富集成有工业意义的矿床,主要有色金属,如 Cu、Pb、Zn、Hg、Sb、Bi、Mo、Ni、Co 等均以本大类矿物为主要来源,故本大类矿物在国民经济中具有重大意义。

(1) 化学成分:组成本大类矿物的阴离子主要是 S,还有少量 Se、Te、As、Sb、Bi,其中 As、Sb、Bi 还可以呈阳离子与 S 结合。阳离子主要是周期表中的铜型离子及靠近铜型离子的过渡型离子,其中主要是 Cu、Pb、Zn、Ag、Hg、Fe、Co、Ni、Cd、Pt 等(表 7-1)。

表 7-1 形成硫化物及其类似化合物矿物的主要元素

IA																		0
	IIA					原子序数 1 元素符号 H						IIIA	IVA	VA	VIA	VIIA		
						相对原子质量 1.01									16 S 32.066			
		IIIB	IVB	VB	VIB	VIIB		VIII		IB	IIB							
				23 V 50.942		25 Mn 54.938	26 Fe 55.847	27 Co 58.933	28 Ni 58.693	29 Cu 63.546	30 Zn 65.39	31 Ga 69.723	32 Ge 72.61	33 As 74.922	34 Se 78.96			
				42 Mo 95.94			44 Ru 101.07	45 Rh 102.91	46 Pd 106.42	47 Ag 107.87	48 Cd 112.41	49 In 114.82	50 Sn 118.71	51 Sb 121.76	52 Te 127.6			
				74 W 183.84				78 Pt 195.08	79 Au 196.97	80 Hg 200.59	81 Tl 204.38	82 Pb 207.2	83 Bi 208.98					

阴离子硫可以有不同的价态。硫大部分呈 S^{2-}（如闪锌矿 ZnS），也可呈 S_2^{2-}（如黄铁矿 FeS_2），硒、碲、砷也有类似的不同价态，如红镍矿 NiAs 中的 As^{2-}、斜方碲铁矿 $FeTe_2$ 中的 Te_2^{2-}，此外硫还和半金属元素砷、锑、铋组成一系列复杂的络阴离子团，如 AsS_3^{3-}、SbS_3^{3-} 等。

本大类矿物类质同像替代广泛，阴离子、阳离子间都可以产生类质同像。阴离子 S、Se、Te 间可以形成完全或不完全类质同像系列，如方铅矿 PbS-硒铅矿 PbSe 可形成完全类质同像系列；辉钼矿 Mo(S, Se) 中 Se 替代 S 可达 25％。阳离子的替代更为广泛，既有等价替代，也有异价替代，如闪锌矿中的 Zn、Fe、Ga、In 替代，黄铜矿中的 Cu、Ag、Au、Cd 替代，镍黄铁矿中的 Fe、Ni 替代等。一些分散元素在自然界很少形成独立矿物，往往可呈类质同像混入本类矿物中，如辉钼矿中替代钼的铼 Re，闪锌矿中替代 Zn 的镓 Ga、锗 Ge、铟 In 等。

(2) 晶体化学特征：本大类矿物的结构常可看做阴离子作密堆积，阳离子充填八面体或四面体空隙中，因此阳离子配位多面体多为八面体和四面体或由此畸变的多面体，少数为三角形、柱状等其他形态。组成本大类矿物的铜型和过渡型阳离子极化能力强，电负性中等；而阴离子相对于氧，半径大，电负性低，易被极化。阴阳离子电负性相差较小，因此本大类矿物键性复杂，以共价键为主，同时带有离子键、金属键，甚至分子键。这种键性特点，对矿物的物理化学性质有很大影响。

单硫化物和双硫化物矿物由于成分较简单，一般对称程度高，多数为等轴或六方晶系，少数为斜方、单斜晶系；成分复杂的硫盐矿物对称程度低，主要为单斜和斜方晶系。

(3) 物理性质：本大类矿物多呈金属色，金属光泽，色深而不透明，如方铅矿、黄铁矿。少数呈非金属色，金刚光泽，半透明，如雄黄、雌黄、辰砂、闪锌矿、淡红银矿。

本大类矿物熔点低，密度一般在 $4\ g/cm^3$ 以上。硬度变化较大。其中单硫化物和硫盐矿物硬度低，在 2～4 之间，双硫化物矿物硬度达 5～6.5 左右，同时缺乏解理或解理不完全，而其他硫化物大多具明显解理。

(4) 成因及产状：本大类矿物虽然在地壳中含量不多，但由于它们具有较强的共价键和金属键性，在水中和岩浆中溶解度均很小，所以较容易单独析出，形成独立矿物。

组成本大类矿物的阴离子为 S 等元素的负价态，因而它们主要形成于还原条件下。

岩浆作用晚期，可形成 Fe、Ni、Cu 等的硫化物矿物，如基性、超基性岩中的磁黄铁矿、镍黄铁矿、黄铜矿等。伟晶作用也可形成少量硫化物。本大类矿物绝大多数是热液作用的产物。外生沉积作用中，某些硫化物可形成于有硫化氢存在的还原条件下，经常赋存于黑色或灰色富含有机质或低价铁的沉积岩中，如煤系地层中的黄铁矿、碳质页岩中的辉钼矿等。现代海洋沉积物中也富集着各种金属硫化物。

风化过程中，本大类矿物多不稳定，将氧化、分解，最初形成易溶于水的硫酸盐，然后形成氧化物（如赤铜矿）、氢氧化物（如针铁矿）、碳酸盐（如孔雀石）和其他含氧盐矿物（如硅孔雀石），它们构成了硫化物矿床氧化带的特征矿物组合。当易溶于水的硫酸盐（主要是硫酸铜）溶液下渗到氧化带深部（地下水面附近）比较还原的地带，与原生硫化物作用，可形成次生硫化物，如辉铜矿、铜蓝、螺硫银矿等，甚至可以富集成重要的工业矿床。其作用过程可用下面的反应式表示：

$$5FeS_2(黄铁矿)+14CuSO_4+12H_2O \Longrightarrow 7Cu_2S\downarrow(辉铜矿)+5FeSO_4+12H_2SO_4$$

(5) 分类：本大类矿物根据阴离子特点分为单硫化物及其类似化合物矿物、双硫化物及其类似化合物矿物和硫盐矿物三类。

7.2 单硫化物及其类似化合物矿物

本类矿物成分中阴离子为 S^{2-}、Se^{2-}、Te^{2-} 等简单阴离子,个别矿物,如铜蓝中,阴离子除 S^{2-} 外,还有 S_2^{2-},可视为单硫化物和双硫化物之间的过渡类型。

7.2.1 辉铜矿族

本族矿物化合物属 A_2X 型,主要为辉铜矿 Cu_2S 的三个同质多像变体。103℃以下为斜方晶系的低温变体,反萤石型结构(见 6.2 节);103～420℃之间稳定的是六方晶系变体;420℃以上稳定的是等轴晶系的等轴辉铜矿。下面仅描述分布最广的低温变体。

辉铜矿　Chalcocite　Cu_2S

斜方晶系,对称型 $mm2$,空间群 $Abm2$;$a_0=1.192$ nm,$b_0=2.733$ nm,$c_0=1.344$ nm;$Z=96$。

单晶极少见,通常成致密块状或粉末状(烟灰状)集合体。铅灰色,风化面色黑,常带锖色;条痕暗灰色;不透明;金属光泽。硬度 2～3;略具延展性,小刀刻划时不成粉末,留下光亮刻痕;解理平行 {110} 不完全。密度 5.5～5.8 g/cm³。

内生辉铜矿为热液成因,外生辉铜矿主要产于含铜硫化物矿床氧化带下部(也称次生富集带),是由氧化带上部下渗的硫酸铜溶液与原生硫化物反应而形成。此外辉铜矿也见于沉积成因的层状铜矿床中。辉铜矿在氧化带上部不稳定,易氧化分解为赤铜矿、孔雀石、蓝铜矿,甚至自然铜。

7.2.2 方铅矿族

本族矿物化合物属 AX 型,包括方铅矿、硒铅矿 PbSe(clausthalite)、碲铅矿 PbTe (altaite)等,分布最广的是方铅矿。晶体结构属 NaCl 型(参见图 6-3)。

方铅矿　Galena　PbS

等轴晶系,对称型 $m3m$,空间群 $Fm3m$;$a_0=0.593$ nm;$Z=4$。

常呈立方体晶形,有时以八面体与立方体、菱形十二面体、三角三八面体聚形出现(图7-1);集合体通常为粒状或致密块状。铅灰色;条痕灰黑色;金属光泽。硬度 2～3;解理平行 {100} 完全。密度 7.4～7.6 g/cm³。具弱导电性和良检波性。

方铅矿是自然界分布最广的含铅矿物。形成于接触交代作用和不同温度的热液作用。其中以中、低温热液作用最主要,经常与闪锌矿一起形成铅锌硫化物矿床。方铅矿在氧化带不稳定,转变为铅矾、白铅矿等一系列次生矿物。我国方铅矿产地很多,以云南金顶、湖南水口山、广东凡口等地最著名。

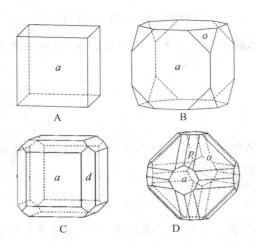

图 7-1　方铅矿的晶体形态

A～D—理想形态：$a\{100\}$立方体，$d\{110\}$菱形十二面体，$o\{111\}$八面体，$p\{212\}$三角三八面体；E—实际晶体
（立方体与八面体聚形，10 cm，美国）

7.2.3　闪锌矿族

本族矿物化合物属 AX 型，包括 ZnS 的等轴变体闪锌矿和六方变体纤锌矿及其类似的硫化物矿物，如硫镉矿 CdS(greenockite)。分布最广的是闪锌矿。闪锌矿中常有 Fe 等替代 Zn。高温、低压、S 浓度和介质 pH 较低都有利于替代发生。其富含铁(Fe 含量大于 8%)的亚种，称铁闪锌矿(marmatite)。

闪锌矿型结构为硫作立方最紧密堆积，占据立方体晶胞的角顶和面中心，锌充填于半数四面体空隙中。阴阳离子的配位数均为 4(图 7-2A)。锌离子的各个配位四面体呈相同方位共角顶相连(图 7-2B)。由于 Zn^{2+} 离子具有 18 电子构型，S^{2-} 离子又易于变形，因此，Zn—S 键带有相当程度的共价键性质。纤锌矿结构也是一典型结构，由于具有此结构的物质在热释电、半导体等领域具有广泛的用途，因此纤锌矿结构越来越受到重视。纤锌矿属于六方晶系，点群 $6mm$，空间群 $P6_3mc$，结构中 S^{2-} 作六方最紧密堆积，Zn^{2+} 占据四面体空隙的 $1/2$，Zn^{2+} 和 S^{2-} 离子的配位数均为 4。结构可视为由 Zn^{2+} 和 S^{2-} 离子各一套六方格子穿插而成(图 7-2C)。

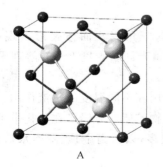

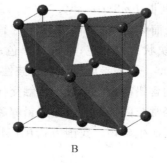

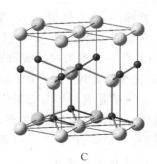

图 7-2　ZnS 的晶体结构

A、B—闪锌矿，C—纤锌矿

闪锌矿　Sphalerite　ZnS

等轴晶系,对称型 $\overline{4}3m$,空间群 $F\overline{4}3m$;$a_0=0.5398\,\text{nm}$;$Z=4$。

晶形常呈四面体状,晶体上有时见菱形十二面体、立方体等单形(图 7-3),以(111)为接合面成接触双晶。集合体一般为粒状、致密块状,胶体成因者可见葡萄状集合体。随含铁量的增高,颜色由浅变深,从浅黄、棕褐直至黑色(铁闪锌矿);条痕由白色至褐色;光泽由树脂光泽至半金属光泽;透明至半透明。硬度 $3.5\sim4$;解理平行{110}完全。密度 $3.9\sim4.2\,\text{g/cm}^3$。

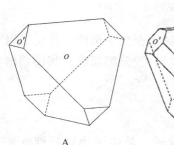 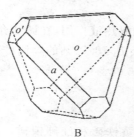 

图 7-3　闪锌矿的晶体形态

A、B—理想晶体形态:a|100|立方体,o|111|四面体,o'|1$\overline{1}$1|四面体;

C—实际晶体(菱形十二面体,1 cm,贵州)

闪锌矿往往与方铅矿共生,与方铅矿产状相同,常见于接触交代矽卡岩和热液成因矿床中。成分中通常富含 In、Ga、Ge 和 Tl 类质同像混入的分散元素,可综合利用。此外,闪锌矿还有表生沉积成因的。闪锌矿在氧化带不稳定,可氧化为菱锌矿、异极矿。

7.2.4　辰砂族

本族矿物化合物属 AX 型,包括 HgS 三个同质多像变体:三方晶系的辰砂、等轴晶系的黑辰砂(metacinnabar)以及六方晶系的六方辰砂(hypercinnabar)。此外自然界还有非晶态 HgS。辰砂形成于碱性介质中,黑辰砂形成于酸性介质中,六方辰砂为高温相。后两者产出稀少。分布最广的辰砂,晶体结构属变形的 NaCl 型结构。

辰砂　Cinnabar　HgS

三方晶系,对称型 32,空间群 $P3_12$;$a_0=0.414\,\text{nm}$,$c_0=0.949\,\text{nm}$;$Z=3$。

单晶体为菱面体状,或呈柱状、厚板状(图 7-4)。双晶常见,为以 c 轴为双晶轴的矛头状贯穿双晶(图 7-4)。集合体成不规则粒状、致密块状及粉末状、皮壳状等。鲜红色;表面常见铅灰的锈色;条痕红色;金刚光泽;半透明。硬度 $2\sim2.5$;解理平行{10$\overline{1}$0}完全;性脆。密度 $8.05\,\text{g/cm}^3$。具旋光性。

图 7-4　辰砂的晶体形态

A、B—理想晶体：$c\{0001\}$平行双面，$m\{10\overline{1}0\}$六方柱，$r\{10\overline{1}1\}$、$n\{20\overline{2}1\}$、$i\{20\overline{2}5\}$菱面体，$x\{42\overline{6}3\}$三方偏方面体；

C—六方柱、平行双面和菱面体的聚形（1.3 cm，贵州）；D—穿插双晶（1.4 cm，贵州）

　　辰砂是分布最广的含汞矿物。主要形成于低温热液作用，在碱性介质中沉淀。外生成因的辰砂，形成于氧化带的下部，由黑黝铜矿（含 Hg 达 13.71％的黝铜矿）分解而成。我国湖南晃县、贵州铜仁等地是辰砂的著名产地。

7.2.5　磁黄铁矿族

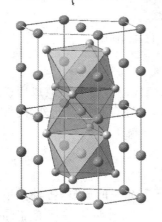

图 7-5　红砷镍矿型晶体结构

　　本族矿物化合物属 AX 型。主要矿物为磁黄铁矿和红砷镍矿。晶体结构属红砷镍矿 NiAs 型。表现为阴离子作六方最紧密堆积，阳离子充填在八面体空隙中，阳离子的配位八面体上下共面，平行 c 轴连成直线形链（图 7-5）。

　　磁黄铁矿在自然界分布较多，其成分一般用 $Fe_{1-x}S$ 表示（陨硫铁成分基本为 FeS），x 一般在 $0\sim0.223$ 左右。铁不足是由于部分 Fe^{2+} 被 Fe^{3+} 替代，为保持电价平衡，结构中出现部分阳离子空位，这种现象称为"缺席构造"。磁黄铁矿有两个同质多像变体。320℃ 以上稳定的是高温六方晶系变体，成分相当于 $FeS\sim Fe_7S_8$ 之间的固溶体；320℃ 以下稳定的为低温单斜晶系变体，单斜磁黄铁矿成分为 Fe_7S_8。

磁黄铁矿　Pyrrhotite　$Fe_{1-x}S$

　　六方晶系，对称型 $6/mmm$，空间群 $P6_3/mmc$；$a_0=0.343$ nm，$c_0=0.569$ nm；$Z=2$。单斜晶系，对称型 $2/m$，空间群 $C2/c$；$a_0=0.686$ nm，$b_0=1.190$ nm，$c_0=1.285$ nm，$\beta=118°$；$Z=32$。

　　单晶少见，呈板状、柱状（图 7-6）或桶状。通常为致密块状集合体。暗青铜黄色，表面常具暗褐锈色；条痕灰黑色；金属光泽；不透明。硬度 $3.5\sim4.5$，性脆；解理平行 $\{10\overline{1}0\}$ 不完全；发育 (0001) 裂理。密度 $4.6\sim4.7$ g/cm³。具导电性和磁性，其中六方变体具顺磁性，单斜变体具铁磁性。

　　磁黄铁矿主要分布于各种类型内生矿床中，如与基性、超基性岩有关的硫化物矿床，接触交代矿床，及中、高温热液矿床，与镍黄铁矿、黄铜矿、毒砂、磁铁矿、黑钨矿、辉铋矿、闪锌矿等共生。此外，偶见于沉积岩中，与菱铁矿伴生。

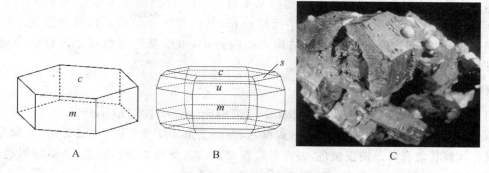

图 7-6　磁黄铁矿的晶体形态

A、B—理想晶体：$c\{0001\}$平行双面，$m\{10\bar{1}0\}$六方柱，$s\{10\bar{1}2\}$六方双锥，$u\{20\bar{2}1\}$六方双锥；

C—实际晶体（六方柱状，7 cm，墨西哥）

红砷镍矿　Nickeline　NiAs

六方晶系，对称型 $6/mmm$，空间群 $P6_3/mmc$；$a_0=0.3609$ nm，$c_0=0.5019$ nm；$Z=2$。

单晶体呈六方柱状或板状，极为少见。通常成致密块状，淡铜红色，常具灰、黑锈色；条痕褐黑，金属光泽，不透明。硬度 $5\sim5.5$；性脆；解理平行$\{10\bar{1}0\}$不完全，断口不平坦。密度 $7.6\sim7.8$ g/cm³。导电性好。

红砷镍矿为热液成因的矿物，常见于钴镍脉状热液矿床中，与砷钴矿、砷镍矿、自然银、自然铋、磁黄铁矿等共生。有时见于与基性、超基性岩有关的铜镍硫化物岩浆矿床中，也是后期热液过程的产物。

7.2.6　镍黄铁矿族

本族矿物镍黄铁矿在成分和结构上与其他各族硫化物均不相同。通常以$(Fe,Ni)_9S_8$表示其化学式，实际成分一般都有不同程度的偏离。当镍黄铁矿中 Co 含量增加时，这种偏离趋向于减少。Ni∶Fe 变动于 $0.2\sim0.5$ 之间。

晶体结构为 S 作立方最紧密堆积，八个阳离子充填半数四面体空隙，这八个阳离子配位四面体共棱连接。另一个阳离子充填于它们之间的八面体空隙。

镍黄铁矿　Pentlandite　$(Fe,Ni)_9S_8$

等轴晶系，对称型 $m3m$，空间群 $Fm3m$；$a_0=1.017$ nm；$Z=4$。

完整晶体未发现，通常成细小颗粒散布于磁黄铁矿、黄铜矿中，为固溶体分离的产物。古铜黄色；条痕绿黑色；金属光泽。硬度 $3\sim4$；性脆；解理平行$\{111\}$完全。密度 $4.5\sim5.0$ g/cm³。无磁性。导电性强。

主要产于与基性、超基性岩有关的铜镍硫化物岩浆矿床中，与磁黄铁矿、黄铜矿、少量磁铁矿和铂族矿物共生。氧化带上易氧化成绿色被膜状镍华或含水硫酸镍。

7.2.7　黄铜矿族

本族矿物包括黄铜矿、黄锡矿 Cu_2FeSnS_4（stannite）等。自然界中二者均有两个同质多像变体：低温四方晶系变体和高温等轴晶系变体。二者转变温度黄铜矿是550℃，黄锡矿是420℃。高温变体其阳离子在结构中无序分布，具闪锌矿型结构。低温四方变体中阳离子有序分布，对称程度降低。黄铜矿结构类似闪锌矿，单位晶胞好似两个闪锌矿晶胞叠加而成(图7-7)。

黄铜矿　Chalcopyrite　$CuFeS_2$

四方晶系，对称型 $\overline{4}2m$，空间群 $I\overline{4}2d$；$a_0=0.524\,nm$，$c_0=1.032\,nm$；$Z=4$。

单晶体不常见，呈四方四面体、四方双锥、四方偏三角面体及其聚形(图7-8)，通常为致密块状或分散粒状集合体。黄铜黄色，表面常带有暗黄、蓝、紫褐的斑状锖色；条痕绿黑色；金属光泽；不透明。硬度3～4；性脆。密度 $4.1～4.3\,g/cm^3$。

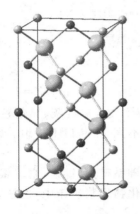

图7-7　黄铜矿的晶体结构

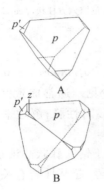

图7-8　黄铜矿的晶体形态

A、B—理想形态：$p\{112\}$、$p'\{1\overline{1}2\}$四方四面体，$z\{201\}$
四方双锥；C—实际晶体(四方四面体，2.5cm，江西)

黄铜矿可形成于多种地质条件下。见于与基性岩有关的铜镍硫化物岩浆矿床和热液矿床，主要是中温热液矿床中，是斑岩铜矿中的主要矿物之一。接触交代矿床中的黄铜矿也是后期热液作用的产物。在某些沉积成因(包括火山沉积成因)的层状铜矿中也可见黄铜矿。黄铜矿在氧化带易氧化形成褐铁矿、孔雀石、蓝铜矿，在次生富集带转变为斑铜矿和辉铜矿等。

7.2.8　斑铜矿族

本族矿物斑铜矿，主要有高温等轴晶系变体和低温四方晶系变体，转变温度228℃。高温变体结构可视为阳离子成统计性分布的反萤石型缺位结构。

斑铜矿　Bornite　Cu_5FeS_4

等轴晶系，对称型 $m3m$，空间群 $Fm3m$；$a_0=0.550\,nm$；$Z=1$。四方晶系，对称型 $\overline{4}2m$，空间群 $P\overline{4}2_1c$；$a_0=1.094\,nm$，$c_0=2.188\,nm$；$Z=16$。

通常成致密块状或粒状。新鲜断面呈暗铜红色，表面常覆盖蓝紫斑状锖色；条痕灰黑色；金属光泽；不透明。硬度3；性脆。密度 $4.9～5.3\,g/cm^3$。具导电性。

斑铜矿为许多铜矿床中广泛分布的矿物。常见于各种热液成因的矿床中，也见于与基性岩有关的铜镍硫化物矿床和某些接触交代的矽卡岩矿床。外生斑铜矿形成于铜硫化物矿床的次生富集带及某些沉积成因的层状铜矿床中。在次生富集带它往往被更富铜的次生辉铜矿和铜蓝交代，在氧化带上部则氧化为孔雀石、蓝铜矿、赤铜矿、褐铁矿等。

7.2.9　辉锑矿族

本族矿物化合物属 A_2X_3 型。以辉锑矿和辉铋矿最为常见。实验室中可获得两者的完全类质同像系列，但自然界仅在个别地方发现有部分成分区间的类质同像混晶辉锑铋矿$(Bi,Sb)_2S_3$，成分中 $Bi_2S_3 : Sb_2S_3$ 介于 $9 : 11 \sim 13 : 7$ 之间。

本族矿物晶体结构表现于由紧密衔接的硫离子和阳离子的锯齿状链平行于 c 轴排列而成。链内硫与阳离子为较强的离子-金属键联系；而链间以较弱的分子键联系，因而表现出平行于链体方向的完全解理，晶体的形态亦呈沿链体的方向延伸的平行 c 轴的柱状。

辉锑矿　Stibnite (Antimonite)　Sb_2S_3

斜方晶系，对称型 mmm，空间群 $Pbnm$；$a_0 = 1.120$ nm，$b_0 = 1.128$ nm，$c_0 = 0.383$ nm；$Z = 4$。

单晶体呈柱状或针状，柱面具有明显的纵纹（图 7-9），集合体常呈放射状或柱状晶簇，也见致密块状集合体。铅灰色；表面常带暗蓝锖色；条痕黑色；金属光泽；不透明。硬度 $2 \sim 2.5$；性脆；解理平行{010}完全，解理面上常有横的聚片双晶纹。密度 $4.51 \sim 4.66$ g/cm³。

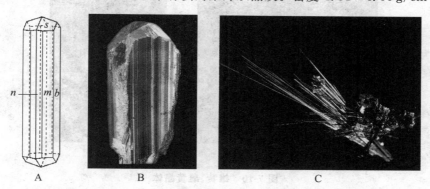

图 7-9　辉锑矿、辉铋矿的晶体形态

A—辉锑矿的理想形态：$b\{010\}$平行双面，$m\{110\}$、$n\{210\}$斜方柱，$s\{111\}$斜方双锥；B—辉锑矿实际形态
（柱状，15 cm，湖南）；C—辉铋矿实际形态（针状，2.5 cm，广东）

辉锑矿为分布最广的锑矿物，主要产于低温热液矿床中，与辰砂、雌黄、雄黄、石英、方解石等共生，少量见于中温热液矿床及热泉沉积物和火山凝华物中。我国湖南新化锡矿山是世界上最大的辉锑矿产地。

与辉铋矿区分常用化学法，滴 KOH 于其上，很快出现黄色，随后变为橘红色。

辉铋矿　Bismuthinite　Bi_2S_3

斜方晶系，对称型 mmm，空间群 $Pbnm$；$a_0 = 1.113$ nm，$b_0 = 1.127$ nm，$c_0 = 0.397$ nm；$Z = 4$。

晶体常呈长柱状至针状（图 7-9），晶面大多具纵纹。集合体为柱状、针状或毛发状、放射状、粒状、致密块状。微带铅灰的锡白色；表面常现黄色或斑状锖色；条痕铅灰色；金属光泽；不透明。硬度 $2 \sim 2.5$；解理平行{010}完全。密度 $6.4 \sim 6.8$ g/cm³。与 KOH 不反应。

辉铋矿为分布最广的铋矿物。主要见于高、中温热液矿床和接触交代矿床中。与黑钨矿、锡石、辉钼矿、毒砂、黄铁矿、黄铜矿、黄玉、绿柱石、石英等共生。

7.2.10 雌黄族

本族矿物雌黄,化合物属 A_2X_3 型。晶体结构为层状,砷与三个硫成键,配位多面体呈矮三方单锥状。这种配位多面体由硫共角顶连成平行于{010}的折皱层,层内为共价键,层间为分子键,因此雌黄具{010}极完全解理。

雌黄　Orpiment　As_2S_3

单斜晶系,对称型 $2/m$,空间群 $P2_1/c$;$a_0=1.149$ nm,$b_0=0.959$ nm,$c_0=0.425$ nm,$\beta=90°27'$;$Z=4$。

单晶体呈板状或短柱状(图7-10A)。集合体成片状、梳状、土状、肾状等。柠檬黄色;条痕鲜黄色;油脂光泽至金刚光泽,薄片透明。硬度1.5~2;解理平行{010}极完全,薄片具挠性。密度3.4~3.5 g/cm³。

雌黄为低温热液的典型矿物,主要产于低温热液矿床中,与雄黄密切共生,此外,还见于热泉沉积物和火山凝华物中,与自然硫、氯化物等共生。

图 7-10　雄黄、雌黄晶体

A—雌黄晶体(与方解石共生,15 cm,湖南);B—雄黄晶体(柱状,2 cm,湖南)

7.2.11 雄黄族

本族矿物雄黄有高、低温两个变体,均为单斜晶系,但空间群和晶胞参数不同。α-As_4S_4 在常温下稳定,而 β-As_4S_4 则为高温变体。二者转变温度为250℃左右。通常所说的雄黄指低温变体。晶体结构中基本单元是以共价键连接的 As_4S_4 分子,四个硫排列成正方形,四个砷呈四面体状,硫的正方形和砷的四面体中心重合,每个硫与两个砷成键,每个砷与两个硫和一个砷相连。分子与分子间则以分子键相连接。

雄黄　Realgar　As_4S_4

单斜晶系,对称型 $2/m$,空间群 $P2_1/n$;$a_0=0.927$ nm,$b_0=1.350$ nm,$c_0=0.656$ nm,$\beta=106°33'$;$Z=4$。

单晶体通常呈细小柱状或针状,大晶体少见(图7-10B)。常见粒状、致密块状、土状、皮壳状集合体。橘红色;条痕淡橘红色;晶面金刚光泽,断面树脂光泽;透明-半透明。硬度1.5~2;性脆;解理平行{010}完全。密度 3.56 g/cm³。

形成条件完全相似于雌黄,主要见于低温热液矿床中,与雌黄密切共生。

7.2.12 辉钼矿族

本族矿物化合物属 AX_2 型,包括辉钼矿和辉钨矿 WS_2,后者极罕见。辉钼矿为层状结构(图 7-11)。其钼离子组成的面网,夹在上下由硫离子组成的面网之间,共同构成一个结构层。Mo 为六次配位,与 S 构成三方柱形配位多面体。结构层可视为以 Mo 为中心的三方柱彼此共棱连接而成。层内为共价-金属键,层间为弱的分子键。辉钼矿在自然界有 $2H$ 和 $3R$ 两种多型,彼此的物理性质极为相似。

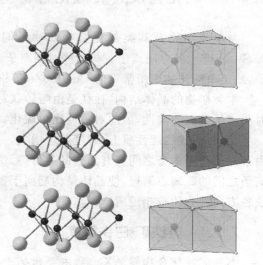

图 7-11　辉钼矿的晶体结构

辉钼矿　Molybdenite　MoS₂

六方晶系,$2H$ 型,对称型 $6/mmm$,空间群 $P6_3/mmc$;$a_0 = 0.315\ nm$,$c_0 = 1.230\ nm$;$Z = 2$。三方晶系,$3R$ 型,对称型 $3m$,空间群 $R3m$;$a_0 = 0.316\ nm$,$c_0 = 1.833\ nm$;$Z = 2$。

单晶体常呈六方板状、片状,但往往不完整。底面上常有条纹。通常呈片状、鳞片状或细小颗粒状集合体。铅灰色;条痕为亮铅灰色,在涂釉瓷板上为带微绿的灰黑色;金属光泽;不透明。硬度 1~1.5;解理平行{0001}极完全;薄片具挠性。有滑腻感。密度 4.7~5.0 g/cm³。

辉钼矿是分布最广的钼矿物(其中常含分散元素铼 Re)。主要是高、中温热液成因,常与黑钨矿、锡石、辉铋矿、石榴子石、透辉石等共生。最重要的矿床为斑岩型和接触交代型。在高温钨锡石英脉中,辉钼矿也经常出现。在表生氧化带,辉钼矿可转变为钼钙矿或黄色粉末状钼华。

7.2.13 铜蓝族

本族矿物包括铜蓝和少见的六方硒铜矿 CuSe。化合物虽属 AX 型,但阴阳离子均有两种不同价态。阴离子除 S^{2-} 外,还有对硫 S_2^{2-},因此它是单硫化物与双硫化物之间的过渡类型。晶体结构为复杂层状。

铜蓝　Covellite　CuS

六方晶系,对称型 $6/mmm$,空间群 $P6_3/mmc$;$a_0 = 0.3796\ nm$,$c_0 = 1.636\ nm$;$Z = 6$。

单晶体极为少见,呈细薄六方板状或片状。通常多以粉末状和被膜状集合体出现。靛青蓝色;条痕灰黑;暗淡至金属光泽;极薄的薄片透绿光。硬度 1.5~2;性脆;解理平行{0001}完全;薄片可弯曲。密度 4.59~4.67 g/cm³。块体呵气后变紫色。

主要形成于外生作用,是含铜硫化物矿床次生富集带中最常见的一种矿物。由硫酸铜水溶液对一系列含铜硫化物交代而形成,与辉铜矿共生。热液和火山作用偶见铜蓝产出。地表条件下,铜蓝极易分解,形成各种表生铜矿物,以孔雀石最常见。

7.3 双硫化物及其类似化合物矿物

与单硫化物及其类似化合物矿物不同，本类矿物的阴离子为 S_2^{2-}、Se_2^{2-}、Te_2^{2-}、As_2^{2-}、AsS^{2-}、SbS^{2-} 等对阴离子。与这些对阴离子结合的阳离子，主要是 Fe、Co、Ni、Pt 等过渡型离子，缺乏单硫化物中所常见的 Cu、Pb、Zn 等铜型离子。

本类矿物的晶体结构，往往是由哑铃状对阴离子近似于按立方最紧密堆积而成。但由于对阴离子具有方向性，因此对称性比单硫化物中类似结构要低。

相应地，在物理性质上，硬度显著增大，一般在 5～5.6 之间；无解理或解理不完全。这是由于对阴离子本身之间具有强烈的共价键，使其间的距离大为缩短，相应地金属阳离子与对阴离子之间的距离也缩短，使晶体结构趋向于紧密；同时，对阴离子成哑铃状在结构中交错配置，使各方向键力比较相近所造成。

7.3.1 黄铁矿-白铁矿族

本族矿物化合物属 AX_2 型，主要包括 Fe、Co、Ni 的双硫化物及类似的双硒化物、双碲化物和双砷化物等，其中常见的是铁的双硫化物 FeS_2。FeS_2 有两个同质多像变体，等轴晶系变体为黄铁矿，结构属黄铁矿型；斜方晶系变体为白铁矿，结构属白铁矿型。两者都有一系列结构相似的矿物，因此本族矿物进一步分出黄铁矿和白铁矿两个亚族。

黄铁矿的晶体结构（图 7-12A）与方铅矿类似，不同的是其哑铃状的 S_2^{2-} 和 Fe^{2+} 替代了后者的 S^{2-} 和 Pb^{2+}。由于哑铃状的 S_2^{2-} 具有方向性，其长轴方向在结构中分别平行于立方体晶胞的四根对角线呈交错配置，使各方向键力相等，因而黄铁矿无解理，硬度也显著增大。

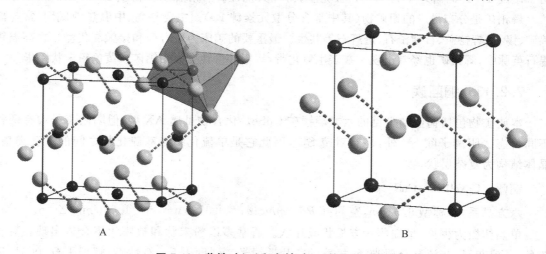

图 7-12　黄铁矿(A)和白铁矿(B)的晶体结构

白铁矿的晶体结构（图 7-12B）表现为铁离子位于斜方晶胞的角顶和中心，哑铃状 S_2^{2-} 的轴向平行于(100)面与 c 轴斜交，其两端位于 Fe^{2+} 围成的两个三角形的中点。虽然白铁矿与黄铁矿具有十分相似的八面体配位关系，但晶体结构的对称程度却完全不同。

黄铁矿　Pyrite　FeS₂

等轴晶系，对称型 $m3$，空间群 $Pa3$；$a_0＝0.5417\ nm$；$Z＝4$。

单晶常呈立方体、五角十二面体及其聚形，也见八面体单形，晶面上常见条纹，可反映其对称程度（图 7-13）。双晶常依（110）形成"铁十字律"穿插双晶；集合体为粒状、致密块状、浸染状、结核状、草莓状等。浅黄铜黄色，表面常带黄褐锈色；条痕绿黑色；金属光泽；不透明。硬度 6～6.5；性脆；断口参差状。密度 4.9～5.27 g/cm³。

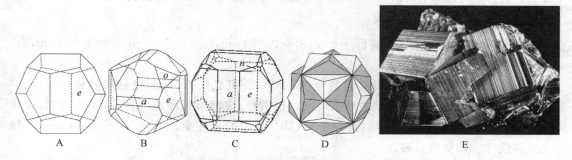

图 7-13　黄铁矿的晶体形态
A～C—理想形态：$a\{100\}$ 立方体，$e\{210\}$ 五角十二面体，$o\{111\}$ 八面体，$n\{211\}$ 四角三八面体；
D—"铁十字"穿插双晶；E—实际晶体（立方体和八面体聚形，7 cm，秘鲁）

黄铁矿是地壳中分布最广的硫化物矿物，形成于多种不同地质条件下，是许多岩石中的常见副矿物。见于铜镍硫化物矿床、矽卡岩矿床、多金属热液矿床中，外生成因者见于沉积岩、沉积矿床和煤层中，往往成结核状和团块状。黄铁矿中常含微量的 Au 和 Cu，可综合利用。黄铁矿在氧化带不稳定，可转变为褐铁矿或黄钾铁矾。

白铁矿　Marcasite　FeS₂

斜方晶系，对称型 mmm，空间群 $Pmnn$；$a_0＝0.338\ nm$，$b_0＝0.444\ nm$，$c_0＝0.539\ nm$；$Z＝2$。

单晶体呈板状，有时呈短柱状、矛头状（图 7-14）；常成依（110）的鸡冠状反复双晶；集合体为结核状、肾状、钟乳状、皮壳状等。淡黄铜色，稍带浅灰或浅绿的色调；条痕暗灰绿色；金属光泽；不透明。硬度 6～6.5；性脆；解理平行 $\{101\}$ 不完全；断口参差状。密度 4.85～4.9 g/cm³。

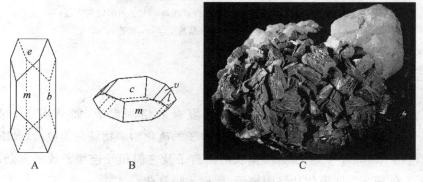

图 7-14　白铁矿的晶体形态
A、B—理想形态：$b\{010\}$、$c\{001\}$ 平行双面，$m\{110\}$、$e\{101\}$、$l\{011\}$、$v\{013\}$ 斜方柱；C—实际晶体（板状，7 cm）

白铁矿在自然界的分布远比黄铁矿少,不形成大量的聚积。内生成因者见于低温热液矿床;外生成因者见于泥质、泥砂质或碳质地层中。在氧化带比黄铁矿更易分解,转变为褐铁矿或黄钾铁矾。

7.3.2 辉砷钴矿-毒砂族

本族矿物的阴离子主要是 AsS^{2-} 及类似的双阴离子。按结构类型可分为辉砷钴矿和毒砂两个亚族。前者结构近似于黄铁矿型,后者与白铁矿型相近。其中自然界主要矿物为毒砂。

毒砂 Arsenopyrite FeAsS

单斜晶系,对称型 $2/m$,空间群 $P2_1/c$;$a_0 = 0.953$ nm,$b_0 = 0.566$ nm,$c_0 = 0.643$ nm,$\beta = 90°$;$Z = 8$。

单晶体常呈柱状,$\{012\}$ 上有晶面条纹(图 7-15)。可见依(101)的接触双晶和(012)的穿插双晶或三连晶。集合体呈粒状或致密块状。锡白色;表面常带浅黄的锖色;条痕灰黑;金属光泽;不透明。硬度 $5.5\sim6$;性脆;解理平行 $\{101\}$、$\{010\}$ 不完全。密度 $5.9\sim6.3$ g/cm³。锤击之发蒜臭味。灼烧后具磁性。

毒砂是分布最广的一种硫砷化物,形成温度从高温一直到低温。但大多数见于高、中温热液矿床和某些接触交代矿床中。与黑钨矿、锡石、辉铋矿、磁黄铁矿、磁铁矿、电气石等共生。在氧化带易分解,常形成浅黄或浅绿色疏松土状的臭葱石。

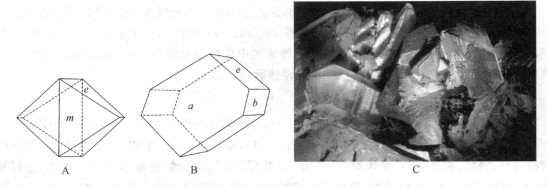

图 7-15 毒砂的晶体形态
A、B—理想形态: $a\{100\}$、$b\{010\}$ 平行双面,$m\{110\}$、$e\{012\}$ 斜方柱;
C—实际晶体(板状,与水晶共生,5 cm,湖南)

7.4 硫盐矿物

半金属元素 As、Sb、Bi、Sn 与 S 可组成较复杂的络阴离子,如 AsS_3^{3-}、SbS_3^{3-}、BiS_3^{3-}、AsS_4^{3-}、SbS_4^{3-} 和 $Sb_2Sn_4S_{14}^{6-}$ 等。具有这些络阴离子的硫化物矿物统称为硫盐(sulfosalt)矿物。其络阴离子包括 XS_3^{3-}(X=As、Sb、Bi)锥状络阴离子及它们相互连接而成的复杂形式的络阴离子与 AsS_4^{3-} 和 SbS_4^{3-} 四面体状络阴离子,结构比较复杂。

与硫盐中络阴离子相结合的金属阳离子主要是 Cu、Ag、Pb,偶尔有 Tl、Hg、Fe 等。化学成分上,硫盐矿物可认为是由磺酐(As_2S_3、Sb_2S_3、Bi_2S_3)和磺基(PbS、CuS、Cu_2S、Ag_2S 等)按不同比例结合而成。如黝铜矿($Cu_{12}Sb_4S_{13}=5Cu_2S \cdot 2CuS \cdot 2Sb_2S_3$)中磺基与磺酐的比例为 7:2。

绝大部分硫盐矿物为中、低温热液成因,且往往是热液矿床后期阶段形成的矿物。部分铋的硫盐矿物可形成于高温热液脉中。

硫盐矿物约 130 余种,绝大多数稀少罕见,仅少数几种可在热液矿床中有一定量的聚集。

7.4.1 黝铜矿族

本族矿物主要是黝铜矿和砷黝铜矿,两者可形成完全类质同像系列。其阴离子除孤立的络阴离子 SbS_3^{3-} 或 AsS_3^{3-} 外,还有附加阴离子 S^{2-}。

本族矿物的化学式可用通式 $M_{12}X_4S_{13}$ 表示。M 为一价和二价阳离子。其中一价阳离子主要是 Cu^+,有时有部分 Ag^+,它们往往占据 10 个左右原子的数量;而二价阳离子主要是 Cu^{2+},有时含 Fe^{2+}、Zn^{2+}、Hg^{2+} 等,约有 2 个左右原子的数量,少数情况可达 2.5 或 3。X 表示 As,Sb,有时为 Bi,Bi 只部分替代 Sb 而基本不替代 As。S 有时可被 Se、Te 部分置换。

黝铜矿　　　 Tetrahedrite　　$Cu_{10}^+Cu_2^{2+}[SbS_3]_4S$

砷黝铜矿　　 Tennantite　　　$Cu_{10}^+Cu_2^{2+}[AsS_3]_4S$

等轴晶系,对称型 $\overline{4}3m$,空间群 $I\overline{4}3m$;$a_0=1.033$ nm(黝铜矿)或 $a_0=1.019$ nm(砷黝铜矿);$Z=2$。

单晶体呈四面体形,可见四面体{111}、三角三四面体{211}、菱形十二面体{110}等单形(图 7-16)。常见双晶轴平行[111]的穿插双晶。集合体为致密块状或粒状。钢灰色,富含铁的亚种为铁黑色;条痕色与颜色相同;砷黝铜矿的条痕微带樱红色;断口黝黑色;金属或半金属光泽;不透明。硬度 3~4.5(砷黝铜矿比黝铜矿大);性脆;无解理。密度 4.6 g/cm³(砷黝铜矿),5.1 g/cm³(黝铜矿),含银或汞的亚种比重更大。弱导电性。

黝铜矿分布广泛,但很少聚集,热液成因,主要分布于中温热液矿床,尤其是一些火山热液成因的矿床中,与多种硫化物共生;也见于矽卡岩型矿床中。在氧化带易分解,形成孔雀石、蓝铜矿、铜蓝等。

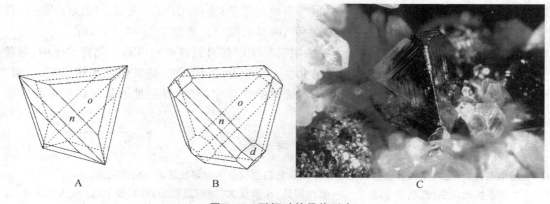

图 7-16　黝铜矿的晶体形态

A、B—理想形态:o{111}四面体,n{211}三角三四面体,d{110}菱形十二面体;

C—实际晶体(正负四面体聚形,3 cm,奥地利)

7.4.2　淡红银矿族

本族矿物主要有淡红银矿 Ag_3AsS_3 和浓红银矿 Ag_3SbS_3。实验研究表明,两者在 300℃ 以上可形成连续类质同像系列;300℃ 以下,只能形成有限的类质同像。

本族矿物为三方晶系,晶体结构可视为 NaCl 型结构沿三次轴畸变,以 Ag^+ 代替 Na^+ 的位置,AsS_3^{3-} 或 SbS_3^{3-} 取代 Cl^- 的位置而成。锥状 AsS_3^{3-} 或 SbS_3^{3-} 络阴离子以相同方位平行于 c 轴排列。

淡红银矿　Proustite　Ag_3AsS_3

浓红银矿　Pyrargyrite　Ag_3SbS_3

三方晶系,对称型 $3m$,空间群 $R3c$;$a_0=1.077\,nm$,$c_0=0.867\,nm$(淡红银矿)或 $a_0=1.104\,nm$,$c_0=0.872\,nm$(浓红银矿);$Z=6$。

单晶体呈短柱状;集合体为粒状或致密块状。淡红银矿呈鲜红色,经光照逐渐变为暗黑,条痕砖红色;浓红银矿呈暗红色到微带红的黑色,条痕暗红色。金刚光泽;半透明。硬度 2~2.5;性脆;解理平行于 $\{10\bar{1}1\}$ 中等;参差状断口。密度 5.57~5.64 g/cm^3(淡红银矿),5.77~5.86 g/cm^3(浓红银矿)。

两者均为热液成因,主要见于中、低温热液铅-锌矿床、银-钴矿床和锡-银矿床,通常形成于热液作用晚期;也见于各种成因的热液矿床和多种硫化物共生组合中。与方铅矿、自然银、黝铜矿、方解石、石英等共生。

7.4.3　脆硫锑铅矿族

脆硫锑铅矿　**Jamesonite**　$Pb_4FeSb_6S_{14}$

单斜晶系,对称型 $2/m$,空间群 $P2_1/a$;$a_0=1.571\,nm$,$b_0=1.905\,nm$,$c_0=0.404\,nm$,$\beta=90°48'$;$Z=2$。

通常呈柱状、针状、毛发状,并依(100)成双晶;集合体呈放射状、羽毛状、纤维状、梳状、柱状和粒状。铅灰色,有时见蓝红斑杂的锖色;条痕灰黑色;金属光泽;不透明。硬度 2.5~3;性脆;解理平行 $\{120\}$、$\{010\}$ 和 $\{001\}$ 完全或中等;阶梯状断口。密度 5.5~6.0 g/cm^3。

热液成因的矿物,作为次要或稀少矿物主要见于中低温铅锌矿和锡石硫化物矿床中,与黄铁矿、方铅矿、黝铜矿、闪锌矿、硫锑铅矿等共生。在氧化带不稳定,易氧化成水锑铅矿、铅矾、白铅矿、锑华和方锑矿。我国广西大厂锡石硫化物矿床中,有世界罕见的脆硫锑铅矿巨大聚积。

思　考　题

7-1　简述单硫化物、复硫化物和硫盐的划分依据以及它们在成分和物理性质方面的异同点。

7-2　本大类矿物光泽强(金刚-金属光泽)、一般硬度低、比重较大、溶解度较小,容易被氧化,试从其成分、晶格类型特点加以简单的解释。

7-3　列出下列三部分硫化物(金刚光泽者、金属彩色者、锡白-铅灰钢灰色者)的名称、成分和颜色。

7-4　哪些硫化物矿物硬度大于 5.5? 哪些硫化物矿物硬度小于 2.5?

7-5　为什么在黑色地层中(包括煤层中)容易出现硫化物,而在红色地层中只能看见硫酸盐(如石膏 $CaSO_4$ ·

$2H_2O$)？

7-6 说明方铅矿和闪锌矿分别具有{100}和{110}完全解理的原因。

7-7 以闪锌矿为例，说明类质同像的概念。为什么说含铁闪锌矿可以作为"地质温度计"？

7-8 对比金刚石、闪锌矿、黄铜矿的晶体结构的异同。

7-9 全面比较辉锑矿和辉铋矿的异同，为何均呈柱状习性和{010}完全解理？辉锑矿的晶面上有些什么现象？用什么简便的化学方法将其区别？

7-10 简述辉锑矿、辉钼矿的结构特征。

7-11 简述 NaCl 型结构的特点，石盐、方铅矿和黄铁矿均具有 NaCl 型结构特征，比较它们在对称、解理和硬度方面的异同，并说明原因。

7-12 为什么在矿床氧化带由于地下水的活动，常形成铜的次生硫化物，而不形成铁、锰、铅、锌的硫化物？

7-13 硫化物主要形成于哪些地质作用中？哪些硫化物矿物可作为标型矿物？

7-14 简述下列硫化物矿物的氧化分解过程以及主要的次生矿物：方铅矿、闪锌矿、辉钼矿、黄铜矿、黄铁矿、毒砂。

7-15 如何区别下列三组外观相似矿物？（1）辉铜矿和黝铜矿；（2）自然硫、雄黄、雌黄和辰砂；（3）自然金、黄铁矿、黄铜矿、磁黄铁矿和毒砂。

氧化物和氢氧化物矿物

8.1 概述

氧化物和**氢氧化物**(oxides and hydroxides)矿物是一系列金属和非金属元素的阳离子(如Si等)与 O^{2-} 或 OH^- 化合而形成的矿物。已发现矿物种数达 200 多种。本大类矿物分布广泛,占地壳总质量的 17% 左右,仅次于硅酸盐矿物,居第二位。其中石英族矿物占 12.6%,铁的氧化物和氢氧化物占 3.9%。

本大类矿物工业意义重大,是提取 Fe、Mn、Al、Ti、Sn、Nb、Ta、U、Th 等金属元素、放射性元素的主要来源。一些矿物本身就是重要的工业、工艺原料和宝石材料,如因硬度高而用做精密仪器轴承和研磨材料的刚玉,具有压电性而用于无线电工业的水晶,高、中档宝石材料刚玉、石英、尖晶石等。

(1) 化学成分:组成本大类矿物的阴离子主要是 O^{2-} 和 OH^-。与其结合的阳离子有 40 种左右,主要是惰性气体型离子(如硅、铝等)和过渡型离子(如铁、锰、钛、铬等);而在硫化物中占主导地位的铜型离子(如铜、锑、铋等)则少见。铜型离子的氧化物往往是其硫化物在氧化带氧化后形成的次生矿物,数量很少。此外,少数氧化物还含有 F^-、Cl^- 等附加阴离子和水分子(表8-1)。

本大类矿物成分中类质同像替代较广泛,异价替代情况很多,且在复杂氧化物更发育。化学性质相近的元素常成组出现于同一矿物中,如易解石(Ce,Y,Th,U,Na,Ca,Fe^{2+})(Ti,Nb,Fe^{3+})O_6(eschynite)。这一特点对稀有、放射性元素的综合利用意义重大。异价替代常可导致缺席结构产生,当缺席结构有序化则可导致超结构的产生。

(2) 晶体化学特征:氧化物中的化学键与阳离子价态、离子类型关系密切。低电价的惰性气体型离子组成的氧化物以离子键为主,如方镁石 MgO。随着阳离子价态增高,共价键成分趋向增多,如刚玉 Al_2O_3 已具有较多的共价键成分,而石英 SiO_2 则以共价键占优势。另一方面,阳离子类型不同,键性也有变化。从惰性气体型、过渡型离子到铜型离子,共价键性趋向增强,同时阳离子配位数趋向减少。半金属元素组成的氧化物,如方锑矿 Sb_2O_3 和砷华 As_2O_3,分子内为共价键,分子间为弱的分子键。氢氧化物的化学键,主要是离子键和 OH^- 导致的氢键。此外,部分过渡型离子的氧化物,如磁铁矿 Fe_3O_4,还有一定金属键的特征。

尽管本大类矿物的化学键有上述复杂的变化,但由于 O^{2-} 和 OH^- 电负性很高(均为3.5),所以本大类矿物多数仍为离子晶格。

表 8-1　形成氧化物和氢氧化物的主要元素

IA																		0
1 **H** 1.008	IIA												IIIA	IVA	VA	VIA	VIIA	
	4 **Be** 9.012		原子序数 1 **H** 元素符号													8 **O** 15.999	9 **F** 18.998	
			相对原子质量 1.01															
11 **Na** 22.99	12 **Mg** 24.305	IIIB	IVB	VB	VIB	VIIB		VIII			IB	IIB	13 **Al** 26.982	14 **Si** 28.086			17 **Cl** 35.453	
19 **K** 39.098	20 **Ca** 40.078		22 **Ti** 47.88	23 **V** 50.942	24 **Cr** 51.996	25 **Mn** 54.938	26 **Fe** 55.847		28 **Ni** 58.693	29 **Cu** 63.546	30 **Zn** 65.39				33 **As** 74.922	34 **Se** 78.96	
		39 **Y** 88.906	40 **Zr** 91.224	41 **Nb** 92.906	42 **Mo** 95.94				47 **Ag** 107.87	48 **Cd** 112.41		50 **Sn** 118.71	51 **Sb** 121.76	52 **Te** 127.6			
56 **Ba** 137.33	57 **La** 138.91		73 **Ta** 180.95	74 **W** 183.84					80 **Hg** 200.59	81 **Tl** 204.38	82 **Pb** 207.2	83 **Bi** 208.98					

镧系	58 **Ce** 140.12												
锕系	90 **Th** 232.04	92 **U** 238.03											

由于 O^{2-} 的半径(0.132 nm)远大于绝大多数与之结合的阳离子半径,因此,氧化物矿物的晶体结构为氧作等大球密堆积,阳离子则位于其八面体或四面体空隙中,配位数为 6 或 4。少数阳离子半径也很大,上述空隙无法容纳,O^{2-} 则作其他形式的密堆积,阳离子取较高的配位数,如晶质铀矿中的 U^{4+} 位于 O^{2-} 形成的立方体空隙中,配位数为 8。个别复杂氧化物中,如钙钛矿 $CaTiO_3$ 中,O^{2-} 和大半径的 Ca^{2+} 共同呈密堆积,小半径的 Ti^{4+} 充填其中的八面体空隙。上述结构都比较紧密,各向连接力较强,常具有较高对称性,多属高、中级晶族。非离子键性(共价键、分子键)占相当比例的氧化物矿物中,氧难以实现最紧密堆积,如石英族,质点不作紧密排列,呈架状结构,空隙很大。

在氢氧化物矿物结构中,由 OH^- 或 OH^- 和 O^{2-} 共同形成紧密堆积,在后一种情况下,OH^- 和 O^{2-} 通常成互层分布。晶体结构主要是层状或链状,与相应的氧化物比较,其对称程度降低。例如方镁石 MgO 结晶成等轴晶系,而水镁石结晶成三方晶系。

(3) 物理性质:氧化物矿物的硬度较大,一般大于 5.5,如石英、黄玉、刚玉依次为 7,8,9。氢氧化物由于相对弱的氢键存在,硬度较小,多在 5 以下。

氧化物矿物的密度彼此相差较大,取决于成分中阳离子种类和结构紧密程度。重金属元素,如钨、锡、铀等氧化物的密度很大,一般大于 $6.5 g/cm^3$;而 α-石英的密度仅为 $2.65 g/cm^3$。在 SiO_2 的各同质多像变体中,结构最紧密的斯石英密度达 $4.28 g/cm^3$。氢氧化物矿物由于成分中含氢且无重金属元素,而且结构紧密程度比氧化物差,密度相对偏小,一般在 $5 g/cm^3$ 以下。

氧化物矿物一般解理性差,而氢氧化物矿物往往发育完全解理。

光学性质上,由惰性气体型离子组成的氧化物和氢氧化物,通常呈浅色或无色,半透明至透明,以玻璃光泽为主。而过渡型和铜型离子的氧化物和氢氧化物则呈深色或暗色,不透明至微透明,金刚光泽到半金属光泽,并且磁性增高。

(4) 成因及产状:氧化物矿物广泛形成于内生、外生和变质作用过程中,但不同成分的矿物,形成条件不同。大多数矿物是多成因的,可以形成于不同地质作用中。少数成因比较单一,如铬铁矿是典型的岩浆成因矿物,绝大多数产于超基性、基性火成岩中;又如 Cu、Sb、Bi 等氧化物(锑华 Sb_2O_3、铋华 Bi_2O_3 等)则形成于硫化物矿床的氧化带,为其硫化物氧化的产物。对于含变价元素的矿物,其低价态(如 Fe^{2+}、Mn^{2+} 等)的矿物多形成于内生和变质作用较为还原的环境中;而高价态(如 Fe^{3+}、Mn^{4+} 等)的矿物则主要形成于外生作用或内生作用较氧化的环境中。氧化物矿物由于物理化学性质较稳定,往往能保存于砂矿中。

氢氧化物主要是外生成因的,如铁、锰、铝的氢氧化物,它们往往是外生风化和沉积过程中由胶体溶液凝聚而成。少数产于热液或接触交代作用,如水镁石。

区域变质作用中,氢氧化物和含水的氧化物矿物往往转变为无水氧化物矿物。

本大类矿物按阴离子的不同,分为氧化物和氢氧化物两类。

8.2 氧化物矿物

氧化物矿物按成分中阳离子的种数多少分为简单氧化物矿物和复杂氧化物矿物两部分。简单氧化物(simple oxides)矿物是由一种阳离子与氧结合形成的矿物。根据阳离子价态,化合物有 A_2X、AX、A_2X_3、AX_2 等类型。复杂氧化物(multiple oxides)是由两种或两种以上阳离子与氧结合而成的矿物。化合物类型主要有 ABX_3、AB_2X_3、ABX_4、AB_2X_6 等。

8.2.1 赤铜矿族

本族矿物赤铜矿,化合物类型为 A_2X,产出较少。晶体结构为氧占据立方体单位晶胞的角顶和中心,铜相间位于 8 个的 1/8 晶胞小立方体中 4 个的中心。铜和氧的配位数分别为 2 和 4。整个结构可看成由 OCu_4 配位四面体共角顶相连而成的架状结构(图 8-1)。

赤铜矿　Cuprite　Cu_2O

等轴晶系,对称型 $m3m$,空间群 $Pn3m$;$a_0 = 0.427$ nm;$Z = 2$。

单晶体呈等轴粒状,完整晶体少见;通常呈致

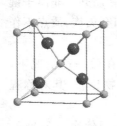
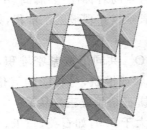

图 8-1　赤铜矿的晶体结构

密块状、土状及针状、纤维状、毛发状集合体。其中呈毛发状集合体者又称毛赤铜矿(chalcotrichite)。暗红色;条痕褐红;金刚光泽至半金属光泽;薄片微透明。硬度 3.5~4;性脆;解理平行{111}不完全。密度 5.85~6.15 g/cm³。

赤铜矿形成于外生条件,主要见于铜矿床的氧化带,系含铜硫化物氧化的产物。

8.2.2 刚玉族

本族矿物主要有刚玉 $\alpha\text{-}Al_2O_3$ 和赤铁矿 $\alpha\text{-}Fe_2O_3$，化合物为 A_2X_3 型，晶体结构属刚玉型，三方晶系。自然界中，Fe_2O_3 还有等轴晶系变体 $\gamma\text{-}Fe_2O_3$，具磁性，称磁赤铁矿（maghemite）。刚玉晶体结构（图 8-2）中，O^{2-} 作六方最紧密堆积，堆积层垂直三次轴，Al^{3+} 充填两氧离子层之间 2/3 的八面体空隙，组成共棱连接的 AlO_6 配位八面体层，相邻层之间的八面体共面或共角顶连接。由于共面八面体中的 Al^{3+} 之间距离较近，存在一定的斥力，因而同一层内的 Al^{3+} 并不处于同一水平面内，而是分别偏向相邻未被充填的八面体空隙一侧。

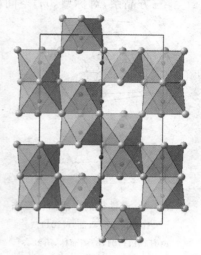

图 8-2 刚玉的晶体结构沿 $(10\bar{1}0)$ 面的投影

刚玉 Corundum Al_2O_3

三方晶系，对称型 $\bar{3}m$，空间群 $R\bar{3}c$；$a_0 = 0.475$ nm，$c_0 = 1.297$ nm；$Z = 6$。

晶体呈柱状、桶状（近似腰鼓状）或板状（图 8-3），常依菱面体 $(10\bar{1}1)$，有时依 (0001) 成聚片双晶，并在晶面上呈现相交的几组双晶纹。纯净刚玉无色透明，但因含各种杂质而颜色多样，多见蓝灰、黄灰色，还见红色（含 Cr）、蓝色（含 Fe 和 Ti）、黄色（含 Ni）、绿色（含 Co、Ni、V）、黑色（含 Fe^{2+} 和 Fe^{3+}）等。透明-半透明；玻璃光泽。硬度 9；无解理；常因聚片双晶或细微包体产生 (0001) 或 $(10\bar{1}1)$ 的裂理。密度 3.95~4.10 g/cm³。刚玉是重要的高档宝石材料。宝石学上将红色宝石级刚玉称红宝石（ruby），其他颜色者称蓝宝石（sapphire）。有些红宝石和蓝宝石的 {0001} 面上可以看到成定向分布的六射针状金红石包体而呈星彩状，称为星光红宝石（star-ruby）或星光蓝宝石（star-sapphire）。

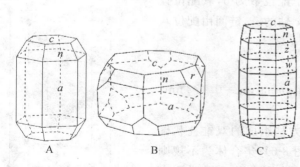

图 8-3 刚玉的晶体形态

A~C—理想形态：$c\{0001\}$ 平行双面，$a\{11\bar{2}0\}$ 六方柱，$r\{10\bar{1}1\}$ 菱面体，$n\{22\bar{4}3\}$、$z\{22\bar{4}1\}$、$w\{14.14.\bar{28}.1\}$ 六方双锥；D—实际形态（桶状，1.5 cm，青海）

刚玉多形成于高温富 Al 贫 Si 的条件下。岩浆成因者见于刚玉正长岩、斜长岩、橄榄苏长岩、玄武岩或刚玉正长岩质伟晶岩等岩石中。接触交代成因的刚玉，见于火成岩与灰岩的接触带。区域变质成因者见于富铝片麻岩、片岩中。刚玉很稳定,可存在于砂矿中。

赤铁矿　Hematite　Fe₂O₃

三方晶系,对称型 $\bar{3}m$,空间群 $R\bar{3}c$;$a_0=0.5029$ nm,$c_0=1.373$ nm;$Z=6$。

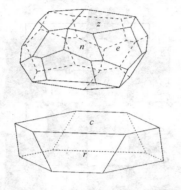

单晶体常呈板状、菱面体状(图 8-4),完整晶体少见。集合体形态多样:显晶质的有片状、鳞片状和块状,其中具金属光泽的片状集合体称镜铁矿(specularite),具金属光泽的细鳞片状集合体称云母赤铁矿(mica hematite);隐晶质的有鲕状、肾状和土状等,其中土状者称铁赭石(red ocher)。显晶质赤铁矿呈铁黑至钢灰色,隐晶质者呈暗红至鲜红色;条痕樱红色;金属光泽至半金属光泽,或土状光泽;不透明。硬度 5.5~6,土状者显著降低;性脆;无解理;具(0001)或($10\bar{1}1$)的裂理。密度 5.0~5.3 g/cm³。镜铁矿常因含磁铁矿细微包裹体而具较强磁性。

图 8-4　赤铁矿的理想晶体形态
$c\{0001\}$平行双面、$r\{10\bar{1}1\}$、
$e\{01\bar{1}2\}$、$z\{01\bar{1}8\}$菱面体、$n\{22\bar{4}3\}$
六方双锥

赤铁矿是自然界分布很广的铁矿物之一,形成于氧化条件下,广泛产于各种成因类型的矿床和岩石中。但以热液作用、沉积作用和沉积变质作用为主,可形成有工业意义的矿床。我国河北宣化、湖南宁乡等地是著名的沉积赤铁矿产地;辽宁鞍山等地是著名的沉积变质赤铁矿产地。

8.2.3　金红石族

本族矿物化合物属 AX₂ 型,主要包括金红石、锡石、软锰矿、块黑铅矿 PbO₂ 及 TiO₂ 的另两个同质多像变体锐钛矿和板钛矿。

金红石、锡石、软锰矿、块黑铅矿均属金红石型结构(图 8-5),表现为氧近似成六方紧密堆积,阳离子位于变形八面体空隙中。阳离子配位数为 6,氧配位数为 3。阳离子配位八面体上下共棱连成沿 c 轴的链,链间由配位八面体共角顶相连。

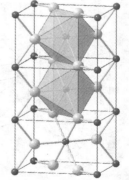

金红石　Rutile　TiO₂

四方晶系,对称型 $4/mmm$,空间群 $P4_2/mnm$;$a_0=0.472$ nm,$c_0=0.317$ nm;$Z=2$。

单晶常呈由四方柱、四方双锥和复四方柱组成的双锥柱状聚形,并常见以(101)为接合面的膝状双晶(图 8-6);集合体为不规则粒状。颜色黄棕至褐红;条痕白色至浅褐色;金刚光泽,断口油脂光泽;半透明至不透明。硬度 6~6.5;性脆;解理平行{110}中等。密度 4.2~4.3 g/cm³。

图 8-5　金红石的晶体结构

金红石形成于高温条件下,主要产于变质岩系的含金红石石英脉和伟晶岩脉中。此外,在火成岩和变质岩中常作为副矿物出现,也见于砂矿中。

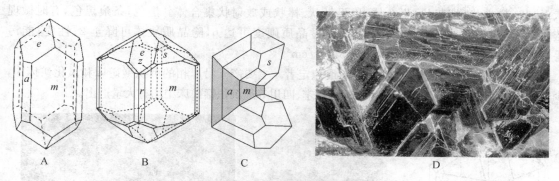

图 8-6　金红石的晶体形态

A、B—理想形态：$a\{100\}$、$m\{110\}$四方柱，$e\{101\}$、$s\{111\}$四方双锥，$r\{320\}$复四方柱，$z\{321\}$
复四方双锥；C—膝状双晶；D—实际形态（板状，4.5 cm，辽宁）

锐钛矿　Anatase　TiO_2

四方晶系，对称型 $4/mmm$，空间群 $I4_1/amd$；$a_0=0.373$ nm，$c_0=0.937$ nm；$Z=4$。

单晶体常呈双锥状，少数呈柱状或板状。通常呈褐黄色，也见蓝灰、黑等色；条痕无色
至浅黄色；金刚光泽。硬度 5.5~6.5；性脆；解理平行$\{001\}$和$\{101\}$中等。密度 3.82~
3.97 g/cm³。

锐钛矿在自然界远比金红石少见。完好晶体见于变质岩系的石英脉中。在火成岩和变质
岩中作为副矿物出现。是砂矿中常见的矿物。

板钛矿　Brookite　TiO_2

斜方晶系，对称型 mmm，空间群 $Pcab$；$a_0=0.544$ nm，$b_0=0.917$ nm，$c_0=0.514$ nm；$Z=8$。

单晶体常呈板状，偶呈短柱状。颜色黄褐至深褐色；条痕无色至黄色。金刚光泽。硬度
5.5~6；解理平行$\{110\}$不完全。密度 3.9~4.1 g/cm³。

产出很少，完好的晶形见于变质岩系的石英脉中。可在火成岩与变质岩中作为副矿物产出。

锡石　Cassiterite　SnO_2

四方晶系，对称型 $4/mmm$，空间群 $P4_2/mnm$；$a_0=0.472$ nm，$c_0=0.317$ nm；$Z=2$。

单晶体常呈由四方双锥和四方柱组成的双锥柱状聚形；常见以(101)为双晶面的膝状双晶
（图 8-7）；集合体常呈不规则粒状。纯净的锡石几乎无色，很少见，一般为黄棕色至深褐色；条
痕白色至淡黄色；金刚光泽，断口油脂光泽；半透明至不透明。硬度 6~7；性脆；解理平行
$\{110\}$不完全；贝壳状断口。密度 6.8~7.0 g/cm³。

锡石在成因上与酸性火成岩，主要是花岗岩关系密切。以热液成因的气化-高温钨锡石英
脉和锡石硫化物矿床为主要产状，也见于伟晶岩、矽卡岩和砂矿中。我国是世界上锡石主要产
出国之一，广西大厂、云南个旧是最著名的产地。

软锰矿　Pyrolusite　MnO_2

四方晶系，对称型 $4/mmm$，空间群 $P4_2/mnm$；$a_0=0.439$ nm，$c_0=0.286$ nm；$Z=2$。

单晶体为柱状或粒状，少见，结晶完善的长柱状晶体称黝锰矿(polianite)；常呈肾状、结核

状、块状、粉末状(烟灰状)集合体,也见针状、棒状或放射状集合体。黑色;条痕黑色,有时微现蓝色;半金属光泽或土状光泽;不透明。显晶质硬度可达6,隐晶质块体可降至2;性脆;能污手;解理平行{110}完全。密度$4.5\sim5.0$ g/cm³。

软锰矿是氧化条件下所有锰矿物中最稳定者。主要产于沿岸相的沉积锰矿床和风化矿床中,少量见于热液矿床中。在我国湖南、广西、辽宁、四川等地沉积锰矿床中均有大量产出。

图 8-7　锡石的晶体形态

A—理想形态:$a\{100\}$、$m\{110\}$四方柱,$e\{101\}$、$s\{111\}$四方双锥;B—锡石晶体
(四方双锥与四方柱聚形,6 cm,四川);C—膝状双晶(4×2.5 cm,云南)

8.2.4　晶质铀矿族

本族矿物主要有晶质铀矿和方钍石,化合物属AX_2型。晶体结构属萤石型。根据实验研究,两者可形成完全类质同像系列。

晶质铀矿　Uraninite　$(U_{1-x}^{4+}U_x^{6+})O_{2+x}$

等轴晶系,对称型$m3m$,空间群$Fm3m$;$a_0=0.547$ nm;$Z=4$。

单体呈立方体、八面体及其与菱形十二面体的聚形,通常呈分散粒状集合体。外形呈肾状、钟乳状、葡萄状集合体者称沥青铀矿(pitchblende);呈非晶质土状或粉末状集合体者称铀黑(uranium black)。黑色,氧化后呈棕、褐色;条痕褐黑色;显晶质为半金属光泽至树脂光泽,沥青铀矿主要为沥青光泽,铀黑光泽暗淡;不透明。显晶质硬度$5\sim6$,沥青铀矿为$3\sim5$,而铀黑为$1\sim4$;断口贝壳状或参差状;性脆。显晶质密度10 g/cm³左右,沥青铀矿为$6.5\sim8.5$ g/cm³。强放射性。

晶质铀矿主要产于花岗伟晶岩、正长伟晶岩和高温含锡热液矿床中,沥青铀矿主要见于中、低温热液矿床中,而铀黑是原生铀矿床中的铀矿物经部分氧化或由氧化带渗滤下来的UO_3再经部分还原而成。三者在地表都容易分解为颜色鲜艳的铜铀云母、钙铀云母等次生矿物,可作为找矿标志。

8.2.5　石英族

本族矿物包括SiO_2的一系列同质多像变体。自然界已发现10种,其主要特征见表8-2。此外,把含H_2O的SiO_2胶体矿物蛋白石,也合并在本族内描述。

表 8-2 SiO_2 主要同质多像变体的主要特性

变体名称	常压下稳定范围	晶系	形态	密度/$(g \cdot cm^{-3})$	成因产状
α-石英(低温石英)	573℃以下稳定	三方	主要为六方柱和菱面体组成的聚形	2.65	形成于各种地质作用
β-石英(高温石英)	573～870℃稳定	六方	六方双锥	2.53	产于酸性火山岩中
α-鳞石英(低温鳞石英)	117℃以下准稳定	四方	具 $β_2$-鳞石英六方板状假像,或成极细的粒状、球粒状	2.26	见于酸性火山岩中,由 $β_2$-鳞石英转变而成;或在低温热液作用和表生作用中形成
$β_1$-鳞石英(中温鳞石英)	117～163℃准稳定	六方	具 $β_2$-鳞石英六方板状假像		见于酸性火山岩中,由 $β_2$-鳞石英转变而成
$β_2$-鳞石英(高温鳞石英)	870～1470℃稳定 163～870℃准稳定	六方	六方板状	2.22	产于酸性火山岩中
α-方石英(低温方石英)	268℃以下准稳定	四方	具 β-方石英八面体假像,或成隐晶纤维状集合体	2.32	见于酸性火山岩中,由 β-方石英转变而成;或在低温热液作用和表生作用中形成
β-方石英(高温方石英)	1470～1723℃稳定 268～1470℃准稳定	等轴	八面体	2.20	产于酸性火山岩中
柯石英	约$(19～76)×10^8$ Pa范围内稳定,常温常压下准稳定	单斜	不规则粒状	2.93	产于陨石坑,为陨石冲击变质形成;也见于榴辉岩等超高压变质岩中
斯石英	约 $76×10^8$ Pa 以上稳定,常温常压下准稳定	四方	极细小($20～25\mu m$)一向延伸的形态	4.28	产于陨石坑,为陨石冲击变质形成

以上各变体稳定的热力学范围见图 8-8。

在 SiO_2 的各种天然同质多像变体中,除斯石英(具金红石型结构)中的硅为八面体配位外,其余变体中的硅均为四面体配位。各硅氧配位四面体彼此均以角顶相连,形成三维架状结构。各不同变体的差异表现在硅氧四面体的排布方式和紧密程度上。

在石英(quartz)、鳞石英(tridymite)和方石英(cristobalite)各自的高、(中)低温变体之间,同质多像转变都不涉及结构中化学键的破坏和重建,转变过程可逆而且迅速。但石英与鳞石英之间及鳞石英与方石英之间的转变,要涉及键的破裂和重建,转变过程相当缓慢。一般降温时,往往达到过冷却也不发生转变,而是继续以准稳定状态存在,直至最后转变为本身的低温变体。

自然界中,SiO_2 各变体最常见的是 α-石英,其次是 β-石英;非晶质的蛋白石也比较常见。

α-石英和 β-石英的晶体结构(图 8-9)中都存在着平行于 c 轴的螺旋轴。硅氧四面体即绕螺旋轴呈螺线状分布。高低温变体之间的区别在于,β-石英中螺旋轴为 6_2 或 6_4,围绕它们的硅在(0001)面上的投影连接成正六边形;α-石英的结构则相当于由 β-石英的结构有规律地发生一定程度的扭曲,使 Si—O—Si 的键角由 150°变为 137°,结果使六次螺旋轴蜕变为 3_2 或 3_1,围绕它们的硅在(0001)面上投影连接成复三方形而不再是正六边形。

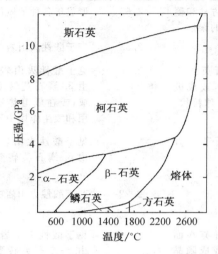

图 8-8　SiO_2 主要同质多像变体的稳定范围

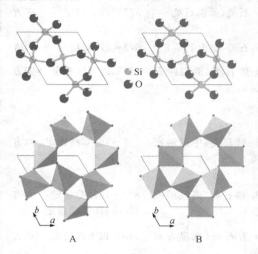

图 8-9　α-石英(A)和 β-石英(B)的晶体结构

α-石英　α-Quartz　SiO_2

三方晶系,对称型 32,空间群 $P3_121$ 或 $P3_221$;$a_0=0.491\,\mathrm{nm}$,$c_0=0.540\,\mathrm{nm}$;$Z=3$。

单晶体通常呈六方柱和菱面体等单形组成的聚形(图 8-10),柱面上常具横纹。有时还出现三方双锥和三方偏方面体单形的小面。α-石英分左形晶和右形晶。常见的双晶有道芬双晶和巴西双晶,偶见日本双晶(图 8-11)。集合体常为粒状、致密块状或晶簇状,也常见一些隐晶质集合体。隐晶质的石英集合体一般称石髓(玉髓,chalcedony),具有不同颜色条带或花纹相间分布的石髓称玛瑙(agate);暗色、坚韧、极致密的结核状隐晶石英集合体称燧石;块状、红、黄、绿、褐等色的隐晶石英集合体称碧玉。纯净的α-石英无色透明,称水晶(rockcrystal);因含微量色素离子

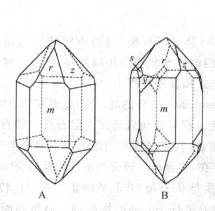

图 8-10　α-石英的晶体形态

A、B—理想形态:$m\{10\overline{1}0\}$六方柱、$r\{10\overline{1}1\}$、$z\{01\overline{1}1\}$菱面体、$s\{11\overline{2}1\}$三方双锥、$x\{5\overline{1}6\overline{1}\}$三方偏方面体;

C—实际形态(晶簇,21 cm,四川)

或细分散包裹体，或因存在色心而呈各种颜色，并使透明度降低，如紫色者称紫水晶（amethyst）、烟黄色者称烟水晶（smoky quartz），黄色者称黄水晶，暗棕色者称茶晶，黑色者称墨晶，浅红色者称蔷薇石英或芙蓉石，含针状金红石、电气石或辉锑矿等包裹体者称发晶，乳白色、半透明者称乳石英，交代青石棉而具丝绢光泽并呈石棉假像者称木变石或虎睛石（黄褐色）、鹰眼石（蓝色）。玻璃光泽，断口油脂光泽。硬度7；无解理；贝壳状断口。密度2.65 g/cm³。具压电性。

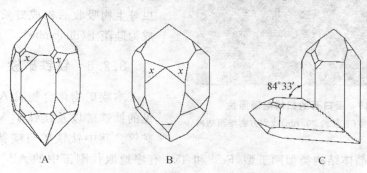

图8-11 α-石英的道芬双晶（A）、巴西双晶（B）和日本双晶（C）

α-石英在自然界分布极广，形成于各种地质作用中，是许多火成岩、沉积岩和变质岩的主要造岩矿物。

β-石英（高温石英） β-Quartz SiO₂

六方晶系，对称型622，空间群 $P6_422$ 或 $P6_222$；$a_0=0.501$ nm，$c_0=0.547$ nm；$Z=3$。

单晶体常呈完好的六方双锥（8-12）。双晶普遍，由两个六方双锥依$(21\bar{3}3)$或$(21\bar{3}1)$而成接触双晶。灰白色、乳白色；玻璃光泽，断口油脂光泽。密度2.53 g/cm³。在常温常压下均已转变为 α-石英，此时其密度增大至2.65 g/cm³。

产于酸性火山岩或浅成岩中，并常以斑晶出现。常压下当温度低于573℃时就转变成 α-石英，后者仍保持 β-石英的假像。

蛋白石 Opal SiO₂·nH₂O

非晶质。根据扫描电子显微镜的研究，其内部存在着SiO₂球体堆积（图8-13）。一种情况是不等大的球体作无序分布，如普通蛋白石；一种情况是等大球体（其直径在150～400 nm范围内）作密堆积而构成的所谓有序畴，见于贵蛋白石中。由于球体

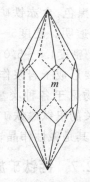

图8-12 β-石英的晶体形态
$r\{10\bar{1}1\}$六方双锥，$m\{11\bar{2}0\}$六方柱

结构而造成大量的微空隙和很大的比表面积，使蛋白石具有很强的吸附能力。成分中高含量的H₂O和各种杂质即与此有密切的关系。

无一定的外形，通常呈肉冻状块体或葡萄状、钟乳状、皮壳状等。颜色不定，通常为蛋白色，因含各种杂质而呈现不同颜色；一般微透明；玻璃光泽或蛋白光泽。无色透明者称玻璃蛋白石（hyalite）；半透明而具强烈的橙、红等反射色者称火蛋白石（fire opal）；半透明带乳光变彩的蛋白石称贵蛋白石（precious opal），它由于内部存在着前述的那种有序畴，导致对可见光的衍射而呈红、橙、绿、蓝等瑰丽的变彩。硬度5～5.5。密度1.9～2.3 g/cm³。

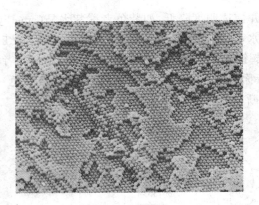

图 8-13　蛋白石的扫描电镜照片

显示 SiO_2 球体(直径约 300 nm)成六方密堆积结构

内生条件下,形成于低温热液作用中。其中从火山温泉中沉淀而成的,称硅华(geyserite)。外生条件下可由硅酸盐矿物遭受风化分解而产生的硅酸溶液凝聚而成。带至海水中的硅酸溶液,被硅藻、放射虫等生物吸收后构成硅质骨骼,死后堆积成为硅藻土(diatomite)。

8.2.6　钛铁矿族

本族矿物化合物属 ABX_3 型,包括常见的钛铁矿以及镁钛矿 $MgTiO_3$、红钛锰矿等。其中钛铁矿与镁钛矿之间为完全类质同像系列。晶体结构类似刚玉型,Fe^{2+} 和 Ti^{3+} 有序地取代刚玉中的 Al^{3+},即为钛铁矿结构,对称程度相应降低。

钛铁矿　Ilmenite　$FeTiO_3$

三方晶系,对称型 $\bar{3}$,空间群 $R\bar{3}$;$a_0=0.5083$ nm,$c_0=1.404$ nm;$Z=6$。

完整单晶体(图 8-14)少见,一般为不规则细粒状、鳞片状或厚板状,多呈晶粒或定向晶片散布于其他矿物中。钢灰至黑色;条痕黑色,含赤铁矿者带褐色;半金属光泽;不透明。硬度5~6;无解理,次贝壳状断口。密度4.0~5.0 g/cm³。弱磁性。

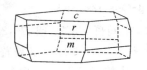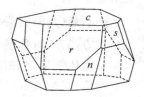

图 8-14　钛铁矿的理想晶体形态

$c\{0001\}$平行双面,$m\{10\bar{1}0\}$六方柱,$r\{10\bar{1}1\}$、$s\{02\bar{2}1\}$、$n\{22\bar{4}3\}$菱面体

主要形成于岩浆作用和伟晶作用,作为副矿物见于各种类型岩浆岩中。与基性岩有关的钒钛磁铁矿矿床中可有较大的储量,如我国四川攀枝花的钒钛磁铁矿矿床。在碱性岩,尤其是碱性伟晶岩中可形成大晶体。此外,可富集于砂矿中。

8.2.7　钙钛矿族

本族矿物化合物属 ABX_3 型,主要矿物为钙钛矿,此外还有稀少矿物铈铌钙钛矿(Ce,Na,Ca)(Ti,Nb)O_3、钙钛铌矿(Na,Ca)(Nb,Ti)O_3、铅钛矿 $PbTiO_3$ 等。其成分特征是均含稀土元素,并以铈族稀土为主。同时广泛发育等价和异价类质同像替代,如 $Nb^{5+}\rightarrow Ta^{5+}$,$Ca^{2+}+Ti^{4+}\rightarrow Ce^{3+}+Fe^{3+}$,$2Ca^{2+}\rightarrow Na^{+}+Ce^{3+}$ 等。

钙钛矿高温时为等轴晶系,600℃以下转变为四方和斜方晶系。在高温变体结构中,钙位于立方体晶胞的中心,氧位于立方体晶胞每条边的中点,钛位于角顶。钙与 12 个氧形成配位立方八面体,配位数为 12;钛与 6 个氧形成配位八面体,配位数为 6(图 8-15A)。在低温下可呈四方(图 8-15C)和斜方晶系(图 8-15D)对称。

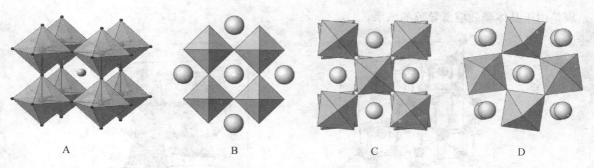

图 8-15　钙钛矿的晶体结构

A、B—等轴晶系；C—四方晶系；D—斜方晶系

钙钛矿　Perovskite　$CaTiO_3$

等轴晶系，对称型 $m3m$，空间群 $Pm3m$；$a_0 = 0.385$ nm；$Z = 1$。斜方晶系，对称型 mmm，空间群 $Pnma$；$a_0 = 0.537$ nm，$b_0 = 0.764$ nm，$c_0 = 0.544$ nm；$Z = 4$。钙钛矿型结构是一类非常重要的结构类型，在地幔矿物学和材料学的一些领域有极其广泛的应用。

常呈立方体晶形或不规则粒状。立方体晶面常具平行晶棱的条纹，为高温变体转变为低温变体时产生聚片双晶所致。红褐至灰黑色；条痕白至灰黄色；金刚光泽至半金属光泽。硬度 $5.5 \sim 6$；解理不完全；参差状断口。密度 $3.98 \sim 4.26$ g/cm^3。

主要以副矿物产于碱性岩和超基性岩中，与钛磁铁矿等共生。

8.2.8　尖晶石族

本族矿物化合物属 AB_2X_4 型。A 代表二价的镁、铁、锌、锰、镍等，B 主要为三价的铁、铝、铬。本族矿物中，完全和不完全的类质同像置换广泛发育。

根据成分中三价阳离子的不同，本族矿物分为如下三个系列：

（1）尖晶石系列（铝-尖晶石）：三价阳离子为 Al，包括尖晶石、铁镁尖晶石（Mg，Fe）Al_2O_4、铁尖晶石 $FeAl_2O_4$ 等，为正常尖晶石型结构。

（2）磁铁矿系列（铁-尖晶石）：三价阳离子为 Fe，包括磁铁矿、镁铁矿 $MgFe_2O_4$、镍磁铁矿 $NiFe_2O_4$、锰磁铁矿 $MnFe_2O_4$ 等，主要为倒置尖晶石型结构，有些为正常尖晶石与倒置尖晶石混合型结构，如镁铁矿。

（3）铬铁矿系列（铬-尖晶石）：三价阳离子为 Cr，包括铬铁矿、镁铬铁矿 $MgCr_2O_4$、亚铁铬铁矿 $FeCr_2O_4$ 等，为正常尖晶石型结构。

上述三个系列之间存在着不同的类质同像关系。铬铁矿系列与磁铁矿系列之间为连续的类质同像，铬铁矿系列与尖晶石系列之间为不连续的类质同像，尖晶石系列与磁铁矿系列之间基本不发生类质同像。

正常尖晶石型结构（图 8-16）为氧近于立方密堆积，二价阳离子充填 1/8 的四面体空隙，三价阳离子充填 1/2 的八面体空隙。其阳离子的配位四面体和配位八面体共角顶连接成晶体骨架。倒置尖晶石型结构与正常尖晶石型结构的差别在于：其半数的三价阳离子充填 1/8 的四面体空隙，另外半数的三价阳离子和二价阳离子一起充填 1/2 的八面体空隙。倒置尖晶石型结构的出现是由于晶体场效应所导致的结果。

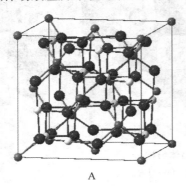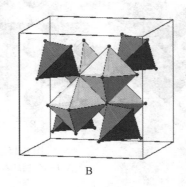

图 8-16　尖晶石的晶体结构(A)和配位多面体的配置图(B)

　　属于尖晶石型结构的矿物,反映在形态上通常呈八面体、菱形十二面体的三向等长晶形,而在物理性质上则表现出硬度高、无解理等特征。

尖晶石　Spinel　$MgAl_2O_4$

　　等轴晶系,对称型 $m3m$,空间群 $Fd3m$;$a_0 = 0.809$ nm;$Z=8$。

　　单晶体常呈八面体状,有时为八面体与菱形十二面体的聚形(图 8-17)。常见尖晶石律接触双晶(图 8-17)。颜色多样,无色者少见,通常呈红色(含 Cr^{3+})、绿色(含 Fe^{3+})或褐黑色(含 Fe^{2+} 和 Fe^{3+})等;玻璃光泽。硬度 8;无解理;偶见平行(111)裂理。密度 3.55 g/cm³。

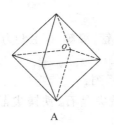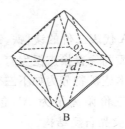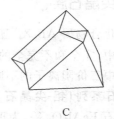

图 8-17　尖晶石的理想形态(A、B)和双晶(C)

$o\{111\}$八面体,$d\{110\}$菱形十二面体

　　可形成于岩浆作用、接触变质作用和区域变质作用中。岩浆成因者见于基性、超基性岩中,与辉石、橄榄石等共生;镁矽卡岩中的尖晶石与镁橄榄石、透辉石等共生;富铝贫硅的泥质岩在高温接触变质和区域变质条件下,都可形成尖晶石。此外,尖晶石还常见于砂矿中。

磁铁矿　Magnetite　$Fe^{2+}Fe_2^{3+}O_4$

　　等轴晶系,对称型 $m3m$,空间群 $Fd3m$;$a_0 = 0.840$ nm;$Z=8$。

　　单晶体常呈八面体,有时见菱形十二面体(图 8-18)。可依尖晶石律成接触双晶。集合体为致密粒状或块状。铁黑色;条痕黑色;半金属光泽至金属光泽;不透明。硬度 5.5～6;无解理;有时具平行(111)裂理;性脆。密度 4.9～5.2 g/cm³。强磁性。

　　广泛形成于内生作用和变质作用过程,作为副矿物几乎见于所有岩石类型中。是岩浆成

因铁矿床、矽卡岩型铁矿床、气化-高温含稀土热液铁矿床、沉
积变质铁矿床以及一系列与火山作用有关的铁矿床的主要矿
石矿物,也常见于砂矿中。我国磁铁矿矿床成因类型丰富,产
地很多,其中以四川攀枝花(岩浆成因)、辽宁鞍山(沉积变质
成因)、湖北大冶(接触交代成因)、内蒙古白云鄂博(气化-高温
热液成因)等最为著名。

铬铁矿 Chromite FeCr$_2$O$_4$

等轴晶系,对称型 $m3m$,空间群 $Fd3m$;$a_0=0.836$ nm;$Z=8$。

单晶体呈八面体状,但少见;通常呈粒状或致密块状、豆
荚状集合体。暗棕至黑色;条痕褐色;半金属光泽;不透明。
硬度 5.5;无解理。密度 $4.43\sim5.09$ g/cm^3。弱磁性。

岩浆成因的典型矿物,常产于超基性岩中,与橄榄石、辉石、
尖晶石、钛磁铁矿、铂族元素矿物等共生,也见于砂矿中。

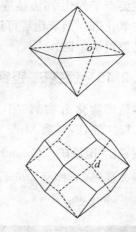

图 8-18 磁铁矿的晶体形态
$o\{111\}$八面体,$d\{110\}$菱形十二面体

8.2.9 黑钨矿族

本组矿物化合物属 ABX$_4$ 型,主要包括钨锰矿 MnWO$_4$ 和钨铁矿 FeWO$_4$ 以及两者组成
的完全类质同像的中间成员黑钨矿(Fe, Mn)WO$_4$。黑钨矿的晶体结构如图 8-19A,无论是
Mn(Fe)还是 W,皆成八面体配位。Mn(Fe)O$_6$ 以及 WO$_6$ 配位八面体本身都是共棱连接、平
行 c 轴方向成锯齿形的链体,两者在 a 方向上呈类似交替层状的排列。

黑钨矿(钨锰铁矿) Wolframite (Fe, Mn)WO$_4$

单斜晶系,对称型 $2/m$,空间群 $P2/c$;$a_0=0.481$ nm,$b_0=0.573$ nm,$c_0=0.497$ nm,$\beta=90°49'$;
$Z=2$。

单晶体常呈厚板状或短柱状(图 8-19),完整晶体少见,可见依(100)或(023)的接触双晶。
集合体为板状、刀片状或粗粒状。褐黑至铁黑色,条痕褐色(颜色和条痕随含铁量增加而加
深)。半金属光泽。硬度 $4\sim4.5$;解理平行$\{010\}$完全。密度 $7.12\sim7.51$ g/cm^3(随含铁量增
加而增大)。弱磁性。

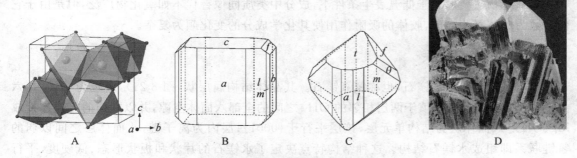

图 8-19 黑钨矿的晶体结构和形态
A—晶体结构;B、C—理想形态:$a\{100\}$、$b\{010\}$、$c\{001\}$、$t\{102\}$平行双面,$m\{110\}$、$l\{210\}$、$f\{011\}$、$\theta\{121\}$
斜方柱;D—实际形态(板状,20 cm,江西)

主要产于气化-高温热液石英脉及其云英岩化围岩中，成因上与花岗岩有关，也见于砂矿中。在氧化带强烈氧化后可形成钨华、铁钨华。我国黑钨矿产量居世界首位，华南一带是世界著名的黑钨矿产区。

8.2.10 铌铁矿-钽铁矿族

本组矿物化合物属 AB_2X_6 型，A 组阳离子主要为 Fe^{2+}、Mn^{2+} 等；B 组阳离子主要为 Nb^{5+}、Ta^{5+} 等，Fe^{2+} 和 Mn^{2+}，Nb^{5+} 和 Ta^{5+} 之间均可形成完全类质同像系列。

铌铁矿-钽铁矿 Columbite-Tantalite (Fe, Mn)Nb₂O₆-(Fe, Mn)Ta₂O₆

斜方晶系，对称型 mmm，空间群 $Pcan$；$a_0 = 0.574 \sim 0.577$ nm，$b_0 = 1.427 \sim 1.446$ nm，$c_0 = 0.509 \sim 0.506$ nm；$Z = 4$。

图 8-20 铌铁矿-钽铁矿的晶体形态（板状，6 cm，新疆）

晶体呈板状或柱状（图 8-20），可见依（201）形成心形接触双晶。常呈粒状、块状、晶簇状、放射状集合体。铁黑至褐黑色，条痕褐红至黑色（颜色和条痕随含锰量增加而变浅）。半金属光泽。硬度 6～6.5；解理平行 {010} 完全；次贝壳状断口。密度 5.15～8.20 g/cm³（随含钽量增加而增大）。

主要产于花岗伟晶岩中，其形成与伟晶岩的晚期交代作用（钠化）有关，也见于钠长石化、云英岩化黑云母花岗岩和侵入于石灰岩内的细晶岩中。与石英、长石、云母、绿柱石、黄玉、锡石、黑钨矿等共生。表生条件下，转入砂矿中。我国南岭地区一些蚀变花岗岩中盛产本族矿物。

8.3 氢氧化物矿物

氢氧化物矿物即阳离子与 OH^- 或同时与 OH^- 和 O^{2-} 结合而成的矿物。如三水铝石 $Al(OH)_3$、纤铁矿 $FeO(OH)$。此外，还包括含水分子的氧化物。

氢氧化物主要形成于低温表生条件下，成分中类质同像替代不如氧化物广泛，但是由于它们多数为胶体凝聚而成，胶体的吸附作用使其化学成分的变化颇为复杂。

8.3.1 水镁石族

本族矿物主要是水镁石，也称氢氧镁石。其晶体结构属层状（图 8-21），表现为 OH^- 作六方最紧密堆积，Mg^{2+} 充填于两层相邻的 OH^- 之间的全部八面体空隙，并以共棱的方式连接成 $Mg(OH)_6$ 八面体层为结构单元层，该层平行于 {0001}；层内为离子键，八面体层之间以弱的氢键联系即组成水镁石结构。这种结构特点决定了水镁石的片状和板状形态、低硬度、平行 {0001} 极完全解理。

水镁石(氢氧镁石) Brucite Mg(OH)₂

三方晶系，对称型 $\bar{3}m$，空间群 $P\bar{3}m$；$a_0=0.3125$ nm，$c_0=0.472$ nm；$Z=1$。

单晶体呈厚板状或叶片状，常见片状集合体，有时呈纤维状集合体。白、灰白或淡绿色，含锰或铁者呈红褐色；玻璃光泽，解理面为珍珠光泽，纤水镁石为丝绢光泽；透明。硬度 2.5；解理平行 {0001} 极完全；薄片具挠性。密度 2.35 g/cm³。具热电性。

为蛇纹岩或白云岩中的典型低温热液蚀变矿物。

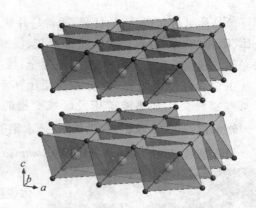

图 8-21 水镁石的晶体结构

8.3.2 三水铝石族

本族矿物包括 Al(OH)₃ 的三个同质多像变体。自然界中以单斜晶系的三水铝石分布最广。其晶体结构属层状，与水镁石结构相似，但由于 Al³⁺ 比 Mg²⁺ 的价态高，三水铝石中 OH⁻ 组成的八面体空隙只有 2/3 被充填，因此其对称程度降低。此外在相邻的两个八面体层中，上层底面的 OH⁻ 与下层顶面的 OH⁻ 在水镁石中相互错开，而在三水铝石中上下相对重叠。三水铝石同样具有片状形态、低硬度和一组极完全解理。

三水铝石 Gibbsite Al(OH)₃

单斜晶系，对称型 $2/m$，空间群 $P2_1/n$；$a_0=0.864$ nm，$b_0=0.507$ nm，$c_0=0.972$ nm，$\beta=94°34'$；$Z=8$。

单晶体呈假六方形鳞片状，常呈放射纤维状、鳞片状、皮壳状或各种隐晶胶态形状的集合体，主要呈细晶质或胶态非晶质。白色，因含杂质常带灰、浅绿和浅褐色；玻璃光泽，解理面珍珠光泽，集合体和隐晶质光泽暗淡；透明至半透明。硬度 2.5～3；解理平行 {001} 极完全。密度 2.30～2.43 g/cm³。

主要产于表生条件下，是长石等含铝硅酸盐矿物分解和水解的产物，形成于热带风化作用过程中。部分见于低温热液脉中。区域变质过程中，三水铝石脱水可变成一水软铝石、硬水铝石，进一步会变成刚玉。

通常所谓的铝土矿(bauxite)，实际上并不是一个矿物种，而是以极细的三水铝石、硬水铝石和(或)一水软铝石为主要组分，并含数量不等的高岭石、蛋白石、赤铁矿、针铁矿等杂质而组成的混合物。

8.3.3 硬水铝石族

本族矿物包括 AlO(OH) 的两个同质多像变体：硬水铝石 α-AlO(OH) 和一水软铝石 γ-AlO(OH)。

硬水铝石 Diaspore α-AlO(OH)

斜方晶系，对称型 mmm，空间群 $Pbnm$；$a_0=0.440$ nm，$b_0=0.939$ nm，$c_0=0.284$ nm；$Z=4$。

单晶体呈板状或柱状、针状,通常呈片状、鳞片状或隐晶质及胶态的豆状、鲕状、结核状集合体(图 8-22)。白色,因含杂质常带灰、浅绿、黄褐甚至红色;条痕白色;玻璃光泽,解理面珍珠光泽。硬度 6～7;解理平行{010}完全;性脆。密度 3.2～3.5 g/cm³。

主要为外生成因,广泛分布于铝土矿矿床中。其形成与铝的硅酸盐风化有关。偶见于某些接触交代和热液矿床及区域变质的片岩中。

软水铝石(一水软铝石、勃姆石、薄水铝矿) Boehmite γ-AlO(OH)

斜方晶系,对称型 mmm,空间群 $Amam$;$a_0 = 0.369$ nm,$b_0 = 1.224$ nm,$c_0 = 0.286$ nm;$Z = 4$。

单晶体一般呈细小片状、薄板状,通常呈隐晶质块体或胶态集合体分布于铝土矿中。白色或微黄色;玻璃光泽,隐晶质集合体光泽暗淡。硬度 3.5;解理平行{010}完全。密度 3.01～3.06 g/cm³。

主要为外生成因,分布于铝土矿矿床中,与三水铝石、硬水铝石、高岭石等共生。此外,也见于碱性伟晶岩裂隙中,为低温热液成因,系霞石蚀变的产物。

8.3.4 针铁矿族

本族矿物包括 FeO(OH) 的四个同质多像变体。其中以斜方晶系的针铁矿分布最广,纤铁矿较少见,而

图 8-22 放射状硬水铝石(4 cm,浙江)

另两个变体四方纤铁矿和六方纤铁矿则很罕见。

针铁矿 Goethite α-FeO(OH)

斜方晶系,对称型 mmm,空间群 $Pbnm$;$a_0 = 0.465$ nm,$b_0 = 1.002$ nm,$c_0 = 0.304$ nm;$Z = 4$。

单晶体呈针状、柱状或鳞片状,少见。常呈肾状、鲕状、钟乳状、结核状或土状集合体(图8-23)。褐黄至褐红色;条痕褐黄色;半金属光泽;隐晶和胶态集合体光泽暗淡。硬度5～5.5;解理平行{010}完全;参差状断口;性脆。密度 4～4.3 g/cm³,土状者可低至 3.3 g/cm³。

主要形成于外生条件下,为含铁矿物风化作用的产物,常分布在铜铁硫化物矿床的露头部分而构成所谓的"铁帽"(铁帽是寻找原生铜铁硫化物矿床的标志),或铁的氧化物于湖沼和泉水中直

图 8-23 纤维状针铁矿(6 cm,山东)

接沉淀而成,常与赤铁矿、锰的氧化物、方解石、粘土矿物伴生。内生成因的针铁矿形成于晚期低温热液作用阶段,与石英、菱铁矿等共生,但很少见。

通常所谓的褐铁矿(limonite),实际上并不是一个矿物种,而是以针铁矿或水针铁矿 α-FeO(OH)·nH₂O 为主要组分,并包含数量不等的纤铁矿、含水氧化硅、粘土等而组成的混合物。呈各种色调的褐色,条痕黄褐色,通常呈钟乳状、葡萄状、致密或疏松块状等产出,也常具黄铁矿假像。

纤铁矿　Lepidocrocite　γ-FeO(OH)

斜方晶系，对称型 mmm，空间群 $Amam$；$a_0 = 0.387$ nm，$b_0 = 1.215$ nm，$c_0 = 0.306$ nm；$Z = 4$。

单晶体呈片状，通常呈鳞片状、纤维状或块状集合体。暗红至红褐色；条痕橘红或砖红色；半金属光泽；纤维状集合体丝绢光泽。硬度 4～5；解理平行 {010} 完全，平行 {100} 和 {001} 中等。密度 4.09～4.10 g/cm³。

主要为外生成因，为含铁矿物风化作用的产物，常与针铁矿共生，但比针铁矿少见，是褐铁矿的组成成分之一。片状纤铁矿可以形成于热液作用。

8.3.5　硬锰矿族

硬锰矿一词有两种含义：一是作为一般术语，不是一个矿物种，而指一种细分散的多矿物集合体，成分上主要为含多种元素的锰的氧化物和氢氧化物，成分可用 $mMnO \cdot MnO_2 \cdot nH_2O$ 近似表示，往往具有胶态集合体的葡萄状、钟乳状、肾状等形态，硬度较低的土状集合体称锰土（wad）；二是指一种钡和锰的氢氧化物。这里描述后者。

硬锰矿　Psilomelane　$(Ba, H_2O)_2 Mn_5 O_{10}$

单斜晶系，对称型 $2/m$，空间群 $A2/m$；$a_0 = 0.956$ nm，$b_0 = 0.288$ nm，$c_0 = 1.385$ nm，$\beta = 92.5°$；$Z = 2$。

晶体罕见，通常呈葡萄状（图 8-24）、肾状、皮壳状、钟乳状、树枝状或土状集合体。灰黑至黑色；条痕褐黑至黑色；半金属光泽，土状者光泽暗淡；不透明。硬度 5～6。密度 4.71 g/cm³。

主要为外生成因，见于锰矿床的氧化带，由锰的碳酸盐或硅酸盐矿物风化而成，与软锰矿共生；也可在海相、湖相沉积层中呈团块状或结核状产出。

图 8-24　葡萄状硬锰矿（12 cm，湖南）

思　考　题

8-1　试比较氧化物与硫化物的成分（分别对比阴离子和阳离子的电价、半径、电负性、在氧化环境中的变化）、晶格类型、物理性质和成因特点。

8-2　简述氧化物及氢氧化物的主要化学成分、物理性质及成因产状。

8-3　试比较不同离子类型的氧化物和氢氧化物在物理性质上的差异。

8-4　氧化物矿物中的简单氧化物和复氧化物是否与硫化物矿物中的单硫化物和双硫化物分别相对应？为什么？

8-5　为什么砂矿中常有石英、磁铁矿、钛铁矿、金红石、锡石等氧化物，但很少见到硫化物矿物，即使硬度很大的黄铁矿、毒砂等，也难以出现在砂矿中？

8-6　简述刚玉的结构特征，并说明同属于刚玉型结构的赤铁矿和钛铁矿，与刚玉在物理性质或对称程度上有明显差异的原因。

8-7　说明赤铁矿的形态特征与其成因之间的关系。

8-8　TiO_2 的三个同质多像变体叫什么矿物？它们在形态特征上有何不同？

8-9　全面比较金红石和锡石的异同。

8-10 SiO_2 的同质多像变体有哪些？同质多像转变的条件是什么？

8-11 石英族矿物包括哪些矿物种？为何以 α-石英在自然界分布最广？石英族矿物比重较小，其原因何在？

8-12 燧石、碧玉、玛瑙、水晶、石髓（玉髓）、蛋白石和石英的关系如何？玛瑙和玉髓都是 SiO_2 的隐晶变种，为什么叫法不同？

8-13 α-石英的晶体上经常出现哪些单形？用什么英文符号来表示？左形和右形如何在单形上判断？α-石英的道芬双晶和巴西双晶如何区分？

8-14 钙钛矿的晶体结构特征及其在地幔矿物学中的意义。

8-15 举例说明"尖晶石结构"和"反尖晶石结构"。

8-16 以（钒）钛磁铁矿为例，说明类质同像的分解和矿物的裂开两个概念。

8-17 试根据水镁石的成分和结构，分析其形态和物理性质特征。

8-18 比较水镁石和辉钼矿、三水铝石和刚玉的晶体结构的异同。

8-19 何谓细分散多矿物集合体？铝土矿、褐铁矿的矿物成分如何？为什么说铝土矿、褐铁矿不是矿物种的名称？

8-20 举例说明什么叫机械混合物和类质同像混晶。

8-21 褐铁矿即是一种混合物，为什么有时呈立方体晶形？这叫什么现象？

8-22 硬锰矿的集合体经常呈现什么形态？

8-23 请说出铬铁矿、磁铁矿、赤铁矿、褐铁矿及钛铁矿这五种矿物的主要区别、各自的产状及形成环境。

8-24 如何区别下列两组外观相似的矿物？（1）金红石和锡石；（2）黑钨矿与铁闪锌矿、磁铁矿、镜铁矿、铌铁矿。

8-25 黑钨矿是什么类质同像系列的中间成分，其两端员组分的矿物名称是什么？黑钨矿主要产于什么条件下？

9 硅酸盐矿物

9.1 概述

硅酸盐(silicates)**矿物**是指一系列金属阳离子与各种形式的硅酸根络阴离子化合而形成的含氧盐矿物。这是矿物学中最重要的一类,种类繁多,约占已发现矿物种数的 1/4;分布广泛,是组成岩石圈乃至其他已知天体(如火星、月球、陨石等)的最主要矿物,约占岩石圈总质量的 85%。

硅酸盐矿物理论和经济意义重大。除少部分如碳酸盐岩、可燃性有机岩等岩石外,本类矿物是三大岩类的主要造岩矿物;它们也是工业上所需的多种金属、非金属的矿物资源,如 Li、Be、Zr、Rb、Cs 等元素大部分从本类矿物中提取,而石棉、云母、滑石、沸石、蒙脱石等本身就是国民经济中用途广泛的重要矿物材料。此外,一些矿物还是珍贵的宝石材料,如翡翠(以硬玉为主的辉石族矿物)、祖母绿和海蓝宝石(绿柱石)、碧玺(电气石)等。

(1) 化学成分:组成本类矿物的阴离子主要是 SiO_4^{4-} 及其相互连接而成的一系列复杂络阴离子。一些矿物中还存在 OH^-、F^-、Cl^-、O^{2-}、SO_4^{2-} 等附加阴离子。水分子也在部分矿物中存在,如蒙脱石、埃洛石等层状结构矿物中的层间水、沸石族矿物中的沸石水、海泡石中的结晶水。

阳离子主要是惰性气体型离子和部分过渡型离子,如 K、Na、Li、Cs、Mg、Be、Al、Zr、Ti、Mn、Fe 等。铜型离子较少,它们主要出现在矿床氧化带形成的次生矿物中,如硅孔雀石(Cu)、异极矿(Zn)等。组成硅酸盐矿物的主要元素见表 9-1。

本类矿物成分中类质同像替代普遍而多样。常见的类质同像系列如橄榄石系列 Mg_2SiO_4-Fe_2SiO_4、斜长石系列 $NaAlSi_3O_8$-$CaAl_2Si_2O_8$ 以及石榴子石系列 $Mg_3Al_2[SiO_4]_3$-$Fe_3Al_2[SiO_4]_3$ 等。而像普通辉石、普通角闪石等矿物中还包含了多系列的类质同像替代。

(2) 晶体化学特征:硅酸盐矿物结构中的基本构造单位是 SiO_4^{4-} 配位四面体(图 9-1)。它在结构中可以孤立地存在,也可以通过共用四面体角顶的氧(该氧离子似一座桥梁连接两个四面体,特称为**桥氧**)而连接成多种复杂的络阴离子。这些络阴离子在很大程度上决定了矿物的性状,因此被称为**硅氧骨干**。根据 SiO_4^{4-} 四面体连接方式的不同,硅酸盐矿物结构中有五种主要的络阴离子类型,即五种主要硅氧骨干。

表 9-1　组成硅酸盐矿物的主要元素

IA																	0
1 H 1.008	IIA											IIIA	IVA	VA	VIA	VIIA	
3 Li 6.941	4 Be 9.012											5 B 10.811	6 C 12.011	7 N 14.007	8 O 15.999	9 F 18.998	
11 Na 22.99	12 Mg 24.305	IIIB	IVB	VB	VIB	VIIB		VIII		IB	IIB	13 Al 26.982	14 Si 28.086	15 P 30.974	16 S 32.066	17 Cl 35.453	
19 K 39.098	20 Ca 40.078	21 Sc 44.956	22 Ti 47.88	23 V 50.942	24 Cr 51.996	25 Mn 54.938	26 Fe 55.847	28 Ni 58.693	29 Cu 63.546	30 Zn 65.39				33 As 74.922			
37 Rb 85.468	38 Sr 87.620	39 Y 88.906	40 Zr 91.224	41 Nb 92.906									50 Sn 118.71	51 Sb 121.76			
55 Cs 132.91	56 Ba 137.33	57 La 138.91	72 Hf 179.49										82 Pb 207.2	83 Bi 208.98			

原子序数 —— H (1) 元素符号
相对原子质量 —— 1.01

| 镧系 | 58 Ce 140.12 | | | | | | | | | | | | | | | |
| 锕系 | 90 Th 232.04 | | 92 U 238.03 | | | | | | | | | | | | | |

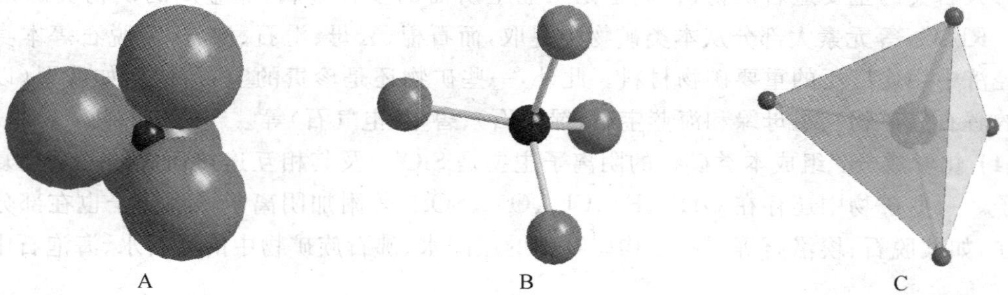

图 9-1　SiO_4^{4-} 硅氧配位四面体
A—以球体堆积形式表示；B—以球、杆模型表示；C—以配位四面体表示

● 岛状硅氧骨干：单个硅氧四面体或有限个硅氧四面体彼此连接成络阴离子团在结构中被其他阳离子分隔，犹如孤岛状孤立存在。常见的有孤立的单四面体 SiO_4^{4-}（图 9-1）和双四面体 $Si_2O_7^{6-}$（图 9-2），前者如锆石 $ZrSiO_4$，后者如异极矿 $Zn_4[Si_2O_7](OH)_2 \cdot H_2O$。单四面体和双四面体还可以在一个矿物结构中共存，构成两者的混合类型，如绿帘石 $Ca_2(Al, Fe)_3[SiO_4][Si_2O_7]O(OH)$。其他如三个四面体和五个四面体的岛状硅氧骨干则十分罕见，前者在铍黄长石（aminoffite）中发现，后者在氯黄晶（zunyite）中存在。

● 环状硅氧骨干：硅氧四面体以角顶相连形成封闭的环状（图 9-3）。按环中四面体的数目，有三联环 $Si_3O_9^{6-}$（如蓝锥矿，benitoite）、四联环 $Si_4O_{12}^{8-}$（如斧石，axinite）、六联环 $Si_6O_{18}^{12-}$（如绿柱石）、八联环 $Si_8O_{24}^{16-}$（如羟硅钡石，muirite）、九联环 $Si_9O_{27}^{18-}$（如异性石，eudialyte）等。

环之间还可以通过共用每个四面体的一个氧而形成重叠的双层环，如已发现的双层四联环 $Si_8O_{20}^{8-}$（如硅钙铀钍矿，ekanite）、双层六联环 $Si_{12}O_{30}^{12-}$（如铍钙大隅石，milarite）。其中最常见的是六联环。

● 链状硅氧骨干：硅氧四面体以角顶相连形成一维无限延伸的链状，有单链、双链、三链乃至多链之分。其中常见的为单链和双链。

单链中每个硅氧四面体以两个角顶分别与两侧相邻的两个硅氧四面体连接成一维无限延伸的链，其络阴离子可以用 $[Si_2O_6]_n^{4n-}$ 表示。根据硅氧四面体的重复周期和连接方式不同又可区分出不同形式链体，如辉石式单链 Si_2O_6、硅灰石式单链 Si_3O_9、蔷薇辉石式单链 Si_5O_{15} 等（图 9-4），这三种类型的单链，分别间隔一、二、四个硅氧四面体后才可重复。

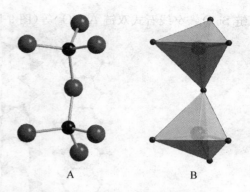

图 9-2 $Si_2O_7^{6-}$ 硅氧双四面体

A—以球、杆模型表示；B—以配位四面体表示

图 9-3 环状硅氧骨干

A—三联环；B—四联环；C—六联环

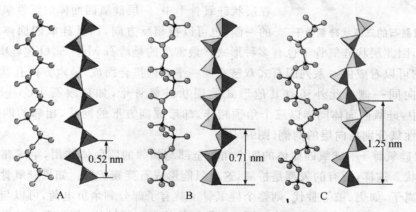

0.52 nm

0.71 nm

1.25 nm

图 9-4 单链状硅氧骨干

A—辉石式单链 Si_2O_6；B—硅灰石式单链 Si_3O_9；C—蔷薇辉石式单链 Si_5O_{15}

双链相当于两个单链通过共用一些硅氧四面体的角顶氧拼合而成，其络阴离子可以用 $[Si_4O_{11}]_n^{6n-}$ 表示。与单链类似，双链也有不同的形式，如透闪石式双链 Si_4O_{11}、硬硅钙石式双

链 Si_6O_{17}、夕线石式双链 $AlSiO_5$ 等（图 9-5）。

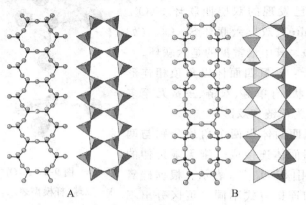

图 9-5　双链状硅氧骨干

A—透闪石式双链 Si_4O_{11}；B—硬硅钙石式双链 Si_6O_{17}

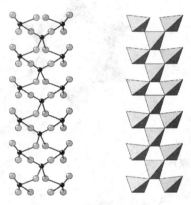

图 9-6　双晶石的三链状硅氧骨干

三条单链拼合则可以形成三链状硅氧骨干。独立的三链结构的矿物十分罕见，化学组成为 $NaBe[Si_3O_7]$ (OH) 的双晶石（eudidymite）就是三链结构矿物的实例（图 9-6）。

● **层状硅氧骨干**：硅氧四面体以三个角顶分别与相邻的三个硅氧四面体相连形成二维无限延展的层状，其硅氧骨干可以用 $[Si_4O_{10}]_n^{4n-}$ 表示。前已述及，连接两个四面体的氧为桥氧，由于其电价已饱和，也称"惰性氧"，而只与一个硅成键的氧则称为"活性氧"、"非桥氧"或"端氧"。在层状硅氧骨干中，一层硅氧四面体的活性氧可以指向层的一侧，也可以指相反方向，而且硅氧四面体的连接也可有不同方式，因此层状硅氧骨干也有多种形式。最常见的是滑石 $Mg_3[Si_4O_{10}]$ (OH) 型的层状硅氧骨干，它可以看成由一系列闪石式双链在同一平面内拼合而成，呈六方网孔状（图 9-7A），其活性氧指向同一侧。此外还有其他形式的层状硅氧骨干，如鱼眼石 $KCa_4[Si_4O_{10}]_2F \cdot 8H_2O$ 结构中，硅氧四面体同样以三个角顶相连，却形成四方形的网状，相邻的四方网中硅氧四面体的活性氧分别指向层的两侧（图9-7B）。

● **架状硅氧骨干**：硅氧四面体的四个角顶全部与相邻的四面体共用，组成在三维空间内伸展的骨架状。这样，所有的氧都是桥氧，这就只能形成石英族矿物。如果硅氧骨干中部分硅被低电价的离子，如铝、铍等替代，则整个硅氧骨干就有了部分剩余负电荷，可以与其他阳离子结合，形成具有架状硅氧骨干的矿物。图 9-8 是架状的方石英结构，其中部分的 Si 被 Al 替代后，便构成了架状的硅氧骨干。如果是铝替代硅，则硅氧骨干可以用 $[Al_xSi_{n-x}O_{2n}]^{x-}$ 表示，如钠长石 $NaAlSi_3O_8$、钙长石 $CaAl_2Si_2O_8$、白榴石 $KAlSi_2O_6$、方钠石 $Na_8[AlSiO_4]_6Cl_2$ 等，它们也称为铝硅酸盐矿物。

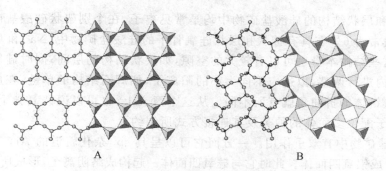

图 9-7　层状硅氧骨干
A—滑石式；B—鱼眼石式

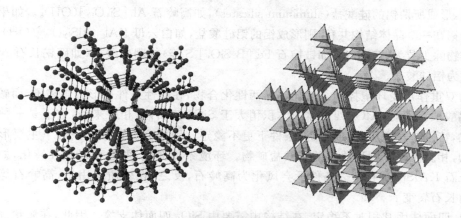

图 9-8　方英石中的架状硅氧骨干

　　需要指出的是，自然界的硅酸盐矿物中存在着上述硅氧骨干的过渡类型，如我国学者测定的葡萄石 $Ca_2Al[AlSi_3O_{10}](OH)_2$ 结构的硅氧骨干可以看成是层状骨干与架状骨干的过渡类型（图 9-9）。此外被称为"云辉闪石"（biopyribole）系的矿物已发现几种，在其结构中，单链、双链、三链和层状络阴离子共同存在，属于层链状的混合结构。

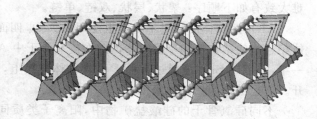

图 9-9　葡萄石的"架层状"硅氧骨干

　　由于硅酸盐矿物晶体结构中的硅氧骨干形式多样，其晶格有的开阔，有的紧密，同一晶格的不同方向上也有差异，同时，不同硅氧骨干的负电荷也明显不同。因而，就要求半径大小不等、电价高低不同的金属阳离子充填结构中的这些空隙、平衡电荷。总的说来，连接方式复杂的硅氧骨干（如架状），其矿物晶体结构开阔，空隙大，且剩余负电荷偏低，因此需要低电价、大半径的阳离子，如 K^+、Na^+、Ca^{2+}、Ba^{2+}、Rb^+、Cs^+ 等与之匹配，其阳离子配位数也较大，一般高于 6，常为 8，10，12。相反，岛状硅氧骨干，因其孤立的硅氧可以形成近似的紧密堆积且剩余电荷高，故与之结合的往往是半径较小、电价偏高的阳离子，典型的如 Zr^{4+}、Ti^{4+} 等，其配位数一般不高于 6。那些半径和电价属于中间状态的阳离子，如 Al^{3+}、Fe^{3+}、Fe^{2+}、Mg^{2+} 等，则适应范围较宽，在岛状、环状、链状和层状结构的硅酸盐矿物中均是常见离子,在个别架状硅酸盐矿物中也能见到,其配位数通常为 6。在具有链状和层状硅氧骨干的硅酸盐矿物中,Na^+ 和 Ca^{2+} 也经常出现,这是因为这些结构本身也可以有较大的空隙,如层状结构的层间;同时硅氧骨干自身还可在一定范围内进行调整,以适应不同大小的阳离子,如辉石结构的单链,在成分不同的辉石矿物种中,其链体的折曲角就有所不同。从这个意义上,也可以说硅氧骨干的具体形式,也受金属阳离子配位多面体的种类及其连接方式所制约。

铝在硅酸盐矿物中有双重作用。一方面它可以呈具 sp^3 杂化轨道的 Al^{3+} 替代硅氧四面体中的 Si^{4+},形成铝氧四面体。此时它与硅氧四面体一起构成络阴离子,形成所谓的铝硅酸盐(aluminosilicates),如钠长石 $NaAlSi_3O_8$。另一方面,它也可呈具 sp^3d^2 杂化轨道的 Al^{3+},与氧结合成六次配位的铝氧八面体,存在于硅氧骨干之外,起着和 Fe^{2+}、Mg^{2+} 等一般阳离子一样的作用,形成所谓铝的硅酸盐(aluminum silicates),如高岭石 $Al_4[Si_4O_{10}](OH)_8$。如果上述两种形式的铝在一个晶体结构共存,则形成铝的铝硅酸盐,如白云母 $KAl_2[AlSi_3O_{10}](OH)_2$。架状硅酸盐矿物除少数为铍硅酸盐(如铍榴石 $Fe_4[BeSiO_4]_3S$ 等)或硼硅酸盐(如硼钠长石 $NaBSi_3O_8$ 等)外,均为铝硅酸盐。

铝的双重作用受环境控制。氧化铝是两性化合物,在酸性条件下形成阳离子,而碱性条件下形成铝酸根。同时,AlO_4 四面体的体积稍大于 SiO_4 四面体,相对来说,它不是一种稳定的配位形式,特别是在高压和(或)低温条件下更不稳定。因此高温或碱性条件下主要形成铝硅酸盐矿物,相反条件下则形成铝的硅酸盐矿物。环境条件变化,两者可以相互转化,如花岗岩中的正长石 $KAlSi_3O_8$ 在地表条件下会风化为高岭石,反之,在变质作用中,高岭石等粘土矿物也会向长石转变。

AlO_4 四面体因其相对不稳定,在结构中需要由 SiO_4 四面体支撑。因此,在岛状硅酸盐结构中,AlO_4 难以存在,只有在具无限延伸的硅氧骨干(链、层、架)的结构中,Al 替代 Si 才有可能,而在架状硅酸盐矿物结构中,Al 替代 Si 又是必需的。不同硅氧骨干中,Al 替代 Si 由易到难大致有如下顺序:架状、层状、双链、单链。

AlO_4 四面体的相对不稳定也使两个 AlO_4 四面体不能直接相连,因为两个不稳定的多面体相连将使结构更加不稳定。因此在硅氧骨干中 Al 替代 Si 的数目不能超过 Si 和 Al 总数的一半,即 Al:Si 不能超过 1:1。在四面体连接上,AlO_4 四面体之间一定要有 SiO_4 四面体隔开。这也被称为**铝回避原则**。

不同硅氧骨干的硅酸盐矿物中,阳离子类质同像替代的范围有所不同。在岛状硅酸盐矿物中阳离子替代最广泛,半径相差很大的离子都可以互相取代,如 Ni^{2+}(0.068 nm)和 Ba^{2+}(0.144 nm)半径相差达 0.076 nm,却可以相互取代。而在链、层到架状结构的硅酸盐矿物中,离子替代范围逐渐缩小。这是因为在不破坏晶体结构的前提下,岛状硅氧骨干与阳离子配位多面体之间的调整适应最易实现。硅酸盐中常见的硅氧骨干结构类型及其特点见表 9-2。

(3) 形态和物理性质:硅酸盐矿物因其晶体结构和化学组成复杂多样,在形态和物理性质上也表现出各不相同的特征。和其他类矿物一样,光学性质主要取决于金属阳离子的性质和结构的紧密程度,而晶体习性和力学性质则主要决定于结构的键强和强键的取向。

表 9-2　硅酸盐中常见的硅氧骨干结构类型

结构类型	SiO_4^{4-} 共用 O^{2-} 数	形　状	络阴离子	Si：O	实　例
岛状	0	四面体	SiO_4^{4-}	1：4	镁橄榄石 Mg_2SiO_4 镁铝石榴石 $Al_2Mg_3[SiO_4]_3$
	1	双四面体	$Si_2O_7^{6-}$	2：7	硅钙石 $Ca_3Si_2O_7$
环状	2	三方环	$Si_3O_9^{6-}$	1：3	蓝锥矿 $BaTiSi_3O_9$
		四方环	$Si_4O_{12}^{8-}$	1：3	斧石 $Ca_2Al_2(Fe,Mn)[BO_3][Si_4O_{12}](OH)$
		六方环	$Si_6O_{18}^{12-}$	1：3	绿柱石 $Be_3Al_2Si_6O_{18}$
链状	2	单链	$Si_2O_6^{4-}$	1：3	透辉石 $CaMgSi_2O_6$
	2,3	双链	$Si_4O_{11}^{6-}$	4：11	透闪石 $Ca_2Mg_5[Si_4O_{11}]_2(OH)_2$
层状	3	平面层	$Si_4O_{10}^{4-}$	4：10	滑石 $Mg_3[Si_4O_{10}](OH)_2$
架状	4	骨架	SiO_2		石英 SiO_2
			$AlSi_3O_8^-$	1：2	钾长石 $KAlSi_3O_8$
			$AlSiO_4^-$		方钠石 $Na_8[AlSiO_4]_6Cl_2$

　　硅酸盐矿物的晶体形态主要取决于硅氧骨干的型式和其他阳离子配位多面体,特别是 AlO_6 八面体的连接。具岛状骨干的硅酸盐矿物常表现为三向等长的形态,如石榴子石、橄榄石的粒状。也有的岛状硅酸盐矿物会呈一向或二向延伸的习性,如红柱石、绿帘石的柱状,蓝晶石的板状。这就和其中 AlO_6 八面体的排列有关,在红柱石和绿帘石中,AlO_6 八面体分别沿 c 轴和 b 轴连成链状,而在蓝晶石中,AlO_6 八面体则平行于(100)成层排列。环状硅氧骨干的硅酸盐矿物多呈柱状形态,柱体延长方向垂直于环平面,这是因为垂直于环平面方向比平行于环平面方向上环与环之间的键力更强,如绿柱石、电气石。链状硅氧骨干的矿物为平行于链体的一向延伸习性,呈柱状、针状,甚至纤维状,如辉石、角闪石。层状硅氧骨干的矿物则为平行于结构层的二向延伸习性,呈片状或板状形态,如云母、绿泥石。少数层状结构硅酸盐矿物能表现出纤维状,如纤蛇纹石,这是由于其结构层卷曲成管状所致。架状硅氧骨干的矿物比较复杂,其形态主要取决于结构中 SiO_4 四面体和 AlO_4 四面体的连接方式,或架内化学键的分布。如沸石族矿物都是架状硅(铝)氧骨干,但骨架内有的某一方向连接力特强,有的在某一平面内连接力特强,有的则是各向键力较均匀的典型的架状,因此不同种的形态就差别很大,如钠沸石呈柱状,片沸石为片状,方沸石则为粒状。

　　硅酸盐矿物具共价键和离子键,一般具有离子晶格的特征。矿物一般为透明,玻璃光泽至金刚光泽,不出现半金属或金属光泽。颜色与所含阳离子种类有关,当含过渡型离子时,矿物往往呈色,甚至是深色,这在岛状、环状、链状、层状结构硅酸盐矿物是常见的。由于架状硅酸盐矿物基本不含过渡型离子,而主要是惰性气体型离子,如 K^+、Na^+、Ca^{2+} 等,因而多是无色或浅色。

　　硅酸盐矿物的解理明显与硅氧骨干的形式有关。具层状骨干者常出现平行层面的极完全解理,如云母、绿泥石。具链状骨干者表现为平行于链体的柱状解理,如辉石、角闪石。环状骨干者解理性差,但如果有,则或为柱状解理或为平行于环面的底面解理。岛状和架状结构的矿物要视结构中键力强弱的分布而定。如岛状硅酸盐矿物蓝晶石因结构中 AlO_6 八面体平行于 (100) 成层排列,具有 {100} 完全解理;架状硅酸盐矿物的长石族因其结构中平行于 a 轴和 c 轴有强键密集的链,因而发育 {001} 和 {010} 解理。

除层状结构者外,硅酸盐矿物的硬度一般较高。岛状硅酸盐矿物因其结构紧密,阳离子电荷较高,硬度最大,一般为 6～8;环状结构者硬度也很高;链状结构者稍低,在 5～6 之间;架状结构者虽然结构较疏松,但结构中仍是较强的共价键和离子键,硬度仍在 5～6 之间,只有沸石族矿物因含水分子,出现弱的氢键,其硬度低至 3.5～5 之间;层状结构硅酸盐矿物因层间以极弱的分子键或半径很大的低价阳离子联系着,故而硬度很低,如滑石、高岭石仅为 1 左右。

硅酸盐矿物的密度主要取决于结构的紧密程度以及主要阳离子的半径及相对原子质量。岛状结构硅酸盐矿物多呈紧密堆积,主要阳离子也是半径较小、相对原子质量偏大的阳离子,如 Zr^{4+}、Ti^{4+} 等,因此密度大,一般在 3.5 g/cm³ 以上。相反,架状结构硅酸盐矿物结构疏松,主要阳离子多半径大而相对原子质量小,如 K^+、Na^+、Ca^{2+},因此其密度低,一般不超过 3 g/cm³,如长石族矿物多在 2.8 g/cm³ 以下。那些介于上述两者之间的环状、链状及层状结构的硅酸盐矿物,其密度也介于其间,约在 3～3.5 g/cm³ 左右。

(4) 成因:总的说来,硅酸盐矿物可以形成于内生、外生和变质各种地质作用中,但各亚类的形成条件也有差异。绝大部分硅酸盐矿物形成于内生和变质作用过程中,但含层间水和沸石水的矿物也常常可以在外生作用中生成。

(5) 分类:硅酸盐矿物按硅氧骨干的类型分为五个亚类,即岛状结构硅酸盐矿物、环状结构硅酸盐矿物、链状结构硅酸盐矿物、层状结构硅酸盐矿物和架状结构硅酸盐矿物。

9.2 岛状结构硅酸盐矿物

岛状结构硅酸盐(nesosilicates)矿物的硅氧骨干主要是孤立的 SiO_4 单四面体和 Si_2O_7 双四面体,两者有时在一种矿物结构中共存,如绿帘石中。硅氧络阴离子间不直接相连,而是由其他阳离子联系起来。硅氧骨干中的 Si 基本不被或很少被 Al 替代。其他金属阳离子远比其他亚类复杂,除 Ca,Mg,Fe,Mn,Al 外,还有 Zr、Ti、Th、Co、Cr、Ni、Zn、Cu、稀土元素等,但其他亚类中常出现的 K、Na,在本亚类中很少出现。附加阴离子常见 O^{2-}、OH^-、F^-、Cl^- 等。岛状硅酸盐矿物的结构较紧密,其化学键以共价键(硅氧骨干内部)和离子键(硅氧骨干和其他阳离子之间)为主。

岛状结构硅酸盐矿物一般具有较完好的晶形。多呈无色或浅色,但当成分中含 Fe、Mn、Cr 等元素时,也表现出醒目的彩色;透明至半透明,玻璃光泽或金刚光泽;硬度大(一般 5.5 以上),相对密度(3 以上)和折射率都较大。

本亚类矿物在内生作用和变质作用中都可大量产出,但一般不形成于外生地质作用中。

9.2.1 锆石族

本族矿物包括锆石和钍石 $ThSiO_4$ 等。锆石的晶体结构(图 9-10)表现为孤立的 SiO_4^{4-} 四面体与 ZrO_8 变形配位立方体连接而成,硅氧四面体只与 ZrO_8 立方体相连,而 ZrO_8 立方体既与硅氧四面体共棱相连,还与相邻 ZrO_8 立方体共棱连接。

锆石(锆英石) Zircon ZrSiO₄

四方晶系,对称型 $4/mmm$,空间群 $I4_1/amd$;$a_0 = 0.653$ nm,$c_0 = 0.594$ nm;$Z = 4$。

一般以单晶体出现,呈带双锥的柱状(图 9-11)。

通常呈黄色至红棕色;灰色、绿色或无色者少见;金刚光泽,有时现油脂光泽;透明至半透明。硬度7.5;密度 $4.6 \sim 4.7$ g/cm³。当其中 Th、U 等放射性元素含量较高时,具放射性,并常引起非晶质化。

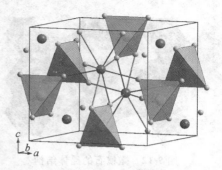

图 9-10 锆石的晶体结构

锆石是三大岩类中分布广泛的副矿物,尤以花岗岩、碱性岩及有关的伟晶岩中更为常见,有时可富集成矿。因其性质稳定,亦可富集于砂矿中。

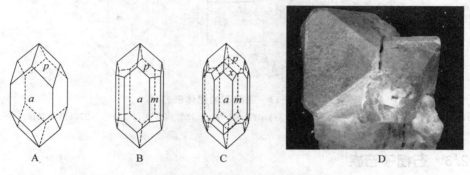

图 9-11 锆石的晶体形态

A～C—理想形态:$a\{100\}$、$m\{110\}$四方柱,$p\{111\}$四方双锥,$x\{311\}$复四方双锥;

D—实际形态(与歪长石共生,2.5 cm,新疆)

9.2.2 橄榄石族

本族矿物的化学式可用 X_2SiO_4 表示,其中 X 主要为 Mg^{2+}、Fe^{2+} 等,还可有 Mn^{2+}、Ni^{2+}、Co^{2+}、Zn^{2+} 等。最常见的 Mg^{2+} 和 Fe^{2+} 可以形成以镁橄榄石 Mg_2SiO_4(forsterite)和铁橄榄石 Fe_2SiO_4(fayalite)为两个端员组分的完全类质同像系列。其中间成员,即通常所称的最常见的橄榄石。

橄榄石的晶体结构(图 9-12)表现为孤立的 SiO_4^{4-} 由金属阳离子 Mg^{2+} 和 Fe^{2+} 联系起来;也可视为 O 作近似六方紧密堆积,Si 充填 1/8 四面体空隙,Mg 和 Fe 充填 1/2 八面体空隙。结构中各个方向键力相差不大。所以,橄榄石没有明显解理,破碎后呈粒状。

橄榄石 Olivine (Mg, Fe)₂SiO₄

斜方晶系,对称型 mmm,空间群 $Pbnm$;$a_0 = 0.476$ nm,$b_0 = 1.021$ nm,$c_0 = 0.598$ nm(镁橄榄石)或 $a_0 = 0.480$ nm,$b_0 = 1.059$ nm,$c_0 = 0.616$ nm(铁橄榄石);$Z = 4$。

单晶少见,呈短柱状或厚板状(图 9-13),一般呈粒状集合体。镁橄榄石为白色或浅黄、浅绿色,铁含量增高,绿色加深,常见者为黄绿或橄榄绿色;玻璃光泽。{010}解理不完全,断口次贝壳状;硬度 6.5～7;密度 3.3～3.4 g/cm³。

是基性、超基性火成岩的主要造岩矿物,地幔岩的主要组成矿物之一,也是构成石陨石的主要矿物之一。镁质碳酸盐岩经变质作用常出现镁橄榄石,酸性和碱性火山岩(如黑曜岩、流纹岩等)可见富铁的橄榄石。橄榄石受热液作用和风化作用易蚀变,常见产物为蛇纹石,也可为滑石,伊丁石,碳酸盐及铁、镁的氧化物和氢氧化物矿物等。

图 9-12　橄榄石的晶体结构
平行(100)面的投影

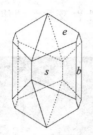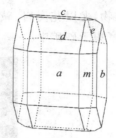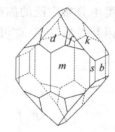

图 9-13　橄榄石的晶体形态

$a\{100\}$、$b\{010\}$、$c\{001\}$平行双面,$m\{110\}$、$d\{101\}$、$k\{021\}$、$s\{120\}$斜方柱、$e\{111\}$、$f\{232\}$斜方双锥

9.2.3　石榴子石族

本族矿物的一般化学式可用 $X_3Y_2[SiO_4]_3$ 表示,其中 X 代表二价阳离子,主要为 Ca^{2+}、Mg^{2+}、Fe^{2+}、Mn^{2+} 等;Y 代表三价阳离子,主要为 Al^{3+}、Fe^{3+}、Cr^{3+} 等,也可以有 Ti^{4+}、Zr^{4+} 等四价离子。Y 位阳离子之间因半径接近,容易产生类质同像替代,而 X 位阳离子中 Ca^{2+} 与 Mg^{2+}、Fe^{2+}、Mn^{2+} 的半径相差较大,难于发生置换,因此,通常将石榴子石族矿物分成如下两个系列:

钙系石榴子石包括钙铝榴石 $Ca_3Al_2[SiO_4]_3$(grossular)、钙铁榴石 $Ca_3Fe_2[SiO_4]_3$(andradite)、钙铬榴石 $Ca_3Cr_2[SiO_4]_3$(uvarovite)、钙钒榴石 $Ca_3V_2[SiO_4]_3$(goldmanite)、钙锆榴石 $Ca_3Zr_2[SiO_4]_3$(kimzeyite)等端员矿物。

铝系石榴子石包括镁铝榴石 $Mg_3Al_2[SiO_4]_3$(pyrope)、铁铝榴石 $Fe_3Al_2[SiO_4]_3$(almandite)、锰铝榴石 $Mn_3Al_2[SiO_4]_3$(spessartine)等端员矿物。

本族矿物类质同像广泛发育,除上述两个系列内部可有完全的置换,两个系列之间也有不完全的替代。自然界基本上无纯端员矿物存在,而都是上述若干端员矿物的类质同像混晶。此外,类质同像替代还形成一些变种,如钙铁榴石中含 Ti 较多时称黑榴石(melanite);含 TiO_2 达 4.60%～16.44%称钙

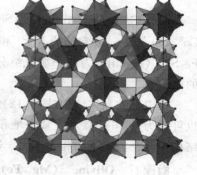

图 9-14　石榴子石的晶体结构

钛榴石（schorlomite）；钙铁榴石中含少量 Cr，颜色呈翠绿色者称翠榴石（demantoid）；钙铝榴石中含水（H_2O 可达 8.5%）时，称水钙铝榴石 $Ca_3 Al_2 [SiO_4]_{3-x} (OH)_{4x}$（hydrogrossular）。

　　本族矿物的晶体结构表现为孤立的硅氧四面体 SiO_4^{4-} 由 X 和 Y 位的金属阳离子联系，结构紧密。X 位的二价阳离子呈八次配位，形成畸变的配位立方体，Y 位阳离子则作六次配位，形成配位八面体（图 9-14）。

石榴子石　Garnet　$Ca_3 (Al, Fe, Cr, Ti, V, Zr)_2 [SiO_4]_3$（钙系）；$(Mg, Fe, Mn)_3 Al_2 [SiO_4]_3$（铝系）

等轴晶系，对称型 $m3m$，空间群 $Ia3d$；主要端员矿物晶胞参数见表 9-3；$Z=8$。

表 9-3　石榴子石族主要端员矿物的特征

端员矿物	晶胞参数 a_0/nm	主要颜色	相对密度	成因产状
镁铝榴石	1.1459	粉红-紫红	3.582	金伯利岩、玄武岩、橄榄岩、蛇纹岩、榴辉岩
铁铝榴石	1.1526	粉红、褐红、棕红	4.318	中级区域变质岩为主，次为伟晶岩
锰铝榴石	1.1621	粉红、暗红、褐	4.190	低级区域变质岩、锰矿床接触变质带、花岗伟晶岩
钙铝榴石	1.1851	黄白、黄褐、黄绿、红褐	3.594	矽卡岩、热液
钙铁榴石	1.2048	黄绿、褐黑	3.859	矽卡岩、热液
钙铬榴石	1.2000	翠绿、墨绿	3.90	超基性岩、矽卡岩
钙钒榴石	1.2035	翠绿、暗绿、棕绿	3.68	碱性岩、角岩
钙锆榴石	1.2460	暗棕	4.0	碱性岩、伟晶岩

　　一般呈三向等长的粒状形态，常见菱形十二面体、四角三八面体或两者构成的聚形（图 9-15）。集合体为粒状或致密块状。玻璃光泽，硬度 6.5～7；无解理，断口次贝壳状或参差状。其他物理性质及成因产状见表 9-3。

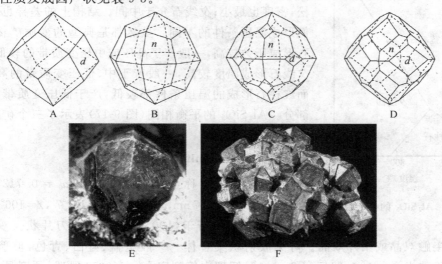

图 9-15　石榴子石的晶体形态
A～D—理想形态：$d\{110\}$ 菱形十二面体，$n\{211\}$ 四角三八面体；E—锰铝榴石（3 cm，新疆）；
F—钙铁榴石（13 cm，河北）

9.2.4 蓝晶石族

本族矿物包括化学成分为 Al_2SiO_5 的三个同质多像变体,即蓝晶石 $Al_2^{VI}[SiO_4]O$、红柱石 $Al^{VI}Al^{V}[SiO_4]O$ 和夕线石 $Al^{VI}[Al^{IV}SiO_5]$。其晶体结构的共同特征为硅与氧结合成孤立的硅氧四面体,半数的铝与氧结合成铝氧配位八面体。铝氧配位八面体彼此共棱,形成平行于 c 轴的链。另半数铝的配位情况完全不同。在蓝晶石中仍为六次配位,形成平行于 c 轴的铝氧配位八面体链;在夕线石中,则形成铝氧配位四面体,与硅氧四面体相间连接成链,并由这样的两条单链共角顶形成双链,因此按络阴离子类型,夕线石应属链状结构硅酸盐矿物。在红柱石中,另半数 Al 为特殊的五次配位,形成三方双锥形 AlO_5 配位多面体。晶体结构如图 9-16。

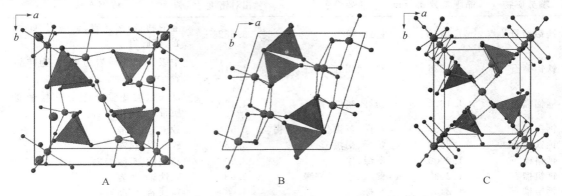

图 9-16　蓝晶石(A)、红柱石(B)和夕线石(C)的晶体结构

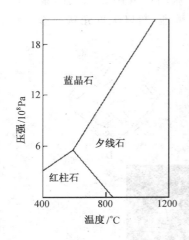

图 9-17　Al_2SiO_5 的平衡相图

这三种矿物中半数 Al 配位数的差异,表明其结构的紧密程度不同。蓝晶石结构最紧密,密度也最大;红柱石结构最松,密度也最小;夕线石介于中间。结构上的差异也反映了它们形成温压条件的不同。虽然都是典型的变质矿物,但蓝晶石形成压力较高,一般产于高压或中压变质带的较低温部分;夕线石形成温度较高,一般产于中、低压变质带的高温部分;而红柱石形成的温压条件都较低,产于低压变质带的较低温部分。Al_2SiO_5 的平衡相图(图 9-17)表示了三个矿物各自稳定的温压区域。

蓝晶石　Kyanite　$Al_2^{VI}[SiO_4]O$

三斜晶系,对称型 $\bar{1}$,空间群 $P\bar{1}$;$a_0 = 0.712$ nm,$b_0 = 0.785$ nm,$c_0 = 0.557$ nm,$\alpha = 89°59'$,$\beta = 101°7'$,$\gamma = 106°$;$Z = 4$。

晶体常呈平行于 {100} 的长板状或刀片状。双晶常见,呈简单的接触双晶或聚片双晶。可见放射状集合体。一般呈蓝、蓝白、青色,玻璃光泽,解理面可见珍珠光泽;{100} 解理完全,{010} 解理中等到完全;有 (001) 裂理;硬度具显著的异向性,又名二硬石:在 (100) 面上,平行 c 轴方向为 4.5~5.5,垂直 c 轴方向为 6.5~7.0。密度 3.53~3.64 g/cm³。

典型区域变质矿物之一,多由泥质岩变质而成,主要形成于中级变质作用压力较高的条件下,与十字石、铁铝榴石等矿物共生。

红柱石 Andalusite $Al^{VI}Al^{V}[SiO_4]O$

斜方晶系,对称型 mmm,空间群 $Pnnm$;$a_0 = 0.779\ nm$,$b_0 = 0.790\ nm$,$c_0 = 0.556\ nm$;$Z = 4$。

晶体呈柱状,横切面接近于正方形,类似四方柱。某些含定向排列的碳质等包裹体,在横截面上显黑十字形者称空晶石(chiastolite),如图9-18。集合体为粒状或放射状,后者因形似菊花,又名菊花石。常为灰白色或肉红色,玻璃光泽。{110}解理中等。硬度6.5~7.5;密度 $3.15\ g/cm^3$。

主要为变质成因,常见于接触热变质带的泥质岩石中,发生于热变质程度较低的情况下,在区域变质作用中,产于温压均较低的条件下,主要见于富铝的泥质片岩中。

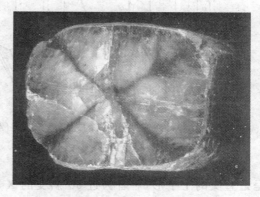

图 9-18 红柱石变种空晶石(3×2.2 cm,陕西)

夕线石 Sillimanite $Al^{VI}[Al^{IV}SiO_5]$

斜方晶系,对称型 mmm,空间群 $Pbnm$;$a_0 = 0.749\ nm$,$b_0 = 0.767\ nm$,$c_0 = 0.577\ nm$;$Z = 4$。

晶体呈针状和长柱状;一般呈放射状或纤维状集合体。通常呈灰白色,玻璃光泽。{010}解理完全。硬度 6.5~7;密度 $3.23~3.27\ g/cm^3$。

典型的变质矿物,产于高温接触变质及中高温区域变质的富铝泥质变质岩中,与白云母、刚玉、钾长石等共生。

9.2.5 黄玉族

黄玉(黄晶) Topaz $Al_2[SiO_4](F,OH)_2$

斜方晶系,对称型 mmm,空间群 $Pbnm$;$a_0 = 0.465\ nm$,$b_0 = 0.880\ nm$,$c_0 = 0.840\ nm$;$Z = 4$。

晶体常呈柱状(图 9-19),横截面菱形,柱面常见纵纹,集合体呈不规则粒状或块状。无色或呈淡黄、黄褐、淡蓝、淡红、淡绿等色,透明,玻璃光泽。{001}解理完全。硬度8;密度3.52~$3.57\ g/cm^3$。

典型的气成热液矿物,主要形成于高温并富挥发份环境下,见于花岗伟晶岩、云英岩、高温气成热液脉中;在高压区域变质的泥质岩(白片岩)及某些火山岩气孔中也有所产出。

9.2.6 十字石族

十字石 Staurolite $FeAl_4[SiO_4]_2O_2(OH)_2$

单斜晶系,对称型 $2/m$,空间群 $C2/m$;$a_0 = 0.782\ nm$,$b_0 = 1.662\ nm$,$c_0 = 0.565\ nm$,$\beta = 90°\pm3'$;$Z = 2$。

晶体呈短柱状,横截面菱形,常见以(031)或(231)为双晶面的特征贯穿双晶,前者双晶

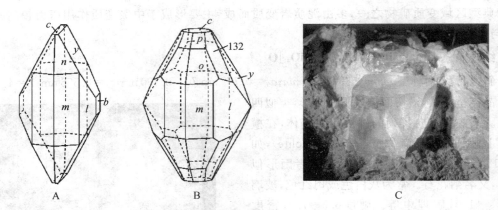

图 9-19　黄玉的理想晶体形态(A、B)和实际晶体形态(C,1.5cm,苏联)

$b\{010\}$、$c\{001\}$平行双面,$m\{110\}$、$l\{120\}$、$y\{021\}$斜方柱,$o\{111\}$、$n\{221\}$、$p\{223\}$斜方双锥

呈近直交的十字形,后者为近 60°斜交的 X 形(图 9-20)。集合体呈不规则粒状。红棕、黄褐至红褐色,玻璃光泽,风化后常暗淡无光或如土状。$\{010\}$解理中等。硬度 7~7.5;密度 3.74~3.83 g/cm³。

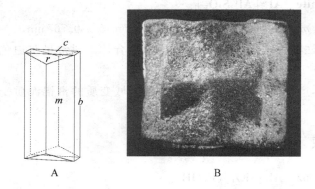

图 9-20　十字石的单体形态(A)和双晶(B,穿插双晶,3.5cm,法国)

$c\{001\}$、$b\{010\}$平行双面,$m\{110\}$、$r\{101\}$斜方柱

为含铁的泥质岩石中级区域变质的产物,与蓝晶石、铁铝榴石、白云母等共生,形成温压范围较窄,随温压变化可转变为硬绿泥石、夕线石、堇青石、红柱石、石榴子石等。偶见于接触变质岩石中。

9.2.7　榍石族

榍石　Sphene　CaTi[SiO₄]O

单斜晶系,对称型 $2/m$,空间群 $C2/c$;$a_0=0.656$ nm,$b_0=0.872$ nm,$c_0=0.744$ nm,$\beta=119°43'$;$Z=4$。

常见楔形横截面的扁平信封状晶体,可依(100)形成接触或贯穿双晶。集合体呈粒状、板状、柱状、针状等。蜜黄、褐、绿、灰或黑色,透明至半透明,金刚光泽、油脂光泽或树脂光泽。

{110}解理中等；具(211)裂开。硬度 5～6；密度 3.45～3.55 g/cm³。

作为副矿物广泛分布于各类火成岩，尤其是碱性、酸性、中性岩中，有时也见于矽卡岩及片岩、片麻岩中。伟晶岩，尤其是碱性伟晶岩中常有较大晶体产出。

9.2.8 异极矿族

异极矿是具有双四面体硅氧骨干的特征矿物。晶体结构总体为 Si_2O_7 双四面体和 ZnO_4 四面体以角顶相连形成的三维空间骨架(图 9-21A)。以角顶相连的四面体沿(010)面形成由六原子环(2Zn＋Si＋3O)构成的无限延伸的网层，网层内的 O 与两个 Zn 和一个 Si 相连，配位数为 3；四面体的另一个 O 介于两个网层之间搭桥，与两个 Zn 或两个 Si 相连，配位数为 2。网层与网层间形成沿 c 轴延伸的大孔道，并在 c＝0 和 1/2 处形成更大的空穴，水分子即占据该大空穴中心。当加热到 500℃时，水分子可以从空穴逸出，且不破坏晶体结构。结构中所有的硅氧四面体的顶端都朝向一方，使异极矿 c 轴两端的极性相反。

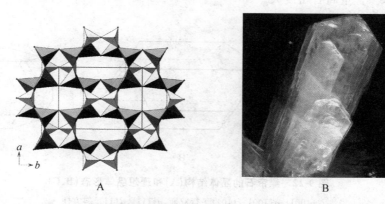

图 9-21　异极矿的晶体结构(A)和晶体形态(B，板状，2.5 cm，墨西哥)

异极矿　Hemimorphite　$Zn_4[Si_2O_7](OH)_2 \cdot H_2O$

斜方晶系，对称型 $mm2$，空间群 $Imm2$；a_0＝0.827 nm，b_0＝1.072 nm，c_0＝0.512 nm；Z＝2。

晶体较小，呈板状，并沿 c 轴方向呈异极象；可见依(001)形成的接触双晶(图 9-21B)。通常呈板粒状集合体及具放射状构造的皮壳状、肾状、钟乳状和土状集合体。无色，集合体呈白色，并带黄、褐、绿、蓝等色调；透明；玻璃光泽，解理面珍珠光泽。{110}解理完全。硬度 4～5；密度 3.40～3.50 g/cm³。晶体具焦电性。溶于酸并产生硅胶。

产于铅锌硫化物矿床氧化带，与菱锌矿、白铅矿和褐铁矿等共生。

9.2.9 绿帘石族

本族矿物化学式可用 $A_2B_3[SiO_4][Si_2O_7]O(OH)$ 表示。其中 A 主要为 Ca^{2+}，B 主要为 Al^{3+}、Fe^{3+}、Mn^{3+}。A 和 B 之间可以相互置换。主要矿物种有绿帘石、黝帘石、斜黝帘石、红帘石、褐帘石、穆硅钒钙石等，以绿帘石分布最广。其中黝帘石 $Ca_2Al_3[SiO_4][Si_2O_7]O(OH)$ 属斜方晶系，其余属单斜晶系。黝帘石与斜黝帘石是同质二像。绿帘石与斜黝帘石构成一个类质同像系列。斜黝帘石中的 Al^{3+} 逐步被 Fe^{3+} 替代，便向绿帘石过渡。褐帘石 $(Ca,Ce,Y)_2$

$(Al,Fe,Mg)_3[SiO_4][Si_2O_7]O(OH)$富含稀土元素,并具放射性。

本族矿物晶体结构的共同点是 B 位阳离子配位八面体共棱连接成沿 b 轴延伸的不同型式的链,链间以 Si_2O_7 双四面体和 SiO_4 四面体连接;A 位阳离子位于其间的大空隙中,呈八次配位。

本族矿物除褐帘石主要产于碱性和中酸性火成岩及伟晶岩外,其余主要产于富钙的变质岩、蚀变岩、热液脉及中酸性火成岩中。

绿帘石　Epidote　$Ca_2(Al,Fe)_3[SiO_4][Si_2O_7]O(OH)$

单斜晶系,对称型 $2/m$,空间群 $P2_1/m$;$a_0=0.898$ nm,$b_0=0.564$ nm,$c_0=1.022$ nm,$\beta=115°24'$;$Z=2$。晶体结构见图 9-22A。

晶体呈沿 b 轴延伸的柱状,柱面上有纵纹(图 9-22)。可依(100)或(001)成简单接触双晶或聚片双晶。集合体呈柱状、放射状、粒状或块状。多呈不同色调的绿色,颜色随 Fe^{3+} 含量增高而加深;也见灰、黄等色。玻璃光泽,透明。{001}解理完全。硬度 6～6.5,密度 3.38～3.49 g/cm^3,Fe^{3+} 含量高者密度大。

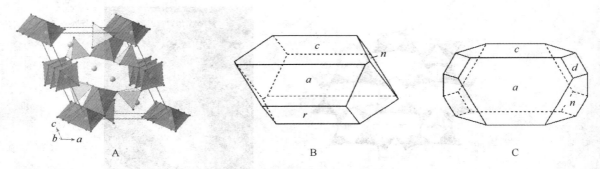

图 9-22　绿帘石的晶体结构(A)和理想晶体形态(B、C)
$c\{001\}$、$a\{100\}$、$r\{\overline{1}01\}$平行双面,$n\{11\overline{1}\}$、$d\{111\}$斜方柱

区域变质成因的绿帘石,主要形成于绿片岩相及绿帘角闪岩相条件下,与钠长石、阳起石、绿泥石构成特征的绿片岩相矿物组合或与奥长石、角闪石构成绿帘角闪岩相的特征组合;在接触交代成因的矽卡岩中,绿帘石往往由早期矽卡岩矿物如石榴子石、符山石等转变而成。绿帘石还是蚀变岩的常见产物,广泛分布于热液蚀变的各种火成岩,尤其是基性岩中。绿帘石也可以产于动力变质岩或直接由热液中结晶,产于晶洞、裂隙及基性岩的杏仁体中。

9.2.10　符山石族

符山石　Vesuvianite　$Ca_{10}(Mg,Fe)_2Al_4[SiO_4]_5[Si_2O_7]_2(OH,F)_4$

四方晶系,对称型 $4/mmm$,空间群 $P4/nnc$;$a_0=1.552$ nm,$c_0=1.179$ nm;$Z=4$。

晶体呈四方柱状、厚板状或粒状(图 9-23)。集合体呈致密块状、柱状、放射状、粒状或束状。颜色多样,常呈黄、褐、灰绿、绿色。玻璃光泽,透明。{001}和{100}解理不完全。硬度 6.5～7;密度 3.33～3.43 g/cm^3。

主要产于接触交代的钙矽卡岩中,与透辉石、石榴子石、硅灰石等共生,在霞石正长岩及区域变质岩中也有产出。

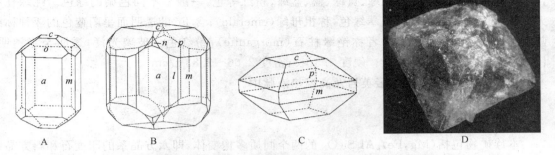

图 9-23　符山石的理想晶体形态(A～C)和实际形态(D,四方双锥+双面,3 cm,河北)

$c\{001\}$平行双面,$a\{100\}$、$m\{110\}$四方柱,$l\{210\}$复四方柱,$o\{101\}$、$p\{111\}$四方双锥,$n\{132\}$复四方双锥

9.3　环状结构硅酸盐矿物

常见的环状结构硅酸盐(cyclosilicates)矿物绿柱石、电气石、堇青石都具有六联环硅氧骨干。它们主要形成于伟晶作用、热液作用及变质作用中。

9.3.1　绿柱石族

绿柱石的晶体结构为硅氧四面体组成六联环,环平面垂直于 c 轴,上下叠置的六联环环绕 c 轴错开 25°。环与环之间由 Al^{3+} 和 Be^{2+} 连接。铍作四次配位,形成扭曲的铍氧四面体;铝作六次配位,形成铝氧八面体。环中心沿 c 轴方向有宽阔的孔道,大半径阳离子 K^+、Na^+、Rb^+、Cs^+ 及水分子存在于孔道中(图 9-24)。

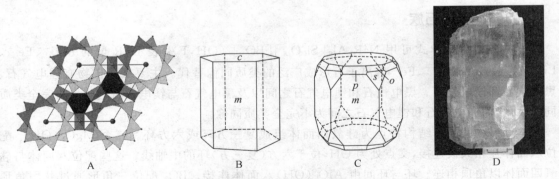

图 9-24　绿柱石的晶体结构垂直 c 轴的投影(A)、理想形态
(B、C)和实际形态(D,六方柱状,14 cm,新疆)

$c\{0001\}$平行双面,$m\{10\bar{1}0\}$六方柱,$p\{10\bar{1}1\}$、$s\{11\bar{2}1\}$、$o\{11\bar{2}2\}$六方双锥

绿柱石　Beryl　$Be_3Al_2Si_6O_{18}$

六方晶系,对称型 $6/mmm$,空间群 $P6/mcc$;$a_0=0.921$ nm,$c_0=0.917$ nm;$Z=2$。

晶体呈六方柱状(图 9-24),通常发育完整,柱面上有细纵纹,也见板状晶体(低温下)。集合体呈柱状或晶簇状。常见绿、黄绿、蓝、蓝绿、粉红等色，一般呈不同色调的绿色。纯绿柱石无色或白色；含 Cr 的亚种呈翠绿色，称祖母绿(emerald)；含 Fe 的透明而呈蔚蓝色的亚种称海蓝宝石(aquamarine)；含 Cs 者称铯绿柱石(morganite)，粉红色。玻璃光泽，透明至半透明。$\{0001\}$ 和 $\{10\bar{1}0\}$ 解理不完全。硬度 $7.5\sim8$；密度 $2.66\sim2.83\,g/cm^3$。

主要产于花岗伟晶岩、云英岩及高温热液脉中。

9.3.2　堇青石族

本族矿物包括 $(Mg,Fe)_2Al_4Si_5O_{18}$ 的两个同质多像变体，即六方晶系的印度石和斜方晶系的堇青石。晶体结构与绿柱石相似，区别在于绿柱石中的 Be 和 Al 在本族矿物中代之以 Al 和 (Mg,Fe)，同时为了补偿电价，六联环中的一个 Si 被 Al 置换。高温条件下，环中的铝氧四面体分布无序，形成六方对称的印度石；低温条件下，铝氧四面体分布有序，即铝氧四面体只能位于六联环中的特定位置，从而形成斜方对称的堇青石。

堇青石　Cordierite　$(Mg,Fe)_2Al_3[AlSi_5O_{18}]$

斜方晶系，对称型 mmm，空间群 $Cccm$；$a_0=1.707\sim1.713\,nm$，$b_0=0.973\sim0.980\,nm$，$c_0=0.929\sim0.935\,nm$；$Z=4$。

晶体呈柱状，少见，常见致密块状或不规则粒状集合体。无色，常带各种不同色调的浅蓝及蓝紫色，亦可见浅黄、浅褐色。透明至半透明；玻璃光泽，断口显油脂光泽。$\{010\}$ 解理中等，$\{100\}$、$\{001\}$ 解理不完全；贝壳状断口。硬度 $7\sim7.5$；密度 $2.53\sim2.78\,g/cm^3$。

主要产于泥质岩石的高温接触热变质及中高级区域变质条件下，见于角岩、片岩、片麻岩中。区域变质作用中，堇青石的首次出现是中级变质作用的标志，主要由绿泥石转变而来。堇青石在花岗岩及某些基性火成岩中也有产出。

9.3.3　电气石族

本族矿物的化学式可用 $NaR_3Al_6[Si_6O_{18}][BO_3]_3(OH,F)_4$ 表示，R 位的 Mg^{2+}、Fe^{2+}、Li^+、Al^{3+}、Mn^{2+}、Cr^{3+}、Fe^{3+} 等离子可形成广泛的类质同像替代。主要端员矿物有锂电气石、黑电气石和镁电气石。黑电气石和锂电气石之间以及黑电气石与镁电气石之间均为完全类质同像系列，而镁电气石和锂电气石之间为不完全类质同像。

本族矿物的晶体结构特点为硅氧四面体组成复三方环或六方环。三个 $MgO_4(OH)_2$ 配位八面体互相共棱连接，交点处为 OH，位于六方(复三方)环的中轴线。这些配位八面体与硅氧四面体以角顶相连。环与环间由 $AlO_5(OH)$ 八面体连接。BO_3 配位三角形通过共用角顶的 O 与 $MgO_4(OH)_2$ 和 $AlO_5(OH)$ 八面体连接。六方(复三方)环沿 c 轴螺旋排列，环上方的空隙处由大半径的 Na 占据(图 9-25A)。

锂电气石　Elbaite　$Na(Li,Al)_3Al_6[Si_6O_{18}][BO_3]_3(OH,F)_4$

黑电气石　Schorl　$NaFe_3Al_6[Si_6O_{18}][BO_3]_3(OH,F)_4$

镁电气石　Dravite　$NaMg_3Al_6[Si_6O_{18}][BO_3]_3(OH,F)_4$

三方晶系，对称型 $3m$，空间群 $R3m$；$a_0=1.584\,nm$，$c_0=0.710\,nm$(锂电气石)，或 $a_0=1.603\,nm$，$c_0=0.715\,nm$(黑电气石)，或 $a_0=1.594\,nm$，$c_0=0.722\,nm$(镁电气石)；$Z=3$。

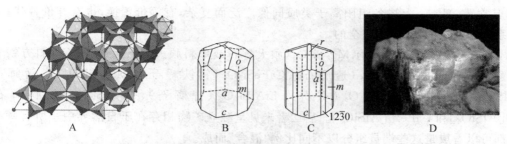

图 9-25　电气石的晶体结构(A)、理想晶体形态(B、C)和实际形态(D,2.5 cm,新疆)
$c\{000\bar{1}\}$ 单面，$a(11\bar{2}0)$ 六方柱，$m\{01\bar{1}0\}$ 三方柱，$r\{10\bar{1}1\}$、$o\{02\bar{2}1\}$ 三方单锥

　　晶体呈柱状或针状，柱面上常有纵纹，横断面呈弧线三角形(图 9-25B～D)。集合体呈棒状、放射状、束针状、纤维状，也见致密块状或隐晶质块体。颜色随成分不同变化大，黑电气石一般呈绿黑色至深黑色；锂电气石常呈玫瑰色、蓝色或绿色，也有呈无色者；镁电气石为无色、黄色至褐色。电气石常具色带现象，或在横截面上呈不同颜色的色环，或柱体两端颜色不同。玻璃光泽。无解理，参差状断口。硬度 7；密度 $3.03\sim 3.25\ g/cm^3$。具明显的压电性和焦电性。

　　在花岗伟晶岩、气化高温热液矿脉和云英岩中，形成黑电气石-锂电气石系列；在变质岩中，由交代作用形成的电气石属黑电气石-镁电气石系列。

9.4　链状结构硅酸盐矿物

　　链状结构硅酸盐(inosilicates)矿物的硅氧骨干类型以单链和双链为主，代表性矿物分别是辉石族和闪石族，三链及更多链的骨干类型在自然界十分罕见。本亚类矿物中，连接其链状硅氧骨干的其他金属阳离子主要是 K、Na、Ca、Li、Mg、Al 等惰性气体型离子和 Fe、Mn、Ti、Cr 等过渡型离子。双链矿物中还常见附加阴离子 OH^-、F^-、Cl^- 等。本亚类矿物的硅氧骨干中 Si 常被少量 Al 替代，一般替代量不超过 1/3，但也有少数替代量达 1/2 者，如矽线石(已在蓝晶石族中描述)。链状硅氧骨干一般彼此平行排列，并尽可能作紧密堆积。其化学键以共价键(硅氧骨干内部)和离子键(硅氧骨干和其他阳离子之间)为主。

　　本亚类矿物的链状硅氧骨干决定了其晶体形态一般为平行链体延伸方向的柱状、针状、纤维状等，并发育平行链体延伸方向的解理。矿物颜色与金属阳离子类型有关，含惰性气体型离子者一般为无色或浅色，而含过渡型离子者表现为深彩色。链状结构硅酸盐矿物一般具有较完好的晶形。

　　本亚类矿物形成于内生作用和变质作用。辉石族和闪石族矿物分布广泛，是火成岩和变质岩中的主要造岩矿物。

9.4.1　辉石族

　　作为重要的造岩矿物，辉石(pyroxene)族矿物广泛出现于中、基、超基性火成岩和许多变质岩中。

　　本族矿物的一般化学式可表示为 $XY[T_2O_6]$。其中 X 组阳离子为 Na^+、Ca^{2+}、Mg^{2+}、Fe^{2+}、Mn^{2+}、Li^+ 等，Y 组阳离子为 Mg^{2+}、Fe^{2+}、Mn^{2+}、Al^{3+}、Fe^{3+}、Cr^{3+}、Ti^{4+} 等，T 主要为

Si^{4+}，其次为 Al^{3+}。上述各组阳离子类质同像广泛而复杂，有等价置换，也有异价替代；类质同像系列有完全的，也有不完全的。

本族矿物端员组分主要有 $Mg_2Si_2O_6$（顽火辉石或单斜顽火辉石）、$Fe_2Si_2O_6$（斜方铁辉石或单斜铁辉石）、$CaMgSi_2O_6$（透辉石）、$CaFeSi_2O_6$（钙铁辉石）、$CaMnSi_2O_6$（钙锰辉石）、$NaAlSi_2O_6$（硬玉）、$NaFeSi_2O_6$（霓石）、$LiAlSi_2O_6$（锂辉石）、$NaCrSi_2O_6$（钠铬辉石）、$CaAl[AlSiO_6]$ 和 $CaFe^{3+}[AlSiO_6]$。后二者未见呈独立矿物相存在于自然界中。所有辉石组矿物都可以看成是这些端员组分以不同比例"混合"而成。

本族矿物的晶体结构中，硅氧四面体各以两个角顶与相邻的硅氧四面体连接，形成一维无限延伸的单链（图 9-26A），四面体中的硅可部分被铝替代，天然矿物中替代量一般不超过 1/3，合成辉石中可替代达 1/2。链与链之间由上述 X、Y 组金属离子连接。链体延长方向为 c 轴的方向，链上每两个硅氧四面体为一重复周期，记为 Si_2O_6，长度约 0.52 nm。在垂直 c 的平面上，辉石单链的投影状如梯形，两个单链活性氧相对，且夹着一个 M_1 八面体链，三者紧密相连成更大一级的链，由于形状如大写英文字母"I"，故称之为"I束（I-beam）"（图 9-26C）。一个"I束"中的 M_1 八面体可有两种取向：当 M_1 八面体的下方三角形尖端指向 c 轴正方向，则标以"+"，反之，如果指向 c 轴负方向，则标以"−"。"+"和"−"的八面体在（100）面上的方位差恰好是 180°。链与链之间有两种不同大小的空隙，小者就记为 M_1，为较小 Y 组阳离子占据，大者记为 M_2，由较大的 X 组阳离子充填。M_1 的配位多面体接近于正八面体，它们相互共棱，又以角顶与硅氧四面体链的非桥氧角顶相接。M_2 的配位多面体，形状很不规则，如果是 Mg^{2+}、Fe^{2+} 等占据时，为畸变的八面体配位，如果被 Ca^{2+}、Na^+、Li^+ 等较大离子占据时，则作八次配位（图 9-26B、D）。占据 M_1 和 M_2 晶位的离子种别和数量及形成时热力学条件不同，晶体所属

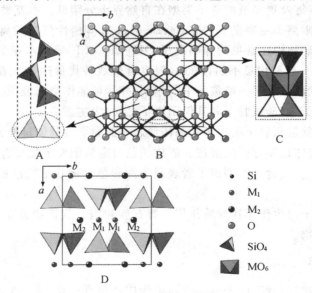

图 9-26 辉石族矿物的晶体结构
A—辉石单链硅氧骨干的侧视图和俯视图；B—辉石结构垂直 c 轴的投影；C—辉石结构中的"I束"；
D—辉石结构垂直 c 轴的投影，标记了阳离子位置

的空间群将有所变化。辉石族矿物的空间群有 $C2/c$、$P2_1/c$、$P2/n$、$Pbca$、$Pbcn$ 等几种类型。当 M_2 主要为 Mg^{2+}、Fe^{2+} 时，形成 $Pbca$ 和 $Pbcn$ 型结构；M_2 主要为 Mg^{2+}、Fe^{2+} 并含少量 Ca^{2+} 时，形成 $P2_1/c$ 和 $P2/n$ 型结构；M_2 主要为 Ca^{2+}、Na^+、Li^+ 时，一般形成 $C2/c$ 型结构。空间群与热力学条件的关系主要表现在同质多像转变上，如高温单斜顽火辉石（>980℃）空间群为 $C2/c$，而低温单斜顽火辉石（<980℃）空间群为 $P2_1/c$。

理想的 Si_2O_6 单链笔直延伸，即三个相邻桥氧的键角为 $180°$，称为 E 链。这种链只在合成的 $LiFeSi_2O_6$ 中存在。天然辉石中为了与不同大小和形状的阳离子配位多面体相匹配，链体中硅氧四面体将产生压缩、拉伸、旋转甚至畸变，因此表现为不太规则的曲折状链。

辉石族矿物的链状结构决定了其晶体为平行于链体延伸方向（c 轴）的柱状形态，横截面呈假正方或八边形，并发育平行于链体延伸方向的 {210} 或 {110} 解理，解理夹角为 $87°$ 和 $93°$，近于正交。这可从以 M_2 位置的弱键来解释，弱键绕过"I 束"而非穿过，如图 9-27 所示。

高温下形成的辉石族矿物固溶体，当温度降低到一定程度，会出现离溶结构。这在

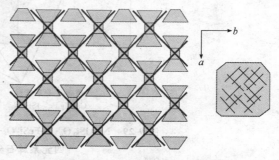

图 9-27　辉石族矿物的晶体结构与解理的关系

斜方辉石、易变辉石和普通辉石中很常见。出溶的客体（晶）在主晶中往往呈页片状在主晶辉石中规则平行排列，客晶仍以辉石族矿物为主，也见有其他硅酸盐和氧化物矿物。

按对称程度，本族矿物分属斜方和单斜两个晶系，因此进一步分出斜方辉石（orthopyroxene）亚族和单斜辉石（clinopyroxene）亚族。按化学成分，辉石族矿物可分成镁铁辉石组（包括顽火辉石、斜方铁辉石、易变辉石等）、钙辉石组（包括透辉石、钙铁辉石、普通辉石等）、钠辉石组（包括硬玉、霓石、钠铬辉石）和锂辉石组。1986 年国际矿物学会（IMA）新矿物及矿物命名委员会辉石小组提出了新的辉石分类命名法，建议废除一些原有的矿物种，如绿辉石，只保留了 20 个矿物种。但考虑到传统习惯，本书仍使用一些原有的矿物名称，如紫苏辉石等。辉石族矿物的分类命名图解见图 9-28 和 9-29。

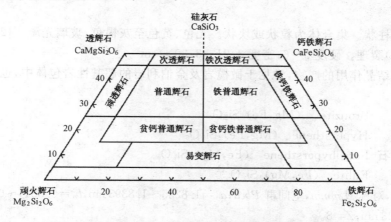

图 9-28　$CaSiO_3$-$MgSiO_3$-$FeSiO_3$ 三元系辉石分类命名图解

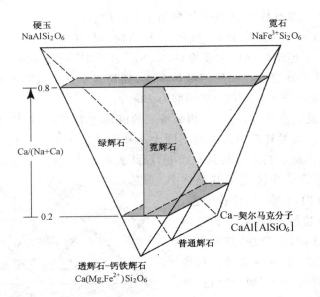

图 9-29 $NaAlSi_2O_6$-$NaFeSi_2O_6$-$Ca(Mg,Fe)Si_2O_6$-$CaAl[AlSiO_6]$
四元系辉石分类命名图解

9.4.1.1   斜方辉石亚族

本亚族矿物是由顽火辉石（En）和斜方铁辉石（Fs）两个端员组分构成的完全类质同像系列。按端员组分的不同量比，划分为六个矿物种，即顽火辉石（$En_{100\sim90}$ $Fs_{0\sim10}$）、古铜辉石（$En_{90\sim70}$ $Fs_{10\sim30}$）、紫苏辉石（$En_{70\sim50}$ $Fs_{30\sim50}$）、铁紫苏辉石（$En_{50\sim30}$ $Fs_{50\sim70}$）、尤莱辉石（$En_{30\sim10}$ $Fs_{70\sim90}$）和斜方铁辉石（$En_{10\sim0}$ $Fs_{90\sim100}$）。按国际矿物学会新矿物及矿物命名委员会辉石小组 1986 年提出的新分类命名方案，本亚族只保留两个矿物种，即 En 分子大于 50% 者均为顽火辉石，而 Fs 分子大于 50% 则均属斜方铁辉石。考虑到传统应用习惯，这里仍按原分类方案描述矿物种。

顽火辉石   Enstatite $Mg_2Si_2O_6$

斜方晶系，对称型 *mmm*，空间群 *Pbca*；$a_0=1.8223$ nm，$b_0=0.8815$ nm，$c_0=0.5169$ nm；$Z=8$。

晶体呈短柱状。集合体为粒状或块状。无色、黄色至灰褐色，玻璃光泽。{210}解理完全，具(100)、(001)裂理。硬度 5～6；密度 3.21～3.30 g/cm³。

基性岩浆结晶作用的产物，常见于橄榄岩及金伯利岩的超基性岩包体中，也是超基性变粒岩的典型矿物。

古铜辉石   Bronzite $(Mg,Fe)_2Si_2O_6$

紫苏辉石   Hypersthene $(Mg,Fe)_2Si_2O_6$

铁紫苏辉石   Ferrohypersthene $(Fe,Mg)_2Si_2O_6$

尤莱辉石   Eulite $(Fe,Mg)_2Si_2O_6$

斜方晶系，对称型 *mmm*，空间群 *Pbca*；$a_0=1.8235\sim1.8393$ nm，$b_0=0.8841\sim0.9045$ nm，$c_0=0.5187\sim0.5233$ nm；$Z=8$。

晶体呈短柱状，离溶结构极为常见。集合体为粒状或块状。古铜辉石为特征的古铜色，紫苏辉石为灰绿色,铁紫苏辉石为绿、绿褐色,尤莱辉石为暗绿色;条痕无色至浅绿、绿色;玻璃光泽。{210}解理完全。硬度5～6;密度3.30～3.87 g/cm³。

产于火成岩和变质岩中。古铜辉石主要产于橄榄岩、苏长岩、变粒岩中;紫苏辉石可见于安山岩、苏长岩、角闪岩、变粒岩、片麻岩、麻粒岩中;铁紫苏辉石主要产于苏长岩、片麻岩中;尤莱辉石主要产于粗玄岩、花岗岩、榴辉铁橄岩中。

斜方铁辉石　Orthoferrosilite　$Fe_2Si_2O_6$

斜方晶系,对称型 mmm,空间群 $Pbca$;$a_0 = 1.8431$ nm,$b_0 = 0.9080$ nm,$c_0 = 0.5238$ nm;$Z=8$。

晶体呈短柱状。集合体为粒状或块状。绿色至墨绿色;条痕绿色;玻璃光泽。{210}解理完全。硬度5～6;密度3.87～3.96 g/cm³。

见于榴辉铁橄岩中,与铁橄榄石、钙铁辉石、铁闪石或铁铝榴石共生;也见于富铁的接触变质岩中。

9.4.1.2　单斜辉石亚族

钙辉石组、钠辉石组和锂辉石组由于 M_2 位置由大半径的 Ca、Na、Li 等占据,使晶体对称程度降低为单斜晶系,都划归单斜辉石亚族。其间类质同像广泛,钙辉石组的透辉石和钙铁辉石构成完全类质同像系列,钠辉石组和钙辉石组也能形成类质同像替代,形成如霓辉石(aegirine-augite)$(Na,Ca)(Fe^{3+},Fe^{2+},Mg,Al)Si_2O_6$ 等矿物。图9-30为几种常见单斜辉石矿物的晶体形态。

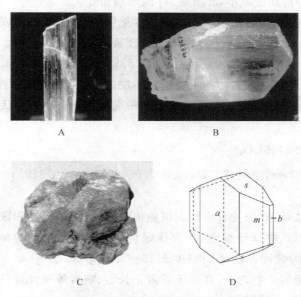

图 9-30　单斜辉石和蔷薇辉石的晶体形态

A—透辉石(3.3 cm,奥地利);B—锂辉石(6 cm,阿富汗);C—蔷薇辉石(12 cm,美国);D—普通辉石理想
形态:a{100}、b{010}平行双面,m{110}、s{011}斜方柱

透辉石　Diopside　$CaMgSi_2O_6$

单斜晶系,对称型 $2/m$,空间群 $C2/c$;$a_0 = 0.9746$ nm,$b_0 = 0.8899$ nm,$c_0 = 0.5251$ nm,$\beta =$

$105°37'$；$Z=4$。

晶体呈短柱状，横切面多呈正方形或截角的正方形。常见依(100)或(001)成接触双晶或聚片双晶。集合体致密块状、柱状或粒状。无色至浅绿色，玻璃光泽，{110}解理中等至完全，解理夹角$87°$；具(001)、(100)裂理。硬度$5.5\sim6.5$；密度$3.50\sim3.56$ g/cm³。

是矽卡岩的特征矿物之一，也是基性和超基性的火成岩和中高级区域变质岩和热变质岩中的常见矿物。含铬亚种铬透辉石(翠绿至深绿色)是金伯利岩的特征矿物。

钙铁辉石　Hedenbergite　CaFeSi₂O₆

单斜晶系，对称型 $2/m$，空间群 $C2/c$；$a_0=0.9845$ nm，$b_0=0.9024$ nm，$c_0=0.5245$ nm，$\beta=104°48'$；$Z=4$。

晶体呈短柱状，少见。常见致密块状或粒状集合体。深绿至墨绿色，氧化后呈褐色或褐黑色；条痕微具浅绿色；玻璃光泽。{110}解理中等至完全，解理夹角$87°$；有时具(001)、(100)裂理。硬度$5.5\sim6.5$；密度$3.22\sim3.38$ g/cm³。

矽卡岩的特征矿物之一，也见于受热变质作用的含铁沉积物中。

普通辉石　Augite　(Ca,Mg,Fe,Al,Ti)₂[(Si,Al)₂O₆]

单斜晶系，对称型 $2/m$，空间群 $C2/c$；$a_0=0.970\sim0.982$ nm，$b_0=0.889\sim0.903$ nm，$c_0=0.524\sim0.525$ nm，$\beta=105°\sim107°$；$Z=4$。因 Al 替代 Si 及六配位 Al 的存在，晶胞参数变化显著，一般 a_0，b_0 随 Al 的增加而减小，c_0，β 随 Al 的增加而变大。

晶体呈短柱状或粒状，横截面多呈八边形。常见依(001)、(100)所成的接触双晶和聚片双晶。集合体粒状、块状。绿黑或黑色，也见暗绿或(灰)褐色；玻璃光泽。{110}解理中等至完全，解理夹角$87°$；有时具(001)、(100)裂理。硬度$5.5\sim6$；密度$3.23\sim3.52$ g/cm³。

是火成岩，尤其是基性火成岩中的主要造岩矿物之一，见于各种基性、超基性侵入岩和火山岩及其凝灰岩中，与橄榄石、斜长石等共生。在中高级区域变质岩和接触变质的辉石角岩中也常见到。

霓石　Aegirine　NaFeSi₂O₆

单斜晶系，对称型 $2/m$，空间群 $C2/c$；$a_0=0.9658$ nm，$b_0=0.8795$ nm，$c_0=0.5294$ nm，$\beta=107°25'$；$Z=4$。

晶体呈针状或长柱状，柱面发育纵纹。可见依(100)的简单双晶和聚片双晶。集合体呈针状、柱状或放射状。暗绿、墨绿至黑色，条痕浅绿色；玻璃光泽。{110}解理中等至完全，夹角$87°$；有时有(001)、(100)裂理。硬度6；密度$3.55\sim3.60$ g/cm³。

是碱性火成岩的造岩矿物之一，常见于霓霞正长岩、响岩等碱性岩及其伟晶岩中，与霞石、正长石共生；也见于碱性变质岩中。

硬玉　Jadeite　NaAlSi₂O₆

单斜晶系，对称型 $2/m$，空间群 $C2/c$；$a_0=0.9418$ nm，$b_0=0.8562$ nm，$c_0=0.5219$ nm，$\beta=107°39'$；$Z=4$。硬玉结构见图 9-31。

单晶体少见，呈针状或板状。常以粒状、致密块状或纤维状集合体产出。纯硬玉无色或白色，常因含铬、铁、锰等杂质显绿色、灰绿色、浅蓝色、紫色或黄(红)棕色；玻璃光泽。{110}解理中等至完全,夹角 87°;集合体质地坚韧,常见刺状断口。硬度 6.5~7;密度 3.24~3.43 g/cm³。

产于碱性变质岩中,可作为高压变质作用的标志矿物;也见于碱性火成岩中,如作为翡翠的硬玉岩。

钠铬辉石 Ureyite NaCrSi₂O₆

单斜晶系,对称型 2/m,空间群 C2/c;$a_0 = 0.9612$ nm,$b_0 = 0.8770$ nm,$c_0 = 0.5279$ nm,$\beta = 107°25'$;$Z = 4$。

晶体呈针状或柱状,少见。通常呈块状、针状、放射状、纤维状集合体产出。暗绿、墨绿至黑绿色,条痕浅绿色;玻璃光泽。{110} 解理完全,夹角 87°。硬度 6.5~7;密度 3.51~3.55 g/cm³。

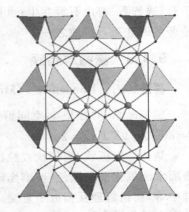

图 9-31　硬玉的晶体结构

主要产于铁陨石中。地壳中产出的钠铬辉石见于碱性火成岩和碱性变质岩中,主要分布于缅甸翡翠产区,与铬硬玉、碱性角闪石等共生。

锂辉石 Spodumene LiAlSi₂O₆

单斜晶系,对称型 2/m,空间群 C2/c;$a_0 = 0.9449$ nm,$b_0 = 0.8386$ nm,$c_0 = 0.5215$ nm,$\beta = 110°6'$;$Z = 4$。

晶体呈短柱状,柱面有纵纹。依(100)成接触双晶。集合体呈板柱状、棒状或致密块状。灰白色,有时带绿或紫色色调,含铬呈翠绿色的亚种称翠绿锂辉石,含锰呈紫色者称紫锂辉石。玻璃光泽,{110} 解理中等至完全;有时见(100)、(001)裂理。硬度 6.5~7;密度 3.03~3.23 g/cm³。

富锂花岗伟晶岩的特征矿物,与石英、微斜长石、钠长石、绿柱石、白云母等共生。我国新疆阿尔泰地区是其主要产地之一,曾发现重达 36.2 t 的晶体。

9.4.2　硅灰石族

硅灰石也是单链结构硅酸盐矿物,但其单链与辉石的单链不同,链上每三个硅氧四面体为一重复周期,因而不属于辉石族。它和蔷薇辉石同属于似辉石(pyroxenoid)矿物。似辉石矿物是指除辉石以外的其他单链硅酸盐矿物。

硅灰石 Wollastonite Ca₃Si₃O₉

三斜晶系,对称型 $\bar{1}$,空间群 $P\bar{1}$;$a_0 = 0.794$ nm,$b_0 = 0.732$ nm,$c_0 = 0.707$ nm,$\alpha = 90°2'$,$\beta = 95°22'$,$\gamma = 103°26'$;$Z = 2$。结构见图 9-32。

晶体呈片状、板状或针状。通常呈片状、放射状、纤维状或块状集合体。白色或灰白色,少数带浅红色调或呈肉红色;玻璃光泽,解理面可见珍珠光泽。{100} 解理完全,{001}、{$\bar{1}$02} 解理中等。硬度 4.5~5;密度 2.86~3.10 g/cm³。

典型的变质成因矿物。不纯灰岩的热变质产物,或产于接触交代作用的钙矽卡岩中,常与石榴

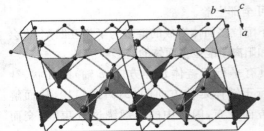

图 9-32　硅灰石的晶体结构

子石、透辉石、符山石等共生；也见于深变质的钙质片岩及某些碱性火山岩中。我国吉林磐石是著名的硅灰石产地之一。

9.4.3 蔷薇辉石族

蔷薇辉石 Rhodonite (Mn,Fe,Ca)$_5$Si$_5$O$_{15}$

三斜晶系，对称型 $\bar{1}$，空间群 $P\bar{1}$；$a_0 = 0.668\,\text{nm}$，$b_0 = 0.766\,\text{nm}$，$c_0 = 1.220\,\text{nm}$，$\alpha = 111°1'$，$\beta = 86°$，$\gamma = 93°2'$；$Z = 2$。

晶体呈厚板状、短柱状或粒状。通常呈粒状或致密块状集合体（见图 9-30C）。玫瑰红色，表面常因氧化而显黑色；玻璃光泽，解理面有时显珍珠光泽。{110}、{1$\bar{1}$0}解理完全，{001}解理中等，三组解理互相近于直交。硬度 5.5～6.5；密度 3.57～3.76 g/cm^3。

变质作用产物。沉积锰矿层经区域变质作用，或菱锰矿受接触交代作用均可形成蔷薇辉石；也见于某些低温热液矿床中。蔷薇辉石在表生条件下易氧化和水化，变成软锰矿、菱锰矿、水蔷薇辉石、硅锰矿或含锰蛇纹石等。

9.4.4 闪石族

闪石（amphibole）族矿物是双链结构硅酸盐矿物的代表，是火成岩和变质岩的主要造岩矿物之一，广泛分布于自然界大多数类型岩石中。

本族矿物的化学通式为 W$_{0～1}$X$_2$Y$_5$[T$_4$O$_{11}$]$_2$(OH,F)$_2$。其中 W 组阳离子主要为 Na$^+$、K$^+$、H$_3$O$^+$；X 组阳离子主要为 Ca^{2+}、Na$^+$、Mg^{2+}、Fe^{2+}、Mn^{2+}、Li$^+$ 等，Y 组阳离子主要为 Mg^{2+}、Fe^{2+}、Mn^{2+}、Al^{3+}、Fe^{3+}、Cr^{3+}、Ti^{4+} 等，T 主要为 Si^{4+}、Al^{3+}。各组阳离子类质同像十分普遍且复杂，可形成许多类质同像系列。

闪石族矿物晶体结构中的硅氧骨干可看成是两个辉石单链拼合而成的双链，链上四个硅氧四面体为一重复单位，记为 Si$_4$O$_{11}^{6-}$。双链沿 c 轴方向延伸。链与链之间由 W、X、Y 组金属阳离子连接。双链与双链之间有五种大小不同的空隙，分别以 M$_1$、M$_2$、M$_3$、M$_4$ 和 A 标记（图 9-33）。其中 M$_1$、M$_2$ 空隙最小，M$_3$ 空隙略大，这三种空隙被 Y 组阳离子占据，形成配位八面体，它们共棱相连组成平行 c 轴延伸的八面体链带。M$_2$ 配位八面体角顶全部是 O，而 M$_1$ 和 M$_3$ 配位八面体由 4O+2(OH)组成。M$_4$ 空隙相对较大，由 X 组阳离子充填。当充填 M$_4$ 空隙的是 Mn^{2+}、Fe^{2+} 和 Mg^{2+} 等小半径离子时，其配位多面体为畸变的八面体，仍为六配位；若 Ca^{2+} 和 Na$^+$ 等大半径离子占据其中，则作八次配位。W 阳离子位于底面相对的双链之间，并且恰好在 Si$_4$O$_{11}^{6-}$ 双链的"六方环"中心附近的宽大而连续的空隙上，它主要用来平衡电价，根据具体情况，即可全部被 Na$^+$、K$^+$、H$_3$O$^+$ 占据，也可全部空着。

闪石族矿物晶体结构中，Si$_4$O$_{11}^{6-}$ 双链与金属阳离子配位多面体组成的链带为了相互匹配，也会产生类似辉石晶体结构中的硅氧四面体的畸变、旋转和阳离子配位多面体的变形等情况。

闪石族矿物的晶体结构特征决定了本族矿物具有平行于链体延伸方向（c 轴）的柱状、针状甚至纤维状形态，横截面常呈六边形；均发育平行于链体延伸方向的{210}或{110}柱面解理，解理夹角为 124°和 56°。这是因为解理沿弱键方向分布，闪石中的弱键绕过"I 束"相交而成的角度（图 9-34）。

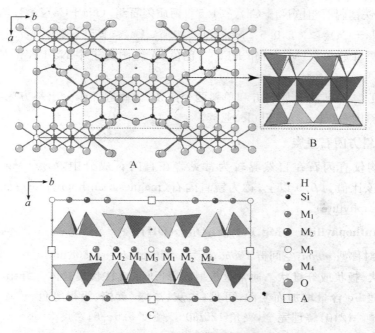

图 9-33　闪石族矿物的晶体结构

A—角闪石结构垂直 c 轴的投影；B—角闪石结构中的"I 束"；C—角闪石结构垂直
c 轴的投影，标记了阳离子位置

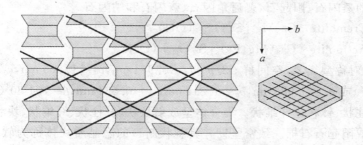

图 9-34　闪石族矿物的晶体结构与解理的关系

　　纤维状角闪石可形成闪石石棉。石棉（asbestos）是对耐火、具可劈分性和挠性的细纤维状矿物的统称。闪石石棉既具有许多优异的性能，也具有很强的细胞生物毒性，应用时需要谨慎。

　　闪石族矿物的化学组成和晶体结构都极为复杂，是已知矿物中最为复杂者之一。目前发现和确定的闪石族矿物种和亚种（或变种）已超过 100 种，分属 $Pnma$、$Pnmn$、$C2/m$、$P2/a$ 和 $P2_1/m$ 五个空间群，其中除 $Pnmn$ 目前只见于人工合成的锂镁闪石（原角闪石）外，其他自然界均有产出。面对如此众多的矿物，国际矿物学会（IMA）新矿物及矿物命名委员会闪石小组于 1977 和 1997 年先后两次提出了闪石分类命名法，以规范闪石族矿物的分类和名称。按最新的分类命名方案，首先根据闪石化学通式 X 组阳离子中 Na＋Ca 与 Na 的原子数把闪石分成四个组,即镁铁锰闪石组[$(Na+Ca)_x<1.5$]、钙质闪石组[$(Na+Ca)_x\geqslant1.5,Na_x<0.5$]、钠钙质闪石组[$(Na+Ca)_x\geqslant1.5,0.5<Na_x<1.5,0.5\leqslant Ca_x<1.5$]、钠质闪石组$(Na_x>1.5)$;然后各组闪石再按 Si 原子数、$Mg/(Mg+Fe^{2+})$ 比值、A 组阳离子中 Na+K 的原子数进一步分类命名。

按对称程度,本族矿物分属斜方和单斜两个晶系,因此进一步分出斜方闪石(orthoamphibole)亚族和单斜闪石(clinoamphibole)亚族。

9.4.4.1 斜方闪石亚族

本亚族矿物仅直闪石在自然界较为常见。在直闪石成分中,$Mg/(Mg+Fe^{2+})$ 比值为 $0.1\sim0.89$;若该比值为 0.9 以上,称为镁直闪石(magnesio-anthophyllite);低于 0.1,称铁直闪石(ferro-anthophyllite)。

直闪石 Anthophyllite $(Mg,Fe)_7[Si_4O_{11}]_2(OH)_2$

斜方晶系,对称型 mmm,空间群 $Pnma$;$a_0=1.856$ nm,$b_0=1.808$ nm,$c_0=0.528$ nm;$Z=4$。

晶体呈柱状、板状或纤维状。通常呈放射状、纤维状或柱状集合体。纤维状直闪石称直闪石石棉。颜色随 Fe 含量增加而变深,可见白、灰、淡绿、黄棕、绿褐等色;玻璃光泽,纤维状集合体显丝绢光泽。{210}解理完全,夹角125°30′。硬度 5.5~6;密度 2.86~3.28 g/cm³。

变质成因矿物,仅见于中级变质的结晶片岩中。

9.4.4.2 单斜闪石亚族

本亚族矿物种类较多,类质同像广泛,成分复杂,尤其普通角闪石成分最为复杂。这里主要描述最常见的透闪石、阳起石、普通角闪石、蓝闪石和钠闪石。

透闪石 Tremolite $Ca_2Mg_5[Si_4O_{11}]_2(OH)_2$

阳起石 Actinolite $Ca_2(Mg,Fe)_5[Si_4O_{11}]_2(OH)_2$

单斜晶系,对称型 $2/m$,空间群 $C2/m$;$a_0=0.984$ nm,$b_0=1.805$ nm,$c_0=0.5275$ nm,$\beta=104°42′$(透闪石)或 $a_0=0.986$ nm,$b_0=1.811$ nm,$c_0=0.534$ nm,$\beta=104°30′$(阳起石);$Z=2$。

晶体常呈柱状、针状或纤维状。集合体呈放射柱状、长柱状、纤维状、块状或粒状。呈纤维状者称透闪石或阳起石石棉。致密坚韧并具刺状断口的隐晶质块体称为软玉(nephrite)。透闪石为白色或灰白色;阳起石随铁含量增加,由浅绿至墨绿色。玻璃光泽,纤维状集合体显丝绢光泽。{110}解理中等至完全,夹角56°。硬度 5~6;密度随 Fe 含量增高而增大,在 3.02~3.44 g/cm³ 之间。

矽卡岩常见矿物之一,也常见于区域变质作用的大理岩、片岩中。阳起石是绿片岩相变质作用的特征矿物之一。热液蚀变过程也可以形成阳起石,并称为阳起石化作用。

普通角闪石 Hornblende $(Ca,Na)_{2\sim3}(Mg,Fe,Al)_5[Si_3(Si,Al)O_{11}]_2(OH,F)_2$

单斜晶系,对称型 $2/m$,空间群 $C2/m$;$a_0=0.979$ nm,$b_0=1.790$ nm,$c_0=0.528$ nm,$\beta=105°31′$;$Z=2$。

晶体常呈柱状,并具六边形横截面。依(100)成接触双晶(图 9-35)。集合体常呈细柱状、纤维状。浅绿至深绿或黑绿色;条痕白色略带浅绿色。玻璃光泽。{110}解理完全,夹角56°。硬度 5~6;密度 3.02~3.45 g/cm³,随 Fe 含量增高而增大。

主要造岩矿物之一，广泛分布于各类火成岩和变质岩中，尤其是中性火成岩，如闪长岩等；也在区域变质的角闪岩、角闪片岩、角闪片麻岩等岩石中大量存在。

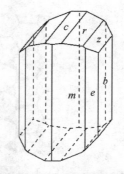

图 9-35　普通角闪石的晶体形态
$c\{001\}$、$b\{010\}$平行双面，$m\{110\}$、$e\{130\}$、$r\{011\}$、$z\{031\}$斜方柱

蓝闪石　Glaucophane　$Na_2Mg_3Al_2[Si_4O_{11}]_2(OH)_2$

单斜晶系，对称型 $2/m$，空间群 $C2/m$；$a_0=0.958$ nm，$b_0=1.780$ nm，$c_0=0.530$ nm，$\beta=103°48'$；$Z=2$。

晶体呈细长柱状。通常呈纤维状集合体。灰蓝、深蓝至蓝黑色；条痕浅蓝灰色。玻璃光泽或丝绢光泽。$\{110\}$解理完全，夹角 56°。硬度 $6\sim6.5$；密度 $3.03\sim3.30$ g/cm^3。

变质成因矿物，是低温高压变质作用的特征矿物之一。主要产于蓝片岩、云母片岩和榴辉岩中，常与硬柱石、绿纤石、绿帘石、绿泥石、白云母等矿物共生。

钠闪石　Riebeckite　$Na_2Fe_3^{2+}Fe_2^{3+}[Si_4O_{11}]_2(OH)_2$

单斜晶系，对称型 $2/m$，空间群 $C2/m$；$a_0=0.978$ nm，$b_0=1.808$ nm，$c_0=0.534$ nm，$\beta=103°30'$；$Z=2$。

晶体呈长柱状，柱面上有纵纹。通常呈纤维状、棒状或粒状集合体。呈纤维状者，称为青石棉(corcidolite)，商业上也称蓝石棉。黑色；条痕蓝灰色。玻璃光泽或丝绢光泽。$\{110\}$解理完全，夹角 56°。硬度 $5.5\sim6$；密度 $3.02\sim3.42$ g/cm^3。

产于碱性岩、碱性伟晶岩及钠质粗面岩等岩石中。青石棉主要由泥铁矿层受强烈剪切作用并发生钠质交代而形成。

9.5　层状结构硅酸盐矿物

层状结构硅酸盐(phyllosilicates)的硅氧骨干有多种类型，但自然界大多数层状硅酸盐矿物都具有滑石-叶蜡石型硅氧骨干。

滑石-叶蜡石型硅氧骨干为硅氧四面体彼此以三个角顶相连，在一个平面内构成二维延展的六方形硅氧四面体网层，称四面体片(tetrahedral sheet)，以字母 T 表示。相互共用的四面体底面氧位于同一平面内，为惰性氧。另一个顶端氧为活性氧，指向四面体片的同一侧，形成按六方网格排列的顶氧平面，羟基 OH 位于该六方网格中心，与顶氧处于同一平面内(图 9-36A)。

活性顶氧和羟基需要与四面体片外的其他阳离子结合，以达到电荷平衡，从而稳定存在。在层状结构硅酸盐矿物中，与这些活性顶氧和羟基结合的其他金属阳离子主要是 Mg^{2+}、Fe^{2+}、Al^{3+}、Fe^{3+}、Li^+ 等少数几种。它们呈六次配位，与氧和羟基形成配位八面体，彼此共棱相连形成八面体片(octahedral sheet)，以字母 O 表示(图 9-36B)。配位八面体均以一对三角形面平行于整个四面体和八面体片的平面排布。八面体片的上下两侧为氧和羟基或单纯羟基的原子面，它们形成等边三角形网格状。

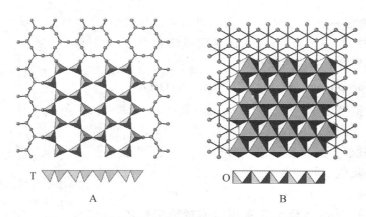

图 9-36　滑石-叶蜡石中的层状硅氧骨干
A—四面体片(T)及其投影;B—八面体片(O)及其投影

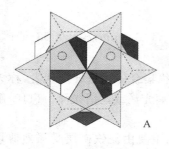

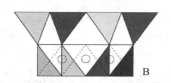

图 9-37　四面体片和八面体片的匹配
A—俯视图;B—侧视图。虚圆圈示
八面体中心阳离子位置

借助活性顶氧相联系的四面体片和八面体片,对应于四面体片顶氧的一个六方网格范围内有三个共棱相连的八面体(图 9-37),三个八面体的公共角顶,恰好是六方网格中心的附加阴离子 OH⁻。为了保持电价平衡,若二价阳离子进入八面体中心,需要三个八面体中心都被占据,这样的结构层称为三八面体层(trioctahedral layer);若三价离子充填这些位置,则只需两个八面体中心被占据即可,这样的结构层称为二八面体层(dioctahedral layer)。若二价离子和三价离子同时存在,便可形成过渡型结构层。

四面体片和八面体片通过共用活性顶氧而连接成基本结构单元层(layer)。这种单元层有两种基本类型:一种为 1:1 型或 TO 型,由一个四面体片和一个八面体片组成,如高岭石和蛇纹石中,其八面体片的一侧全部由羟基组成(图 9-38A);另一种为 2:1 型或 TOT 型,由两个活性氧相向的四面体片夹一个八面体片构成,如滑石和叶蜡石(图 9-38B)。注意:此时相向四面体片中的 SiO₄ 六方环上下并不相对,而是在水平方向错动了 1/3 个周期。

结构单元层在垂直网片方向上周期性堆垛相连,便构成了层状结构硅酸盐矿物的晶体结构。在结构单元层之间存在着较大的空隙,称为层间域。如果结构单元层内电荷已经平衡,则层间域内无其他阳离子存在,也很少吸附水分子或有机分子,结构单元层之间以微弱的分子键或氢键相维系,如高岭石、叶蜡石等(图 9-38A)。若结构单元层内还有多余的负电荷(特称为层电荷 layer charge,常常是由于 Al 替代 Si 而引起),就会导致层间域充填一定量的金属阳离子,如 K⁺、Na⁺、Ca²⁺ 等,同时还可以吸附一定量的水分子或有机分子,此时结构单元层之间即由比分子键和氢键更强的离子键联系,如云母、蒙脱石等。有时层间域还可以出现孤立的八面体片,相当于水镁石片或三水铝石片,以氢键与结构单元层联系,如绿泥石。图 9-38 表示了上述几种类型的层间域与结构单元层的关系。

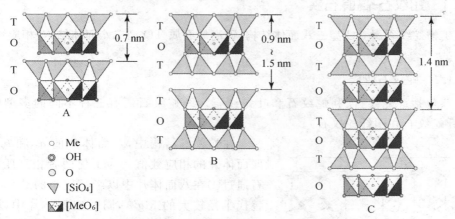

图 9-38 四面体片和八面体片的连接方式

A—1:1 或 TO 型层状硅酸盐:高岭石(二八面体)或蛇纹石(三八面体);B—2:1 或 TOT 型层状硅酸盐:
如果在层间域,(1) 无物质,则层周期 $c=0.9$ nm,如叶蜡石(二八面体)或滑石(三八面体),(2) 大阳离子,
如 K^+,则 $c=1.0$ nm,如白云母(二八面体)或金云母(三八面体),(3) 阳离子+水分子,则 $c=1.5$ nm,如蒙
脱石(二八面体)或蛭石(三八面体);C—2:1:1 或 TOT·O 型层状硅酸盐,如绿泥石族矿物

　　层间域内吸附的水分子,称为层间水。它可以"自由"出入而不破坏晶体结构,但会影响矿物晶胞参数(c_0)和物理性质,使晶格膨胀或收缩,并使矿物密度、折光率等改变。

　　除常见的滑石-叶蜡石型硅氧骨干外,层状结构硅酸盐矿物还有许多其他类型,如前述的鱼眼石硅氧骨干(参见图 9-7B),即硅氧四面体以三个角顶相连形成四方形的网状,相邻的四方网中硅氧四面体的活性氧分别指向层的两侧。

　　本亚类矿物由于结构单元层堆垛时的重复方式不同,常可使同一种矿物有不同的多型。多型是层状结构硅酸盐矿物中极为普遍的现象。不同多型间对称型、空间群、晶胞参数甚至晶系都可能不同。本书矿物种描述中,列出的都是该矿物中最常见多型的参数。

　　此外,由于结构层的相似性,在层状结构硅酸盐矿物中还可以出现不同结构单元层规则或不规则叠置的现象,形成所谓的混(间)层结构(mixed-layer structure)。对于规则的混合叠置,便成为一种新的独立矿物种,如累托石便是二八面体云母与二八面体蒙皂石 1:1 的规则混层矿物。

　　本亚类矿物特殊的层状结构决定了其形态和物理性质的独特性质。形态上,多呈假六方片状、板状或短柱状。物理性质上表现为硬度低,密度较小,一般有一组极完全{001}解理,解理面上可显珍珠光泽,薄片具弹性或挠性等。

　　粘土矿物(clay minerals)都是层状硅酸盐矿物。它们产于粘土和粘土岩中,颗粒细微(一般小于 2 μm),成分上主要为铝、镁、铁的含水硅酸盐。粘土矿物的细小颗粒(有些属于纳米级)、巨大比表面积以及存在特征的结构层间域等,使之具有吸附性、膨胀性、可塑性和离子交换等特殊性能。这些性能在材料和环境科学领域有广泛的用途。

　　层状结构硅酸盐矿物可以形成于各种地质作用中,但以表生作用更重要。它们都是地表条件下稳定存在的矿物,是土壤、粘土、页岩的主要组成部分。

9.5.1　蛇纹石-高岭石族

本族矿物蛇纹石属 TO 型三八面体结构,而高岭石属 TO 型二八面体结构,相应地划分为两个亚族。

9.5.1.1　蛇纹石亚族

本亚族包括纤蛇纹石、利蛇纹石和叶蛇纹石。纤蛇纹石还有三种不同的多型(斜纤蛇纹石、正纤蛇纹石和副纤蛇纹石)。

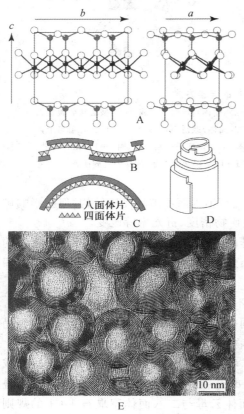

图 9-39　蛇纹石的晶体结构

A—利蛇纹石的晶体结构;B—叶蛇纹石 T-O 层反向接触并弯曲;C—纤蛇纹石 T-O 结构层的单向卷曲;D—卷曲强烈后形成管状形态;E—纤蛇纹石的 TEM 照片

在蛇纹石结构中,八面体片的 a_0 和 b_0 稍大于四面体片的相应数值。为了使两者相互匹配,蛇纹石通过①在八面体片中以半径较小的 Al^{3+}、Fe^{3+} 等替代半径较大的 Mg^{2+},同时四面体片中以半径较大的 Al^{3+}、Fe^{3+} 替代半径较小的 Si^{4+};②使八面体片和四面体片变形;③四面体片每隔若干个硅氧四面体反向相接并弯曲;④采取四面体片在内、八面体片在外的结构单元层卷曲(图 9-39)等四种基本方式来实现。上述四种方式可以单独或混合出现于一个矿物中。

基于上述方式,蛇纹石三种基本构造,形成三个矿物种,即板状构造的利蛇纹石、波状弯曲的叶蛇纹石和卷管状构造的纤蛇纹石(图 9-39)。

蛇纹石　Serpentine　$Mg_6[Si_4O_{10}](OH)_8$

单斜晶系,对称型 m 或 $2/m$,空间群 Cm 或 $C2/m$;$a_0=0.530\sim0.534$ nm,$b_0=0.920\sim0.925$ nm,$c_0=0.731\sim1.470$ nm,$\beta=90°\sim93°10'$;$Z=1$(利、叶蛇纹石)或 2(纤蛇纹石)。图9-39A表示了利蛇纹石的晶体结构。

单晶体极为罕见。一般呈显微叶片状、显微鳞片状、纤维状、致密块状集合体,或呈具凝胶体特征的肉冻状块体。纤维状的纤蛇纹石称蛇纹石石棉或温石棉(chrysotile asbestos)。黄绿、深绿、墨绿等各种色调的绿色,且常青、绿斑驳如蛇皮,也见白、灰、浅黄等色;油脂光泽或蜡状光泽,纤维状者呈丝绢光泽。除纤维状者外,{001}解理完全。硬度 2.5~3.5;密度 $2.2\sim3.6$ g/cm^3。温石棉抗张强度比闪石石棉高,但耐酸性不及闪石石棉。

主要是富镁的岩石如超基性岩(橄榄岩、辉石岩等)和白云岩,经热液交代而形成。这种作用称为蛇纹石化。

9.5.1.2　高岭石亚族

高岭石名称源自我国江西景德镇的高岭(山),因该地所产高岭石质地优良,在国内外久负盛名。

　　本亚族包括高岭石(1Tc)及迪开石(dickite)和珍珠石(nacrite),此外高岭石还有一 1M 多型。高岭石的结构与蛇纹石的类似,但由于含 Al^{3+} ,所以属于 1:1 型的二八面体结构,对称也降低为三斜。高岭石的结构见图 9-40。

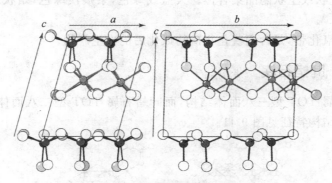

图 9-40　高岭石的晶体结构

高岭石　Kaolinite　$Al_4[Si_4O_{10}](OH)_8$

　　三斜晶系,对称型 1,空间群 $C1$; $a_0=0.5139$ nm, $b_0=0.8932$ nm, $c_0=0.7371$ nm, $\alpha=91°36'$, $\beta=104°48'$, $\gamma=89°54'$; $Z=1$ 。

　　晶体呈菱形片状和六方片状,电子显微镜下可见。通常为隐晶致密块状或土状集合体。纯者白色,因含杂质而染成深浅不同的黄、褐、红、绿、蓝的各种颜色;集合体蜡状或土状光泽。{001}解理完全。硬度 2;密度 $2.61\sim2.68\,g/cm^3$ 。具吸水性(有粘舌感)、可塑性,土状块体有粗糙感。

　　由长石、似长石等铝硅酸盐矿物风化或蚀变而成,有时可以形成规模巨大的矿床。高岭石是粘土矿物中分布最广的矿物,也是粘土中最主要的组分之一。我国盛产优质高岭石,著名产地有江西景德镇、河北唐山、福建福清、湖南醴陵、江苏羊山等地。

9.5.2　埃洛石族

　　本族矿物埃洛石,又名多水高岭石、叙永石(因四川叙永盛产该矿物)。其结构与高岭石相似,但结构单元层间多了水分子层,且单元层卷曲。卷曲的结构单元层四面体片在外,八面体片在内,与纤蛇纹石的卷曲正相反。硅孔雀石的结晶学特征以及各种参数均不详,有人归之于本族,也有人归之于蒙皂石族。

埃洛石　Halloysite　$Al_4[Si_4O_{10}](OH)_8\cdot4H_2O$

　　单斜晶系,对称型 m ,空间群 Cm ; $a_0=0.515$ nm, $b_0=0.89$ nm, $c_0=1.01\sim1.025$ nm, $\beta=100°12'$; $Z=1$ 。

　　致密块状、土状、粉末状集合体,或呈凝胶状、瓷状块体,干燥后,成尖棱状碎块。电子显微镜下可见卷管状、长棒状晶体。带各种色调的白色,土状或蜡状光泽。粘舌,具滑感,无膨胀性。集合体可见贝壳状断口。硬度 $1\sim2$;密度 $2.1\,g/cm^3$,失水后增至 $2.6\,g/cm^3$ 。失水者称变埃洛石(metahalloysite),与高岭石成同质多像。

主要产于表生酸性介质条件下,在风化壳和一些沉积岩层中产出,常与高岭石等共生。

硅孔雀石 Chrysocolla $(Cu_{2-x}Al_x)H_{2-x}[Si_2O_5](OH)_4 \cdot nH_2O$

呈皮壳状、钟乳状或土状隐晶集合体。天蓝或绿色,条痕浅绿色;蜡状或土状光泽。硬度2;密度 $2\sim2.4\,g/cm^3$。

产于含铜矿床氧化带,是含铜硫化物矿物风化后的次生产物。

9.5.3 滑石-叶蜡石族

本族矿物滑石属 TOT 型三八面体结构,而叶蜡石属 TOT 型二八面体结构,相应地划分两个亚族。其晶体结构特征见图 9-41。

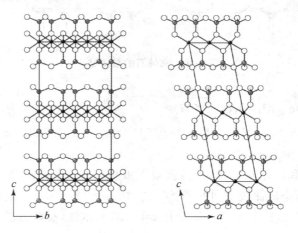

图 9-41 滑石的晶体结构

9.5.3.1 滑石亚族

滑石 Talc $Mg_3[Si_4O_{10}](OH)_2$

单斜晶系,对称型 $2/m$,空间群 $C2/c$;$a_0=0.527\,nm$,$b_0=0.912\,nm$,$c_0=1.855\,nm$,$\beta=100°$;$Z=4$。

偶见假六方或菱形的片状或板状晶体,通常呈致密块状、片状、鳞片状集合体。无色透明或白色,因含杂质可呈浅黄、粉红、浅绿、浅褐等颜色;玻璃光泽,解理面显珍珠光泽。{001}解理完全;致密块状集合体呈贝壳状断口。具滑腻感,薄片具挠性。硬度1;密度 $2.58\sim2.83\,g/cm^3$。耐火、绝缘性能好。

主要由热液蚀变和低温热变质作用形成。是富镁超基性岩、白云岩、白云质灰岩热液交代的产物,常具橄榄石、顽火辉石、透闪石等矿物的假像。低温热变质形成的滑石见于硅质白云岩中。我国辽宁盖县是世界著名优质滑石的重要产地。

9.5.3.2 叶蜡石亚族

叶蜡石有 2M 和 1Tc 两种多型,常见 2M 多型。此外还有一种无序结构的叶蜡石。

叶蜡石　**Pyrophyllite**　$Al_2[Si_4O_{10}](OH)_2$

单斜晶系，对称型 $2/m$，空间群 $C2/c$；$a_0=0.515$ nm，$b_0=0.892$ nm，$c_0=1.895$ nm，$\beta=99°55'$；$Z=4$。

单晶体罕见，通常呈叶片状、鳞片状或隐晶致密块状集合体。白色，或呈浅黄、浅绿、淡灰色；半透明；玻璃光泽，致密块体呈蜡状光泽，解理面显珍珠光泽。{001}解理完全；隐晶致密块体具贝壳状断口。具滑腻感，薄片具挠性。硬度1~2；密度2.65~2.90 g/cm³。

主要是富铝岩石热液作用的产物，由中酸性火山岩、凝灰岩或结晶片岩经热液蚀变而成。在某些富含铝的变质岩中亦有产出，由粘土矿物在高温下变质而成。

9.5.4　云母族

云母（mica）族矿物的化学成分可用通式 $XY_{2\sim3}[T_4O_{10}](OH)_2$ 表示。其中 X 主要是 K^+，其次为 Na^+；Y 主要为 Mg^{2+}、Fe^{2+}、Al^{3+}、Fe^{3+}、Li^+；T 主要是 Si^{4+} 和 Al^{3+}。

云母也是典型的 TOT 型结构，与滑石、叶蜡石结构不同的是，由于云母族矿物的硅氧四面体片中部分 Si^{4+} 被 Al^{3+} 置换，使结构单元层出现剩余负电荷，因此在其层间域出现 K^+ 或 Na^+ 平衡电价。层间阳离子 K^+ 或 Na^+ 位于硅氧四面体六方环的中轴线上，与上下各六个 O^{2-} 均能接触，其配位数为12。图9-42A是白云母的晶体结构。单元层与单元层之间以离子键相联系，强度相对较大。同时，当云母片受到应力作用时，与 K^+ 或 Na^+ 配位的12个 O^{2-} 所形成的配位多面体，能作适当的弹性形变，应力撤去后又能自行复原。

上述结构特征决定了本族矿物具有{001}的片状形态（图9-42），具{001}极完全解理，薄片具有显著弹性。

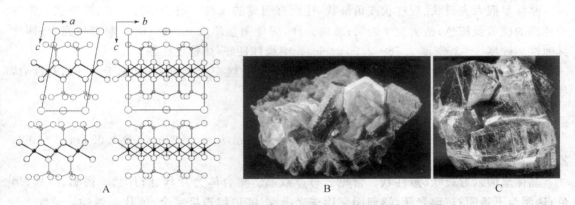

图9-42　云母的晶体结构和形态

A—云母的晶体结构（以金云母为例）；B—白云母形态（与毒砂共生，5 cm，江西）；C—黑云母形态（柱状，14 cm，新疆）

根据成分，本族矿物划分三个亚族，即白云母亚族、金云母亚族（包括金云母和黑云母）和锂云母亚族（包括锂云母和铁锂云母）。白云母亚族为二八面体结构，后两个亚族为三八面体结构。

本族矿物中已知的多型多达20种。自然界主要出现 1M、2M_1、2M_2 和 3T 多型。其中二八面体型结构中以 2M_1 多型居多，而三八面体型结构中以 1M 多型占优势。

9.5.4.1 白云母亚族

白云母 Muscovite KAl$_2$[AlSi$_3$O$_{10}$](OH)$_2$

单斜晶系,对称型 $2/m$,空间群 $C2/c$;$a_0=0.519$ nm,$b_0=0.900$ nm,$c_0=2.010$ nm,$\beta=95°42'$;$Z=4$。

晶体呈假六方柱状、板状、片状或鳞片状,柱面有明显的横纹。常见云母律接触双晶或贯穿三连晶。集合体为片状、鳞片状。极细的鳞片状集合体并呈丝绢光泽者,称为绢云母(sericite)。无色,或呈浅黄、浅绿等色;透明;玻璃光泽,解理面显珍珠光泽。{001}解理极完全;薄片具弹性。硬度 2~4;密度 2.75~3.10 g/cm^3。绝缘、隔热性能优良。

是广泛分布的造岩矿物之一,可形成于不同地质条件下。在酸性火成岩及伟晶岩中大量产出,是云英岩化和绢云母化围岩蚀变的主要产物;泥质岩石在中、低级区域变质过程中可以形成白云母或绢云母;风化破碎成细鳞片状白云母,既可以是沉积物中的碎屑,也可以是粘土矿物成分之一。白云母经强烈化学风化后,可形成伊利石(illite)。伊利石是广泛分布的粘土矿物之一,与白云母的区别在于其成分中 Si:Al>3:1,同时层间的 K$^+$ 也相应减少。

9.5.4.2 金云母亚族

本亚族包括金云母和铁云母 KFe$_3$[AlSi$_3$O$_{10}$](OH)$_2$(annite)组成的完全类质同像系列。黑云母是其中间成员。

金云母 Phlogopite KMg$_3$[AlSi$_3$O$_{10}$](OH)$_2$

单斜晶系,对称型 $2/m$,空间群 $C2/m$;$a_0=0.531$ nm,$b_0=0.920$ nm,$c_0=1.031$ nm,$\beta=99°54'$;$Z=2$。

晶体呈假六方板状、短柱状或角锥状,柱面有明显的横纹。集合体为片状、鳞片状。带各种色调的浅黄及棕色;透明至半透明;玻璃光泽,解理面显珍珠光泽。{001}解理极完全;薄片具弹性。硬度 2~3;密度 2.76~2.90 g/cm^3。绝缘性良好,热稳定性强。

以接触交代成因为主,主要产于白云质大理岩的接触交代岩石中;也见于一些超基性岩,如金伯利岩,以及伟晶岩中。

黑云母 Biotite K(Mg,Fe)$_3$[AlSi$_3$O$_{10}$](OH)$_2$

单斜晶系,对称型 $2/m$,空间群 $C2/m$;$a_0=0.531$ nm,$b_0=0.92$ nm,$c_0=1.02$ nm,$\beta=100°$;$Z=2$。

晶体呈假六方板状、短柱状。常见云母律双晶。集合体为片状、鳞片状。褐黑、绿黑、黑色;透明至不透明;玻璃光泽,解理面显珍珠光泽。{001}解理极完全;薄片具弹性。硬度 2~3;密度 3.02~3.12 g/cm^3。绝缘性差。

主要造岩矿物之一,广泛产出于各种侵入岩、伟晶岩、变质岩中。受热液作用可蚀变为绿泥石、绢云母等矿物;风化作用下分解为蛭石、高岭石。

9.5.4.3 锂云母亚族

本亚族云母以含锂为特征。其端员矿物锂云母一方面可以与二八面体的白云母形成类质同像系列,另一方面也可以与三八面体的铁云母形成类质同像系列。中间成分分别为锂白云母和铁锂云母。

锂云母　Lepidolite　$KLi_{2-x}Al_{1+x}[Al_{2x}Si_{4-2x}O_{10}](F,OH)_2\ (x=0\sim0.5)$

单斜晶系,对称型 $2/m$,空间群 $C2/m$;$a_0=0.520$ nm,$b_0=0.900$ nm,$c_0=1.006$ nm,$\beta=100°$;$Z=2$。

晶体呈假六方形,完好晶体少见。可见云母律双晶。常呈片状、细小鳞片状集合体,故又名鳞云母,偶见球状集合体。粉红色、浅紫色,有时为白色;透明;玻璃光泽,解理面显珍珠光泽。{001}解理极完全;薄片具弹性。硬度 $2\sim3$;密度 $2.8\sim2.9$ g/cm³。

产于花岗伟晶岩及与花岗岩有关的高温气成热液矿床中,与白云母、锂辉石、电气石、黄玉、钠长石、黑钨矿、石英等共生。

铁锂云母　Zinnwaldite　$K(Li,Fe,Al)_3[(Si,Al)_4O_{10}](F,OH)_2$

单斜晶系,对称型 2,空间群 C2;$a_0=0.5296$ nm,$b_0=0.9140$ nm,$c_0=1.0096$ nm,$\beta=100°5'$;$Z=2$。

晶体呈假六方板状,集合体呈片状、鳞片状。灰褐、黄褐色,有时为暗绿、浅绿色;透明;玻璃光泽,解理面显珍珠光泽。{001}解理极完全;薄片具弹性。硬度 $2\sim3$;密度 $2.90\sim3.02$ g/cm³。

常作为一种高温气成矿物产于含锡石和黄玉的伟晶岩及云英岩中,与黑钨矿、锡石、黄玉、锂云母、石英等共生。我国华南南岭地区的钨锡矿床中常有铁锂云母产出。

9.5.5　蒙脱石-蒙皂石族

本族矿物的晶体结构属于 TOT 型,与滑石、叶蜡石不同的是因其结构单元层中部分 Si^{4+} 被 Al^{3+} 替代,出现剩余负电荷,因此在层间域出现相应数量 Na^+、Ca^{2+} 等阳离子,并含层间水分子。由于结构层间域存在阳离子和水分子的缘故,易使得 c 轴随含水量不同而变化和膨胀,可由 0.960 nm 变化至 2.140 nm。

本族矿物可以划分出三八面体型的蒙皂石亚族和二八面体型的蒙脱石亚族,并以后者在自然界中常见。蒙脱石亚族包括蒙脱石、绿脱石等。蒙脱石结构八面体片中的 Al 被 Fe^{3+} 置换,即变成绿脱石。

蒙脱石　Montmorillonite　$(Na,Ca)_{0.33}(Al,Mg)_2[(Si,Al)_4O_{10}](OH)_2\cdot nH_2O$

单斜晶系,对称型 $2/m$,空间群 $C2/m$;$a_0=0.523$ nm,$b_0=0.906$ nm,$c_0=0.96\sim2.05$ nm,$\beta=100°$;$Z=2$。c_0 变化幅度大。

通常呈土状或块状隐晶集合体,电子显微镜下可见细小鳞片状、绒毛状或毛毡状纳米晶体。白色或灰白色,含杂质可呈黄、粉红、蓝或绿等色;土状光泽。鳞片状者{001}解理完全;硬度 $2\sim2.5$,密度 $2\sim3$ g/cm³。有滑感,加热膨胀,吸水后膨胀并分散成糊状。具很强的吸附和阳离子交换性能。

主要是基性火成岩,特别是基性火山凝灰岩在碱性环境中风化而成,也有的是海底沉积的火山灰的分解产物,低温热液蚀变过程中也可形成。蒙脱石是膨润土中最主要的组成矿物。

9.5.6　蛭石族

本族矿物蛭石与蒙皂石类似,同样属于 TOT 型结构,层间也存在阳离子和水分子。不同之处是蛭石的层电荷要高得多,且层间阳离子是以 Mg^{2+} 为主的二价离子。

蛭石　Vermiculite　$(Mg, Ca)_{0.5}(Mg, Fe, Al)_3[(Si, Al)_4O_{10}](OH)_2 \cdot 4H_2O$

单斜晶系，对称型 m，空间群 Cc；$a_0 = 0.53$ nm，$b_0 = 0.92$ nm，$c_0 = 2.89$ nm，$\beta = 97°$；$Z = 4$。

晶体呈片状或鳞片状，具黑云母、金云母假像，集合体呈土状分散于粘土中。褐黄至褐色，有时带绿色；珍珠光泽，但较黑云母弱。{001}解理完全；薄片具挠性。硬度 $1 \sim 1.5$，密度 $2.4 \sim 2.7$ g/cm^3。加热时体积膨胀并弯曲如水蛭，并显金黄或银白色，金属光泽，且密度下降至 $0.6 \sim 0.9$ g/cm^3。膨胀是由于层间水分子变为蒸气时所产生的压力使结构层被迅速撑开所致。具很强的吸附和阳离子交换性能。其膨胀体具有极高的绝热和隔音性能。

主要是由黑云母或金云母经低温热液蚀变或风化而形成，也可由基性岩受酸性岩浆的热变质作用而形成。

海绿石　Glauconite　$K_{1-x}(Fe^{3+}, Al, Fe^{2+}, Mg)_2[Al_{1-x}Si_{3+x}O_{10}](OH)_2 \cdot nH_2O$

单斜晶系，对称型 $2/m$，空间群 $C2/m$；$a_0 = 0.525$ nm，$b_0 = 0.909$ nm，$c_0 = 1.003$ nm，$\beta = 100°$；$Z = 2$。

晶体细小，具假六方外形，罕见。通常呈细小圆粒浸染于不纯灰岩、粘土岩或硅质岩中，或呈松散砂粒分散于滨海砂中。绿、灰绿、黄绿、绿黑色；玻璃光泽。性脆；硬度 $2 \sim 3$，密度 $2.2 \sim 2.8$ g/cm^3。易被盐酸溶解。

浅海沉积产物，在近代浅海绿色淤泥和沙中也有产出。

9.5.7　绿泥石族

本族矿物的化学通式可用 $Y_x[T_4O_{10}](OH)_8$ 表示。其中 Y 主要为 Mg^{2+}、Al^{3+}、Fe^{2+}、Fe^{3+}，也可有少量的 Mn^{2+}、Cr^{3+}、Li^+ 等；T 主要是 Si^{4+} 和 Al^{3+}，x 为 $5 \sim 6$。由于类质同像发育，成分间置换比例变化较大，因此本族矿物成分较复杂，矿物种属也较多。常见的为富镁的绿泥石。

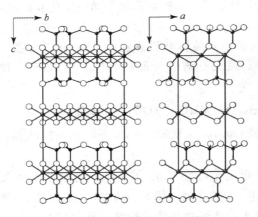

绿泥石的晶体结构可以看成滑石型结构单元层与水镁石层相间排列构成，可用 TOT·O 表示（图 9-43）。虽然水镁石层与上下结构单元层的键力比云母中离子键弱，但仍强于滑石中的分子键，故其薄片无弹性，且比滑石硬度大并较难剥开。

图 9-43　绿泥石的晶体结构

绿泥石　Chlorite

$(Mg, Al, Fe)_6[(Si, Al)_4O_{10}](OH)_8$

单斜晶系，对称型 2，空间群 $C2$；$a_0 = 0.537$ nm，$b_0 = 0.930$ nm，$c_0 = 1.419$ nm，$\beta = 97°$；$Z = 2$。

晶体呈假六方片状、板状，少数呈桶状。可依云母律或绿泥石律呈双晶。集合体呈鳞片状、土状或球粒状。绿色，带有黑、棕、橙黄、紫、蓝等不同色调。一般含铁越高，颜色越深。玻璃光泽，解理面显珍珠光泽，土状者光泽暗淡。{001}解理完全。薄片具挠性。硬度 $2 \sim 3$；密度 $2.6 \sim 3.3$ g/cm^3。

分布广泛，主要形成于低温热液作用、中低级变质作用和沉积作用中，是绿片岩相及低温热液蚀变（绿泥石化）岩石的主要矿物。在贫氧富铁的浅滨海环境可沉积巨大的层状绿泥石矿体。

9.5.8 坡缕石族

本族矿物主要有坡缕石,其沉积成因者也称凹凸棒石(attapulgite)。其硅氧骨干属于层链过渡型。结构仍属于 TOT 型,但四面体片中活性顶氧指向沿 b 轴周期性反转。任意两层四面体片之间,活性氧与活性氧相对,惰性氧与惰性氧相对。在活性氧相对的位置,两层活性氧(包括 OH^-)呈密堆积,Mg^{2+}、Al^{3+} 等阳离子充填其八面体空隙,构成沿 c 轴一维无限延伸的八面体片(带)。这样形成的 TOT"I 束"的带宽相当于辉石

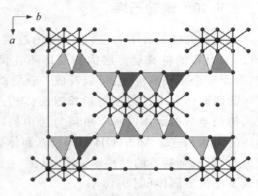

图 9-44　坡缕石的晶体结构

链"I 束"的两倍($b=2\times0.9$ nm)。在惰性氧相对的位置形成宽大的通道(0.37 nm×0.64 nm)(图 9-44),其中充填有水分子。坡缕石中水的形式有三种,一是结构水羟基;二是带状结构边缘与八面体阳离子配位的配位水(结晶水);三是在通道内以氢键连接的沸石水。

坡缕石　Palygorskite　$(Mg, Al)_2[(Si, Al)_4O_{10}](OH)\cdot4H_2O$

单斜晶系,对称型 $2/m$,空间群 $P2/m$;$a_0=1.34$ nm,$b_0=1.80$ nm,$c_0=0.52$ nm,$\beta=90°\sim93°$;$Z=2$。

晶体罕见,通常为纤维状或土状集合体。白、灰、浅绿或浅褐色。玻璃光泽。具{011}解理。硬度 2~3;密度 2.05~2.32 g/cm³。具滑感、粘性和可塑性。吸水性强,遇水不膨胀。具阳离子交换性能和良好的吸附性。

形成于沉积作用或为热液、蚀变作用的产物。

9.5.9 海泡石族

成分和结构都与坡缕石相似。不同之处在于成分上 MgO 含量高而 Al_2O_3 含量较低;结构上其 TOT"I 束"带宽为辉石链的三倍($b=3\times0.9$ nm),通道的横截面积也比坡缕石大(0.37 nm×1.06 nm)(图 9-45)。

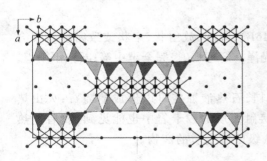

图 9-45　海泡石的晶体结构

海泡石　Sepiolite

$Mg_8(H_2O)_4[Si_6O_{15}]_2(OH)_4\cdot8H_2O$

斜方晶系,对称型 mmm,空间群 $Pncn$;$a_0=1.34$ nm,$b_0=2.68$ nm,$c_0=0.528$ nm;$Z=2$。

晶体罕见,通常为纤维状或土状集合体。白、浅灰、褐红等色。玻璃光泽。硬度 2~3;密度 2~2.5 g/cm³。具滑腻感,性软。吸附性、阳离子交换性能等工艺技术特征与坡缕石相似。

通常作为表生矿物产于蛇纹岩风化壳,沉积成因者见于碳酸盐岩石中。

9.5.10 葡萄石族

葡萄石的硅氧骨干为层、架之间的过渡类型。其晶体结构表现为$(Si,Al)O_4$连成平行于(001)分布的特殊层。层内四面体不在同一平面内，而是半数居中、半数分布于上下两侧，处于三个不同高度上，可以看成三亚层四面体构成了葡萄石的结构骨干层。骨干层内，居中的四面体以全部角顶与相邻四面体相连，表现出典型的架状结构硅酸盐的连接方式，而两侧的半数四面体以两个角顶与居中的四面体相连，另两个角顶与$AlO_4(OH)_2$配位八面体的角顶相连。$AlO_4(OH)_2$配位八面体彼此孤立，平行于(001)排布，与四面体骨干层相间分布，形成葡萄石的结构单元层。Ca^{2+}处于单元层间的空隙里，与七个O^{2-}和两个OH^-构成9配位多面体（图9-46A）。

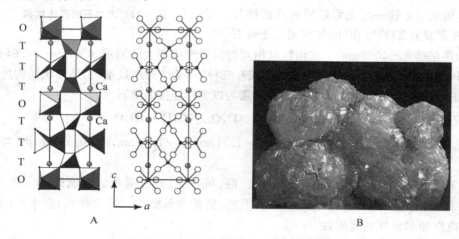

图9-46　葡萄石的晶体结构(A)和晶体形态(B，葡萄状集合体，5 cm，云南)

葡萄石　Prehnite　$Ca_2Al[AlSi_3O_{10}](OH)_2$

斜方晶系，对称型 mmm，空间群 $Pncn$；$a_0 = 0.464$ nm，$b_0 = 0.550$ nm，$c_0 = 1.840$ nm；$Z = 2$。

晶体呈柱状、板状，少见。通常为葡萄状（图9-46B）、肾状、放射状、束状或致密块状集合体。白、浅黄、肉红色，或带各种色调的绿色。玻璃光泽。解理{001}完全至中等；断口不平坦。硬度$6\sim6.5$；密度$2.80\sim2.95$ g/cm^3。

在火成岩、沉积岩、变质岩中均有产出。基性斜长石热液蚀变可以形成葡萄石；火山热液作用中也可以生成葡萄石，见于玄武岩气孔中；接触变质的矽卡岩中也能见到，属后期热液阶段产物；葡萄石-绿纤石相岩石中的葡萄石为低级区域变质的产物。

9.5.11　间（混）层矿物

混层矿物，也称间层矿物，是指在层状结构的矿物中，由两种或两种以上的结构基元层相互平行堆垛而构成的矿物。混层可以看成是晶体连生的一种类型，在层状矿物中是较为普遍的一种现象。矿物的混层（间层）现象常常发生在具有相同或相似晶体化学特征的基元层之间,如层状硅酸盐矿物,由于层状硅酸盐矿物的底面结构常常相同或相似,更容易形成沿底面的连生,因此间层矿物在层状硅酸盐中更为普遍。但混层现象也可见于不同晶体化学特征的基元层之间,如墨铜矿(硫化物结构基元层与氢氧化物结构基元层1∶1相间排列)、锂硬锰矿(氧化物和氢氧化物层相间排列)等,都是这类的例子。

混层矿物可以分为规则混层、不规则混层和具有分凝作用的混层(带状混层)。而带状混层中不同层在微观尺度上已构成实质上的两相,只是在宏观上未能分开两相。类似于斜长石中不同叶片的连生。

国际矿物学会规定,只有规则混层才可以命名独立的矿物新种。到目前为止,被国际粘土研究学会(AIPEA)确认的规则混层矿物有8种,即滑间皂石(aliettite,滑石和三八面体蒙皂石1∶1混层)、柯绿泥石(corrensite,三八面体绿泥石和三八面体蒙皂石或三八面体绿泥石和三八面体蛭石1∶1混层)、水黑云母(hydrobiotite,黑云母和蛭石1∶1混层)、绿泥间滑石(kulkeite,滑石和三八面体绿泥石1∶1混层)、累托石(rectorite,二八面体云母和二八面体蒙皂石1∶1混层)、云母间蒙脱石(tarasovite,云母和蒙皂石3∶1混层)、羟硅铝石(tosudite,二八面体绿泥石和蒙皂石1∶1混层)和绿泥间蜡石(lunijianlaite,锂绿泥石与叶蜡石1∶1混层,我国学者发现)。

累托石　Rectorite

为二八面体云母与二八面体蒙皂石1∶1规则混层矿物。理想晶体化学式为:云母晶层$(Na,Ca,K)_2Al_4[Al_2Si_6O_{20}](OH)_4$,蒙皂石晶层 $E_{0.66}(Al,Mg)_4[(Si,Al)_8O_{20}](OH)_4$,E 为可交换离子。

单斜晶系;$a_0=0.52$ nm,$b_0=0.902$ nm,$c_0=2.47$ nm;$Z=2$。沿 c 轴云母和蒙皂石晶层相间堆垛。

电镜下可见其不规则鳞片状晶体,少数为纤维状、板条状。通常为土状或细片状集合体。白、灰绿、灰黑、褐黄色。玻璃光泽。一组{001}解理完全;解理片具挠性。硬度小于滑石;具滑感;密度 2.3 g/cm³。遇水膨胀。

主要形成于热液蚀变作用,少数为沉积成因。

9.6　架状结构硅酸盐矿物

架状结构硅酸盐(tektosilicates)矿物的结构特征是每个硅氧四面体的所有四个角顶,均与毗邻的硅氧四面体共用。如果 Si 不被其他元素置换,这个结构电荷是平衡的,只能形成氧化物石英族矿物。当结构中有 Al^{3+} 或 Be^{2+} 等离子替代 Si^{4+} 时,便会出现多余的负电荷。这时,需要其他阳离子加入来平衡电荷,从而形成本亚类矿物。根据替代 Si^{4+} 的离子不同,架状结构硅酸盐矿物的络阴离子一般写做$[Al_xSi_{n-x}O_{2n}]^{x-}$ 或$[Be_xSi_{n-x}O_{2n}]^{2x-}$ 等,因此本亚类矿物也被称为铝硅酸盐或铍硅酸盐矿物等。

本亚类矿物结构中,硅氧四面体(包括铝氧四面体等)在三维空间作架状连接。其连接方式多种多样,形成的四面体骨架间有巨大的空隙甚至孔道。同时根据铝回避原则,四面体中 Si 被置换的数量是有限的,四面体骨架的剩余负电荷低。因此本亚类矿物最常见的阳离子是

K^+、Na^+、Ca^{2+}、Ba^{2+}，有时有 Cs^+、Rb^+、NH_4^+ 等，而六次配位的 Mg^{2+}、Fe^{2+}、Mn^{2+}、Al^{3+}、Fe^{3+} 等离子，在本亚类中较少出现。此外一些附加阴离子 F^-、Cl^-、OH^-、S^{2-}、SO_4^{2-}、CO_3^{2-} 等常出现在结构中的大空隙中，与 K^+、Na^+、Ca^{2+} 等相连，以补偿结构过剩的正电荷。一些水分子，如沸石矿物的"沸石水"也占据这些空隙和孔道，它们可以"自由"出入而不改变晶体结构。本亚类矿物成分中常出现的大半径阳离子的不等量替代，如 $2Na^+ \rightarrow Ca^{2+}$，也与结构中的这些大空隙有关，这是其他亚类中少有的。

本亚类不同矿物的四面体骨架在三维空间的不同方向上排列的紧密程度不同，因而形成多种类型的亚结构。表现在矿物外形上有粒状、片状、柱状等不同形态，而且某些方向可以发育完全解理。由于硅氧或铝氧四面体骨架内的共价键力较强，因而矿物硬度较高。同时由于结构中空隙多，矿物的密度偏低。因很少含 Fe^{2+}、Mn^{2+} 等色素离子，通常呈白色或浅彩色，折光率也较低。

9.6.1 长石族

长石族矿物的一般化学式可用 $M[T_4O_8]$ 表示。其中 M 主要为 Na^+、K^+、Ca^{2+}、Ba^{2+} 等大半径低电荷的碱金属和碱土金属离子，并可有少量的 Li^+、Rb^+、Cs^+、Sr^{2+}、NH_4^+ 等混入；T 主要是 Si^{4+} 和 Al^{3+}，以及少量的 Be^{2+}、B^{3+}、Fe^{3+} 等。

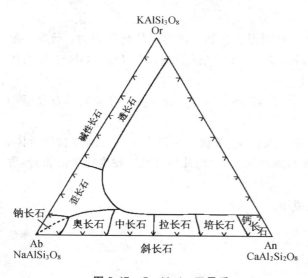

图 9-47 Or-Ab-An 三元系

长石的主要端员组分有钾长石 $KAlSi_3O_8$（Or）、钠长石 $NaAlSi_3O_8$（Ab）和钙长石 $CaAl_2Si_2O_8$（An）三种。大多数长石成分都被涵盖在这三个端员组分构成的三元系中，即相当于三个端员组分"混合"而成，可以用端员组分的百分数来表示。三种长石端员的混溶性与温度关系密切（见图 9-47）。高温条件下，Or 和 Ab 可形成完全类质同像系列，称为碱性长石（alkali feldspar）或钾钠长石系列。低温时，两者的混溶性减小。Ab 和 An 一般可以形成完全类质同像系列，称为斜长石或钠钙长石系列。而 Or 与 An 的混溶性在任何温度下都很低，因此碱性长石和斜长石系列都基本上是二成分系列。天然产出的长石中一般都含有第三种组分，但含量通常不超过 5%～10%。

至于钡长石 $BaAl_2Si_2O_8$（Cn），Cn 分子含量超过 90% 的钡长石（celsian）在自然界罕见。少数情况下，Cn 可以与 Or 形成有限的类质同像系列，称钾钡长石或钡冰长石系列。其中较重要的 Cn 含量低于 30% 的钡冰长石（hyalophane）(K,Na,Ba)(Al,Si)$_2$Si$_2$O$_8$ 产出也很少。因此长石成分通常不需考虑 Cn 组分。但当某长石中 BaO 含量超过 2% 时，可以作为该长石的一个含钡变种。

高温（660℃以上）条件下 Or 和 Ab 形成的完全类质同像系列中，$Ab_{0\sim67}$ 区间的成员称透长石（sanidine），具单斜对称；$Ab_{67\sim90}$ 区间的成员称歪长石（anorthclase）；$Ab_{90\sim100}$ 的近端员组

分为钠长石的高温变体,也称高钠长石
(high-albite),后两者为三斜对称(图
9-48)。随着温度的降低,Or 和 Ab 混溶
范围逐渐变窄,出现不混溶区。此时成分
在不混溶区范围的碱性长石,是两相的交
生体。两相的成分明显不同,一种是富
Ab 的低温钠长石,一种是富 Or 的钾长
石。两者形成条带状嵌晶。这种交生体
称为条纹长石(perthite)或反条纹长石
(antiperthite)。前者以钾长石为主体
(晶),钠长石为客体(晶);后者正好相反。

An 和 Ab 形成的类质同像系列,构成
斜长石。斜长石按 Ab 和 An 分子的含量
比不同人为地划分为钠长石、奥(更)长石、
中长石、拉长石、培长石和钙长石六个矿物
种。实际上,这一系列只有在高温条件下
才近于形成完全类质同像系列,发生在高
钠长石和钙长石之间。随着温度的降低,

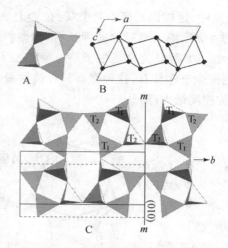

图 9-48　长石矿物(透长石)结构图解

A—TO_4 四面体四元环;B—长石结构平行(010)面的投影,可
见 TO_4 四面体四元环构成的曲轴状链沿 a 方向延伸;C—长石
结构平行($\overline{2}$01)面的投影,可见 TO_4 四面体四元环角顶连接构
成层,其中两类不等效的四面体分别标以 T_1 和 T_2,两者可由对
称元素联系起来,阳离子位于四面体八元环内。框线示单胞,
m-m 为对称面

自钠长石到钙长石,其间将分属几个不同的结构类型,不同结构类型之间存在混溶间隙(gap)。
成分落在混溶间隙范围内的斜长石实际上都是由 An 含量不同的两种斜长石组成的超显微的两
相交生体。但由于两相都极为细小,在光学显微镜下不能分辨,因而通常仍把它们视为均匀的类
质同像混晶。例如拉长石常见的美丽变彩效应,就是因为其中两种成分不同的斜长石页片平行
叠置而构成交生,入射光在一系列相界面上反射并干涉引起。

长石族各矿物具有相似的晶体结构。这里先以对称程度最高的透长石为例来说明。结构中
四个 TO_4 四面体共角顶连成一个四元环。该四元环是长石矿物的最重要结构单元,可以多面体
形式表达(图 9-48A),也可用连接 TO_4 四面体中心构成的四边形表达。四元环之间再共角顶连
接成曲轴状链沿 a 轴延伸(图9-48B)。链上四元环环面分别垂直于 a 轴[平行于($\overline{2}$01)]和 b 轴[平
行于(010)],相间排列(图 9-48C)。链体有一定程度的扭曲。链与链之间再通过角顶共用,连成
三维骨架结构。从图 9-48C 中可以看出四个四元环通过共角顶连接成八元环。阳离子 Na^+、
K^+、Ca^{2+} 等便占据这些八元环中间的空隙。四元环里的四个四面体分别被标记 T_1、T_2,表示一
个四元环内有两种不能对称重复的四面体位置。

对于钾长石(potash feldspar)来说,形成于高温条件下的透长石,四面体中 Si、Al 完全无
序分布。在每个四元环的四个四面体里,每个四面体都有 1/4 的概率被 Al 占据,即有相同的
占位率(图 9-49A)。如果形成时温度稍低,或形成温度虽高,但形成后冷却速度缓慢,使得晶
格中的 Al 有充分的时间自 T_2 向 T_1 集中,这样 T_1 位上 Al 出现的概率会大于 T_2,但是两个
T_1 之间和两个 T_2 之间 Al 出现的概率各自保持相同,此时仍能保持有对称面和二次对称轴
(图 9-49B)。这种部分有序结构状态的钾长石为正长石(orthoclase),具有单斜对称。若矿物
形成温度更低,或高温结晶的矿物形成后冷却更加缓慢,使得 Al 能够向四元环中某个特定的

T_1 位置集中,这样四元环中两个 T_1 位置上 Al 的占位率有差异,使得结构中二次对称轴和对称面消失,便形成三斜对称的钾长石,称微斜长石(microcline),它仍是部分有序状态,但有序程度增大。如果 Al 完全集中于某一特定的 T_1 位置上,其余三个 T 位置上无 Al 出现,便形成 Si/Al 的完全有序分布,这种微斜长石特称最大微斜长石(maximum microcline),表示它偏离单斜对称程度最大(图 9-49C)。

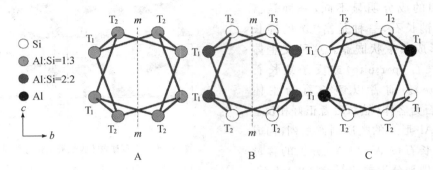

图 9-49　长石结构中 Al 在不同四面体位置上的分布

A—透长石;B—正长石;C—微斜长石。m-m 为对称面

综上所述,碱性长石的有序化过程伴随对称程度的改变,并产生同质多像转变。从完全无序的透长石到完全有序的最大微斜长石,对称程度逐渐降低。

斜长石系列各矿物均属三斜晶系,但结构中同样有 Si/Al 占位的有序-无序问题。如钠长石,高温形成的高钠长石(high-albite),其 Al 占位类似透长石中呈无序状态(图 9-50A),而完全有序的低钠长石(low-albite)中 Al 的占位情况相当于最大微斜长石(图 9-50B)。对钙长石而言,由于铝回避原则,其 AlO_4 和 SiO_4 四面体须相间排列,从而其结构一般是 Al、Si 有序的(图9-50C)。

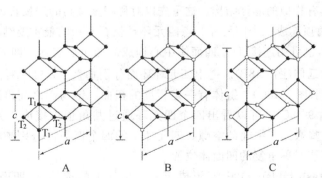

图 9-50　长石结构中无序和有序的 $AlSi_3$ 和 Al_2Si_2 中 Si、Al 排列

A—$AlSi_3$ 完全无序的透长石;B—$AlSi_3$ 完全有序的正长石;C—Al_2Si_2 完全有序的钙长石

晶形完好的长石晶体很常见。双晶发育是长石族矿物的重要特征之一。双晶类型多,既有简单双晶,也有复合双晶;既有接触双晶,也有穿插双晶,而且在自然界经常出现,常可以作为鉴别长石种属的重要依据。表 9-4 列出了长石族矿物常见的双晶律及其特征和产出状况。

长石的晶体形态和双晶参见图 9-51～9-53。

表 9-4　长石族矿物常见双晶及其特征

双晶律	双晶轴	双晶结合面	双晶特征	产出状况
钠长石律	⊥(010)	(010)	聚片双晶	仅在三斜长石中出现,出现频率最高
曼尼巴律	⊥(001)	(010)	简单的接触双晶	较少见,主要产于变质岩中
巴温诺律	⊥(021)	(010)	简单的接触双晶	多产于火山岩中,罕见;斜长石中少见
卡斯巴律	[001],即 c 轴	通常为(010)	接触或贯穿双晶	常见
肖钠长石律	[010],即 b 轴	(h0l),平行于[010]的菱形切面	简单的接触双晶或聚片双晶	仅在三斜长石中出现,火成岩中少见,变质岩中常见
钠长石-卡斯巴律	在(010)面内⊥(001)	(010)	复合的聚片双晶	仅在三斜长石中出现,较常见
钠长石-肖钠长石律	[100]和[010]	(010)和(100)	复合的格子双晶	仅在三斜长石中出现,常见

　　长石族矿物是地壳中最重要的矿物族之一,广泛产出于各种成因类型的岩石中,约占地壳总质量的 50%,是火成岩和变质岩中重要的造岩矿物。火成岩中长石极为普遍,数量也最多,约占长石总量的 60%。变质岩中长石也广泛分布,尤其是片岩、片麻岩和麻粒岩中,产出量较大,约占长石总量的 30%。其余 10% 分布于其他岩石,主要是碎屑岩和泥质沉积岩中。伟晶岩中,长石可形成巨大的晶体。长石受风化或热液蚀变易转变为高岭石、绢云母、黝帘石、沸石、方柱石等。

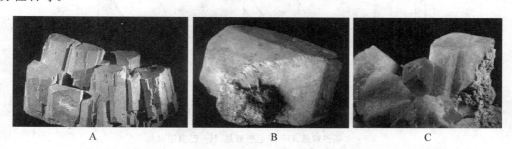

图 9-51　长石的实际形态
A—正长石(平行连晶,22 cm,河北);B—歪长石(与石墨共生,4 cm,新疆);C—天河石(与烟晶共生,4.5 cm,美国)

9.6.1.1　碱性长石亚族

　　本亚族包括钾钠长石系列中钾长石的三个同质多像变体,即透长石、正长石和微斜长石,以及以钠长石分子为主的歪长石。而钠长石习惯上被划归斜长石亚族。其中透长石和正长石为单斜晶系,其余为三斜晶系。

透长石　Sanidine　KAlSi₃O₈

单斜晶系，对称型 $2/m$，空间群 $C2/m$；$a_0 = 0.8564$ nm，$b_0 = 1.3030$ nm，$c_0 = 0.7175$ nm，$\beta = 115°59'$；$Z = 4$。

晶体呈平行(010)延展的厚板状或短柱状。常见卡斯巴律双晶。集合体粒状。无色透明，或呈浅黄色调；玻璃光泽。{001}、{010}解理完全，解理夹角90°。硬度6；密度 $2.56 \sim 2.57$ g/cm³。

为高温相钾长石，常含较多的 Ab 分子。一般产于中酸性及碱性火山岩和近地表的浅成岩中，粗面岩中尤为常见；偶见于高温接触变质带中。

正长石　Orthoclase　KAlSi₃O₈

单斜晶系，对称型 $2/m$，空间群 $C2/m$；$a_0 = 0.8562$ nm，$b_0 = 1.2996$ nm，$c_0 = 0.7193$ nm，$\beta = 116°9'$；$Z = 4$。

晶体呈短柱状或厚板状。{110}斜方柱特别发育且透明度高者称冰长石(adularia)。卡斯巴律双晶最常见，也见巴温诺律和曼尼巴律双晶(图 9-52)。集合体粒状。常呈肉红色，有时为浅黄、灰白、浅绿等色；玻璃光泽。{001}、{010}解理中等或完全，解理夹角90°。硬度6；密度 $2.56 \sim 2.57$ g/cm³。

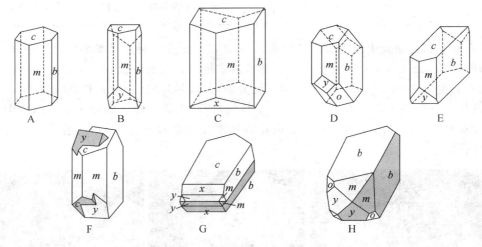

图 9-52　正长石的晶体形态及双晶

A~E—单晶理想形态：$b\{010\}$、$c\{001\}$、$x\{10\bar{1}\}$、$y\{20\bar{1}\}$平行双面，$m\{110\}$、$o\{11\bar{1}\}$斜方柱；
F—卡斯巴双晶；G—曼尼巴双晶；H—巴温诺双晶

广泛出现于各种成因类型的岩石中，是中、酸、碱性火成岩的主要造岩矿物之一；也是某些变质岩，如花岗片麻岩、正长片麻岩等的主要组成矿物；某些碎屑岩，如长石砂岩中也有相当数量的正长石；伟晶岩中可见粗大的晶体。

微斜长石　Microcline　KAlSi₃O₈

三斜晶系，对称型 $\bar{1}$，空间群 $P\bar{1}$；$a_0 = 0.854$ nm，$b_0 = 1.297$ nm，$c_0 = 0.722$ nm，$\alpha = 90°39'$，$\beta = 115°56'$，$\gamma = 87°39'$；$Z = 4$。晶胞参数在一定范围内变化。

晶体呈短柱状或厚板状。双晶普遍，常见钠长石律和肖钠长石律复合组成的格子双晶，也见卡斯巴律、曼尼巴律和巴温诺律双晶(图 9-52)。集合体块状或粒状。常呈肉红色,有时为浅黄或灰白等色,绿色变种称天河石(amazonite);玻璃光泽。{001}、{010}解理完全,解理夹角 89°40′。硬度 6;密度 2.56~2.57 g/cm³。

广泛出现于各种成因类型的岩石中,形成温度比正长石低,是伟晶岩和长英质岩中钾长石的主要种属。浅变质带的变质岩中的钾长石以微斜长石居多。沉积岩中自生作用也可以形成微斜长石。热液蚀变的钾长石化也主要是形成微斜长石。伟晶岩中可见粗大的晶体,并可见与石英构成文象结构。

9.6.1.2 斜长石亚族

本亚族包括 Ab 和 An 两个端员组分组成的类质同像系列的所有矿物。该系列常温条件下存在一些混溶间隙,但通常仍把它看成是完全类质同像系列,并人为划分出六个矿物种,即:

钠长石	Albite	$Ab_{100\sim90} An_{0\sim10}$
奥(更)长石	Oligoclase	$Ab_{90\sim70} An_{10\sim30}$
中长石	Andesine	$Ab_{70\sim50} An_{30\sim50}$
拉长石	Labradorite	$Ab_{50\sim30} An_{50\sim70}$
培长石	Bytownite	$Ab_{30\sim10} An_{70\sim90}$
钙长石	Anorthite	$Ab_{10\sim0} An_{90\sim100}$

岩石学上,这六种斜长石通常被分为酸性、中性和基性三类。将 An 含量在 50 以上的三种称为基性斜长石,它们主要出现在基性或超基性岩中;An 含量在 30~50 之间的中长石,称中性斜长石,主要产于中性岩中;而 An 含量低于 30 的钠长石和奥长石称酸性斜长石,主要出现在酸性和碱性岩中。

由于成分上 Na、Ca 含量的规律变化,各种斜长石在结构特征、物理性质等方面也作相应的变化。这里合并描述这些斜长石矿物。

斜长石 Plagioclase $Na_{1-x}Ca_x[Al_{1+x}Si_{3-x}O_8]$

三斜晶系,对称型 $\bar{1}$,空间群 $C\bar{1}$(钠长石),$P\bar{1}$(钙长石)。$a_0=0.8144$ nm,$b_0=1.2787$ nm,$c_0=0.7160$ nm,$\alpha=94°16′$,$\beta=116°35′$,$\gamma=87°40′$;$Z=4$(钠长石)。$a_0=0.8177$ nm,$b_0=1.2877$ nm,$c_0=1.4169$ nm,$\alpha=93°10′$,$\beta=115°51′$,$\gamma=91°13′$;$Z=8$(钙长石)。

晶体常沿(010)呈板状。呈叶片状的钠长石称叶钠长石(cleavelandite);沿 b 轴延伸的钠长石称肖钠长石(pericline)。双晶普遍,以钠长石律双晶(图 9-53)最常见,此外卡斯巴律双晶、肖钠长石律双晶以及钠长石律-卡斯巴律复合双晶也经常出现。白色或灰白色,基性斜长石也可呈灰黑色;某些拉长石具有变彩;玻璃光泽。{001}、{010}解理完全,二者夹角为 86°24′~85°60′。硬度 6~6.5;密度 2.61~2.76 g/cm³。

为重要造岩矿物,广泛出现于各种成因类型的岩石中。火成岩中随着岩石从基性向酸性演化,斜长石成分中 An 含量也逐渐变小。伟晶岩中通常只有钠长石和奥长石,形成温度比正长石低。区域变质作用过程中随变质程度加深,斜长石 An 分子含量也有增高的趋势。沉积岩中可以有自生的钠长石;斜长石也可以作为碎屑存在于碎屑岩中。斜长石受风化和热液作用常转变为高岭石、绢云母等。

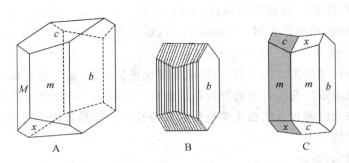

图 9-53　斜长石单晶形态(A)、聚片双晶(B)和接触双晶(C)

$b\{010\}$、$c\{001\}$、$x\{10\bar{1}\}$、$m\{110\}$、$M\{1\bar{1}0\}$平行双面

9.6.2　霞石族

本族矿物包含 $NaAlSiO_4$-$KAlSiO_4$ 两个端员的构成类质同像系列。这个系列在高温下可形成连续类质同像。其纯钾端员矿物为钾霞石(kaliopilite),纯钠的端员未发现天然矿物,但可以人工合成。自然界常见的霞石是这个系列的中间成员。其成分中 $NaAlSiO_4$ 和 $KAlSiO_4$ 分子的比值约为 1:3,相当于 $Na_3K[AlSiO_4]_4$,但通常用$(Na,K)AlSiO_4$ 表示。霞石是最常见的似长石矿物。所谓**似长石**(副长石,feldspathoid)是指成分与长石类似,但其Si:Al低于碱性长石中 3:1 这一比值的无水架状硅酸盐矿物,如霞石、白榴石、方钠石等。它们都不与石英共生。

霞石　Nepheline　$(Na,K)AlSiO_4$

六方晶系,对称型 6,空间群 $P6_3$;$a_0=1.001$ nm,$c_0=0.841$ nm;$Z=2$。晶体结构见图9-54。

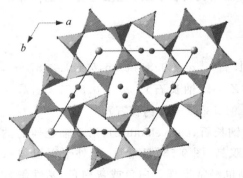

图 9-54　霞石的晶体结构

结构中有两类不同形态的六联环。其一作正六边形,围成的空隙较大,是 K^+ 占据;另一种呈畸变的六边形,围成的空隙较前者为小,是 Na^+ 占据。其中 K^+ 的配位数为 9,Na^+ 的配位数为 8。

晶体呈六方短柱状或厚板状,罕见。通常呈粒状或致密块状集合体。无色、白色或灰白色,有时微带浅黄、浅绿、浅红、浅褐、蓝灰等色调;透明;玻璃光泽,断口显油脂光泽。油脂光泽明显的块状霞石称脂光石(eleolite)。$\{10\bar{1}0\}$和$\{0001\}$解理不完全;贝壳状断口。硬度 5.5~6;密度 2.56~2.66 g/cm³。

为富钠碱性岩中的典型矿物,主要产于与正长岩有关的侵入岩、火山岩及其伟晶岩中,与碱性长石、碱性辉石、碱性角闪石、黑云母、磷灰石等共生。受热液作用或风化作用可转变为沸石、钙霞石、方钠石、高岭石、方解石等。

9.6.3　白榴石族

白榴石有两个同质多像变体。605℃以上为等轴晶系变体,该温度以下则转变为四方晶系变体,但仍保持等轴变体的四角三八面体外形。

白榴石　Leucite　KAlSi₂O₆

四方晶系,对称型 $4/m$,空间群 $I4_1/a$;$a_0=1.304$ nm,$c_0=1.385$ nm;$Z=16$。晶体结构见图 9-55。结构中含有由硅氧四面体与铝氧四面体组成的四联环和六联环,它们彼此共角顶相连,图中圆球代表 K^+,与 12 个 O^{2-} 配位,位于六联环近旁。白榴石的高温变体为等轴晶系,对称型 $m3m$,空间群 $Ia3d$;$a_0=1.343$ nm;$Z=16$。

晶体常见完好的四角三八面体外形;集合体粒状。无色、白色、灰色或炉灰色,有时带浅黄色调;透明;玻璃光泽,断口显油脂光泽。无解理;硬度 5.5~6;密度 2.47 g/cm³。

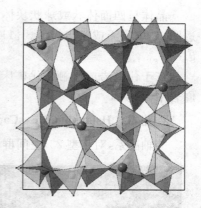

图 9-55　白榴石的晶体结构

主要见于第三纪以后的富钾贫硅的碱性火山岩及浅成岩中,为白榴石响岩、白榴石玄武岩、白榴粗面岩、白榴斑岩和白榴岩中的主要矿物,常以斑晶出现,与碱性辉石、霞石等共生。

9.6.4　方钠石族

本族矿物主要有方钠石和黝方石。晶体结构表现为 $(Al,Si)O_4$ 四面体通过共用所有角顶连接成笼子形架状硅铝氧骨干单位。它是由六个与 {100} 四元环和八个与 {111} 六元环组成多面体状的"空洞"(称为笼),状如截角八面体(图 9-56)。每个六元环为两个笼所共用,使六元环形成一贯通的通道。通道平行 L^3 方向,并相交于晶胞的角顶和中心。笼的空腔巨大,其直径可达 0.62 nm,附加阴离子分布于笼的中心,而 Na^+ 位于通道上。

方钠石　Sodalite　Na₈[AlSiO₄]₆Cl₂

等轴晶系,对称型 $\overline{4}3m$,空间群 $P\overline{4}3n$;$a_0=0.887$ nm;$Z=1$。

晶体呈菱形十二面体状或与立方体成聚形。通常成粒状或块状集合体。无色或呈蓝、灰、红、黄、绿等色;透明;玻璃光泽,断口显油脂光泽。{110} 解理中等;断口不平坦。

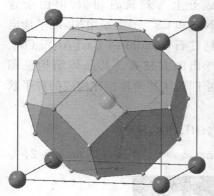

图 9-56　方钠石的晶体结构

硬度 5.5~6;密度 2.13~2.29 g/cm³。有些可见橘红色紫外荧光。

主要产于富钠贫硅的碱性岩中,如霞石正长岩、霞石正长伟晶岩;也见于响岩、粗面岩以及与碱性火成岩接触的钙质变质岩中。共生矿物有霞石、黑榴石、透长石等。

9.6.5　日光榴石族

本族矿物主要包括日光榴石和香花石。其突出特征是硅氧四面体部分 Si 被 Be 取代,从而形成铍硅酸盐矿物。香花石由我国学者首先发现。

日光榴石　Helvite　Mn₈[BeSiO₄]₆S₂

等轴晶系,对称型 $\overline{4}3m$,空间群 $P\overline{4}3n$;$a_0=0.829$ nm;$Z=2$。

晶体呈四面体状或球状块体。常呈粒状或致密块状集合体。黄色、黄褐色,少数为绿色;透明;玻璃光泽或松脂光泽。{111}解理不完全;贝壳状断口。硬度6~6.5;密度3.20~3.44 g/cm³。

产于伟晶岩或接触交代矿床中,与石英、钠长石、天河石或磁铁矿、萤石等共生;也见于片麻岩中。

香花石　Hsianghualite　Ca₃Li₂[BeSiO₄]₃F₂

等轴晶系,对称型23,空间群$I2_13$;$a_0=1.2876$ nm;$Z=4$。

图9-57　香花石的形态(0.8 cm,湖南)

晶体呈粒状(图9-57)。无色、乳白色;透明;玻璃光泽。硬度6.5;密度2.90~3.00 g/cm³。具脆性。

于我国湖南香花岭发现,故名。产于泥盆纪石灰岩与花岗岩接触带的含Be绿色和白色条纹岩石中,与锂铍石、塔菲石、尼日利亚石、金绿宝石、萤石等共生。

9.6.6　方柱石族

本族矿物成分上与斜长石相似,但由于含Cl⁻、SO₄²⁻、CO₃²⁻、F⁻、OH⁻等附加阴离子,相应地,阳离子Na⁺和Ca²⁺的数量增加,以平衡电价。本族矿物包含钠柱石(marialite) Na₄[AlSi₃O₈]₃Cl和钙柱石(meionite) Ca₄[Al₂Si₂O₈]₃(CO₃)为端员的完全类质同像系列,其中间成员即天然产出的方柱石。其晶体结构见图9-58A,其中的Na⁺、Ca²⁺等离子占据结构中由SiO₄和AlO₄四面体共角顶相连构成的扁平状的八方环中间,八方环平行c轴分布。

方柱石　Scapolite　(Na,Ca)₄[Al(Al,Si)Si₂O₈]₃(Cl,F,OH,CO₃,SO₄)

四方晶系,对称型$4/m$,空间群$I4/m$;$a_0=1.201$~1.229 nm,$c_0=0.754$~0.776 nm;$Z=2$。

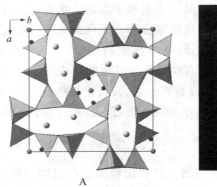

A　　　　　　　　　　B

图9-58　方柱石的晶体结构(A)和晶体形态(B,1.4 cm,马达加斯加)

晶体呈柱状(图9-58B)。集合体为不规则柱状、粒状或致密块状。无色、灰色、浅绿黄色、黄色或紫色,呈海蓝色者特称海蓝柱石。透明;玻璃光泽。{100}解理中等,{110}略差。硬度5～6;密度2.61～2.75 g/cm³,随成分中钙柱石分子的增加而增大。

产于富钙的矽卡岩和区域变质岩中,与石榴子石、透辉石、磷灰石等共生。经热液蚀变或风化,方柱石可变为绿帘石、钠长石、沸石、云母、高岭石等。

9.6.7 沸石族

沸石族矿物为含水的碱金属或碱土金属的铝硅酸盐矿物,化学通式为:$M_xD_y[Al_{x+2}Si_{n-(x+2y)}O_{2n}] \cdot mH_2O$,式中M代表$Na^+$、$K^+$等一价阳离子;D代表$Mg^{2+}$、$Ca^{2+}$、$Sr^{2+}$、$Ba^{2+}$等二价阳离子;四面体位置的Al:Si比值在1:5～1:1之间;水分子数m一般在$n/2～n$之间。水分子的多少反映了结构中空隙体积与整个结构体积间的关系。沸石族矿物的化学组成可在很大的范围内变化,因此许多沸石只能给出近似的化学式。

沸石族矿物的晶体结构和其他架状结构硅酸盐矿物一样,由SiO_4和AlO_4四面体以所有角顶共用连成三维空间内的骨架状骨干。沸石族还有自己独特之处,即结构中具有许多宽阔的空腔和孔道,这些空腔和孔道可以被Na^+、K^+、Ca^{2+}等离子及水分子——沸石水所占据。由于孔道与外界环境相通,因此沸石水可因环境的变化而"自由"出入,并不破坏晶体结构。图9-59和9-60所示的钠沸石和八面沸石便是两种典型沸石的结构。

图9-59 钠沸石的晶体结构

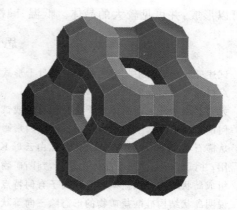

图9-60 八面沸石的晶体结构

沸石族矿物结构的独特之处使得它在工业上及环境科学领域具有重要的用途。沸石经加热到250℃左右,其中的沸石水就可以完全逸出。脱水后的沸石疏松多孔,结构好像海绵体,具有强吸附性,可以吸附水分子及一些有机分子或其他物质,因而可用做吸附剂或清洁剂。同时脱水后的沸石,空腔内的金属阳离子由于失去了与之配位的极性水分子,活性增强,因此可以用做化学触媒(催化剂)。沸石结构中的孔道都有一定的孔径,可以允许小于该孔径的分子较自由地通过,而大于该孔径的分子被阻止通过。这种特殊的功能被用做分子筛。位于空腔和孔道内的金属阳离子(Na、K、Ca等),由于与硅氧骨干的联系相对较弱,可被其他阳离子(如Mg、Sr、Ba、Cu、Zn、Ni等)置换而不破坏晶格,同时由于空腔未被阳离子充满,因此像$2(Na^+,K^+) \rightarrow Ca^{2+}$这样数量不等的离子交换也能发生。因此沸石族矿物又具有很强的阳离子交换性能,在环境科学领域有重要用途,如用做滤水剂,进行硬水软化、废水处理等。

目前已知天然沸石族矿物有 36 种，人造沸石超过 100 种。其中以斜发沸石（clinoptilo-lite）$(Na,K,Ca)_{2\sim3}Al_3(Al,Si)_2Si_{13}O_{36}\cdot12H_2O$（单斜晶系）、片沸石（heulandite）$(Ca,Na_2)Al_2Si_7O_{18}\cdot6H_2O$（单斜晶系）、方沸石（analcite）$NaAlSi_2O_6\cdot H_2O$（等轴晶系）、浊沸石（laumontite）$CaAl_2Si_4O_{12}\cdot4H_2O$（单斜晶系）、丝光沸石又称发光沸石（mordenite）$(Na_2,K_2,Ca)_2AlSi_5O_{12}\cdot3H_2O$（斜方晶系）、钠沸石（natrolite）$Na_2Al_2Si_3O_{10}\cdot2H_2O$（斜方晶系）、菱沸石（chabazite）$(Ca,Na_2)[AlSi_2O_6]_2\cdot6H_2O$（三方晶系）、钙十字沸石（phillipsite）$(K_2,Na_2,Ca)[AlSi_3O_8]_2\cdot6H_2O$（单斜晶系）、毛沸石（erionite）$(K_2,Na_2,Ca)_2[Al_4Si_{14}O_{36}]\cdot15H_2O$（六方晶系）较为常见，又以斜发沸石分布最广。

沸石族矿物由于所属晶系不一，因而晶体形态各异。有一向延伸的如钠沸石（柱状）、丝光沸石（针状或纤维状），有二向延展的如片沸石和斜发沸石（片状或板状），还有三向等长的如方沸石（四角三八面体状）、菱沸石（菱面体状）等。多为无色或白色，因含杂质而染成其他颜色。或因阳离子交换后，有色素离子进入而染色。玻璃光泽，密度小，一般在 $1.9\sim2.3\ g/cm^3$ 之间，个别含 Ba、Zn 等元素的沸石，密度可以较大。硬度较低，大多数小于 5。有的沸石有发光性。

天然沸石最早发现于玄武岩气孔中呈杏仁体产出，现已知主要形成于外生地质作用中，产于未受变质的沉积岩层中，尤其是火山碎屑的沉积岩层中；内生地质作用的晚期低温热液阶段也可以形成，并可见较大的晶体。低温、碱性介质条件有利于沸石族矿物的形成。

思 考 题

9-1 试述硅酸盐矿物中几种主要的硅氧骨干形式（并以图表示，架状的除外）、它们在晶体结构中的堆积特点以及亚类划分依据。

9-2 为什么架状硅氧四面体骨干中必须有铝或铍等离子代替硅才能形成架状硅酸盐？

9-3 何谓铝在硅酸盐中的双重作用？什么因素影响双重作用？为什么 Al^{3+} 代替 Si^{4+} 的数目不超过 1/2？试从霞石 $NaAlSiO_4$、黄玉 $Al_2SiO_4F_2$、白云母 $KAl_2[AlSi_3O_{10}](OH)$ 等晶体化学式分析铝在其中起什么作用，并试分析上列三个晶体化学式，判断矿物属何亚类。

9-4 组成岛状结构硅酸盐矿物的阳离子有何特点？

9-5 说明岛状结构硅酸盐矿物的形态除三向等状外，还可能出现柱状（如红柱石）或板状（如蓝晶石）形态的原因。

9-6 简述橄榄石族矿物的化学组成和结构特点，并说明为什么橄榄石只能形成于 SiO_2 不饱和的岩石中以及橄榄石硬度高，为什么不富集于砂矿中？

9-7 石榴石族矿物的化学组成及其类质同像特点是什么？石榴子石按其成分可分哪两系列，其成分和成因各有何特点？主要矿物种有什么？

9-8 Al_2SiO_5 三种同质多像变体各是什么？各变体中 Al 的配位数有何异同？这与其形成温度和压力有何联系？它们在变质岩中分别具有什么地质意义？

9-9 绿帘石的柱体延长方向与其他矿物有何不同？绿帘石晶体结构中有几种硅氧骨干（从晶体化学式分析）？

9-10 环状结构硅酸盐矿物一向延伸的形态特征与其结构有何联系？

9-11 简述绿柱石的结构特征，并说明绿柱石为何有六方柱状形态，并有较大硬度、相对密度不大？大阳离子 Rb^+、Cs^+、K^+ 和水分子 H_2O 等在绿柱石中占据什么位置？

9-12 说明电气石族矿物中的类质同像系列及电气石颜色的变化及其成因产状之间的关系。

9-13 简述辉石族和角闪石族矿物在成分、结构、物理性质和成因上的异同,并分析原因。

9-14 岛状、环状、链状结构硅酸盐均有柱状物(例如红柱石、蓝晶石、绿柱石、电气石、透辉石、透闪石),试分析上述矿物的习性与晶体结构的关系。

9-15 普通辉石和普通角闪石的成分有何特点?从成分上,它们可以看成由哪些辉石或角闪石演化而来?在成分上要作哪些改变?

9-16 什么是石棉?你知道哪些矿物可形成石棉?

9-17 层状结构硅酸盐矿物的结构特点,解释层状硅酸盐矿物中"结构单元层"的涵义,并举例说明层状结构硅酸盐的主要结构类型。

9-18 举例说明何谓"二八面体"和"三八面体"型结构。

9-19 对比滑石(叶蜡石)、高岭石(蛇纹石)、云母、绿泥石的化学组成和结构。

9-20 蒙脱石族矿物为什么具有阳离子交换性和晶格可膨胀性?蛭石烧之膨胀的原因是什么?

9-21 何谓粘土矿物?它们有哪些特殊性质?有效鉴定粘土矿物的方法有哪些?

9-22 架状硅酸盐中的 Al^{3+} 起什么作用?架状结构硅酸盐除个别为铍、硼硅酸盐外,均为铝硅酸盐,为什么?能否由四价或高于四价的阳离子部分地置换硅氧四面体中的硅以构成架状结构硅酸盐?为什么?

9-23 根据晶体结构的基本特征,简述架状结构硅酸盐矿物在化学组成和某些物理性质(如颜色、密度、硬度等)方面的共同特征。

9-24 结合长石族矿物中硅氧四面体中硅、铝的分布说明有序-无序的概念。

9-25 组成长石族矿物的主要阳离子有哪些?长石族矿物的划分依据是什么?长石族矿物的主要双晶有哪些?

9-26 何谓似长石?其成分与碱性长石有何异同?其成因产状有何特点?

9-27 白榴石为什么呈现石榴石晶形的假像?

9-28 沸石族矿物的结构和性质有何特殊之处?与长石族矿物的主要区别是什么?

9-29 如何区分下列各组相似矿物?(1)锆石、锡石和金红石;(2)橄榄石、绿帘石;(3)石榴石和符山石;(4)绿柱石、磷灰石、电气石和黄玉;(5)角闪石族和辉石族;(6)透闪石和硅灰石。

9-30 如何区分下列各组相似矿物?(1)叶蜡石和滑石;(2)蛭石、黑云母和金云母;(3)蒙脱石和高岭石;(4)蔷薇辉石和菱锰矿;(5)正长石、微斜长石、斜长石;(6)钠长石和锂辉石;(7)霞石和石英。

10

其他含氧盐矿物

10.1 硼酸盐类矿物

10.1.1 概述

硼酸盐(borate)矿物是金属阳离子与硼酸根化合而形成的含氧盐矿物。目前已发现的硼酸盐矿物约 120 多种,但自然界常见的约 10 种左右,可以聚集成有工业意义的硼矿床。

硼是国民经济建设中重要的战略资源,在很多领域具有重要用途。因此作为其重要来源的硼酸盐矿物具有重要的经济意义。

(1) 化学组成:与硼酸根键合形成硼酸盐矿物的金属阳离子有 20 余种,其中重要且常见的是 Ca^{2+}、Mg^{2+}、Na^+、Fe^{2+}、Fe^{3+}、Mn^{2+}、Sr^{2+} 等几种。阴离子除了硼酸根外,还可见 OH^-、O^{2-}、Cl^-、F^-、CO_3^{2-}、SO_4^{2-}、SiO_4^{4-}、PO_4^{3-}、AsO_4^{3-} 等附加阴离子。此外,结晶水 H_2O 也常出现在硼酸盐矿物中。类质同像在本类矿物中不普遍,比较重要的是硼镁铁矿、硼镁石和方硼石中的 Mg^{2+} 与 Fe^{2+}、Mn^{2+} 之间的置换。

(2) 晶体化学特征:硼酸盐矿物中,B 与 O 可以构成 BO_3^{3-} 和 BO_4^{5-} 两种基本形式的络阴离子,分别呈平面三角形和四面体形状。这两种基本络阴离子可以独立出现,也可以彼此共角顶连成各种复杂的络阴离子(图 10-1)。类似于硅酸盐矿物,其骨干也可以有岛状、环状、链状、层状和架状之分,但由于硼酸根的基本络阴离子除了有与硅氧四面体类似的硼氧四面体外,还有三角形的 BO_3^{3-};同时,其非共用角顶的氧还可以被 OH^- 所替代,因此,硼酸盐矿物中的络阴离子形式更为复杂。大部分硼酸盐矿物属于斜方和单斜晶系。

(3) 形态和物理性质:硼酸盐矿物的形态明显受结构中硼酸根络阴离子相互连成的骨干形式所制约。具有架状结构者通常呈等轴状或粒状;链状结构者常为柱状、针状、纤维状;层状结构者多呈板状;而岛状结构者形态复杂,既可以呈粒状,也可以表现为板状、柱状等形态。

本类矿物的光学性质与阳离子类型关系密切。以惰性气体型离子,如 Ca^{2+}、Mg^{2+}、Na^+ 等为主要阳离子的矿物通常为白色或无色,透明,玻璃光泽;而以过渡金属或铜型离子如 Fe^{2+}、Fe^{3+}、Mn^{2+} 等为主要阳离子的矿物则多呈彩色或黑色,半透明-不透明,金刚光泽或半金属光泽。绝大多数硼酸盐矿物硬度在 2~5 之间,少数可达 7~7.5,如方硼石。密度大多数在 $4\,g/cm^3$ 以下,其中约半数在 $2.5\,g/cm^3$ 以下。

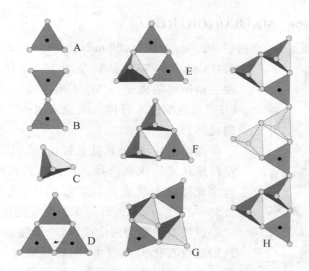

图 10-1　硼酸盐矿物晶体结构中的几种络阴离子

岛状络阴离子：A—BO_3^{3-} 三角形，B—$B_2O_5^{4-}$ 双三角形，C—BO_4^{5-} 四面体；环状络阴离子：D—$B_3O_6^{3-}$ 三联环，E—$[B_3O_3(OH)_4]^-$ 三联环，F—$[B_3O_3(OH)_5]^{2-}$ 三联环，G—$[B_4O_5(OH)_4]^{2-}$ 四联环；
链状络阴离子：H—$[B_3O_4(OH)_3]^{2-}$ 连续链

（4）成因：内生和外生地质作用都可以形成硼酸盐矿物。内生成因者主要形成于接触交代作用，见于镁矽卡岩和钙镁矽卡岩中，并可形成矽卡岩型硼矿床。外生成因者主要见于盐湖中，为化学沉积作用的产物，并可大规模聚集成工业矿床。此外，火山-沉积作用也可以形成具有重要工业意义的硼矿床。

10.1.2　硼镁铁矿族

本族矿物包括硼镁铁矿、硼铁矿（vonsenite）$Fe_2^{2+}Fe^{3+}[BO_3]O_2$ 等，其中硼镁铁矿是常见矿物。晶体结构表现为 BO_3^{3-} 络阴离子和附加阴离子 O^{2-} 由金属阳离子连接起来。金属阳离子与周围的六个氧形成配位八面体。这些配位八面体共棱连成锯齿状链体。

硼镁铁矿　Ludwigite　$(Mg,Fe^{2+})_2Fe^{3+}[BO_3]O_2$

斜方晶系，对称型 mmm，空间群 $Pcma$；$a_0=0.914$ nm，$b_0=0.305$ nm，$c_0=1.245$ nm；$Z=4$。

晶体呈柱状或针状。通常呈纤维状、放射状、粒状或致密块状集合体。墨绿至黑色，颜色随成分中 Fe 含量增大而加深；条痕浅黑绿至黑色；光泽暗淡，纤维状集合体可显丝绢光泽；微透明-不透明。无解理。硬度 5.5～6；密度 3.6～3.7 g/cm³。粉末具弱磁性。

主要产于接触交代成因的镁矽卡岩中或蛇纹石化白云质大理岩中，与磁铁矿、硅镁石、金云母、镁橄榄石、硼镁石等共生。

10.1.3　硼镁石族

本族矿物包括硼镁石和白硼锰石（sussexite）$Mn_2[B_2O_4(OH)](OH)$。两者构成类质同像系列。

硼镁石　Szaibelyite　$Mg_2[B_2O_4(OH)](OH)$

单斜晶系,对称型 $2/m$,空间群 $P2_1/a$;$a_0=1.250$ nm,$b_0=1.042$ nm,$c_0=0.314$ nm,$\beta=95°40'$;$Z=8$。晶体结构见图 10-2。结构中 $[B_2O_4(OH)]^{3-}$ 双三角形络阴离子由 Mg^{2+} 相连接。Mg^{2+} 与周围的 O^{2-} 和 OH^- 形成配位八面体。配位八面体之间共棱相连沿 c 轴方向延伸。

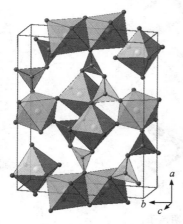

图 10-2　硼镁石的晶体结构

晶体呈柱状、针状甚至板状,依(100)成聚片双晶。通常呈纤维状或块状集合体。白、灰白、浅绿或黄色;条痕白色;丝绢光泽或土状光泽。解理{110}完全。硬度 3～4;密度 2.62～2.75 g/cm³。纤维无弹性或挠性。

硼镁石主要为内生成因,产于接触交代矽卡岩和热液交代的蛇纹石化大理岩中,与硼镁铁矿、硅镁石、磁铁矿等共生。外生成因的硼镁石产于沉积硼矿床中,由其他含水硼酸盐矿物脱水转变而成。

10.1.4　方硼石族

本族矿物包括方硼石、铁方硼石(ericaite) $Fe_3[B_3B_4O_{12}]OCl$ 和锰方硼石(chambersite) $Mn_3[B_3B_4O_{12}]OCl$。三者之间存在类质同像置换,且都有高温等轴晶系和低温斜方晶系两个同质多像变体。

方硼石　Boracite　$Mg_3[B_3B_4O_{12}]OCl$

等轴晶系,对称型 $\overline{4}3m$,空间群 $F\overline{4}3c$;$a_0=1.210$ nm;$Z=8$(β-方硼石,265℃以上)。斜方晶系,对称型 $mm2$,空间群 $Pca2_1$;$a_0=0.854$ nm,$b_0=0.854$ nm,$c_0=1.207$ nm;$Z=4$(α-方硼石,265℃以下)。

β-方硼石晶体常呈四面体、立方体和菱形十二面体的聚形;α-方硼石晶体常呈 β-方硼石的假像,集合体呈粒状集合体,也见纤维状、羽毛状。无色或白色,间带灰、黄或绿色;条痕白色;玻璃光泽或金刚光泽。无解理;断口贝壳状或参差状。硬度 7～7.5;密度 2.91～2.97 g/cm³,Fe 含量高者可增至 3.10 g/cm³。晶体具强压电性和焦电性。

α-方硼石产于化学沉积的盐类矿床中,常与硬石膏、石盐、钾盐、光卤石等共生;β-方硼石可能是由镁的含水硼酸盐经变质作用形成。

10.1.5　硼砂族

硼砂是最常见的含水硼酸盐矿物。其晶体结构表现为两个 BO_3OH 四面体和两个 BO_2OH 三角形彼此共角顶连成四联环,环与环又通过共用三角形的角顶连成沿 c 轴延伸的链,该链与 $Na(H_2O)_6$ 配位八面体共棱连成的沿 c 轴的链以氢氧键连接,形成平行于{100}的结构层;结构层之间以较弱的氢键连接。因而硼砂具有{100}完全解理。硼砂的晶体结构见图 10-3。

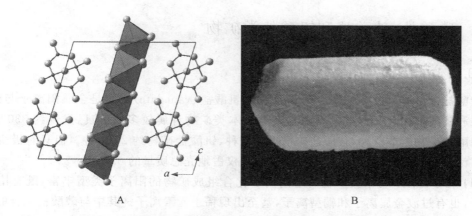

图 10-3 硼砂的晶体结构(A)和形态(B,柱状,1.2cm,西藏)

硼砂 Borax $Na_2[B_4O_5(OH)_4] \cdot 8H_2O$

单斜晶系,对称型 $2/m$,空间群 $C2/c$;$a_0=1.184$ nm,$b_0=1.063$ nm,$c_0=1.232$ nm,$\beta=106°35'$;$Z=4$。

晶体常呈平行{100}的板状或沿 c 轴延伸的短柱状。集合体常呈粒状或土块状,也见晶簇、豆状、皮壳状等形态。无色或白色,有时微带绿、蓝、灰、黄等的浅色调;条痕白色;玻璃光泽,土状者光泽暗淡。解理{100}完全;贝壳状断口。性极脆。硬度 2～2.5;密度 1.66～1.72 g/cm³。易溶于水。味甜略带咸。

硼砂是最常见的硼酸盐矿物之一,主要产于干旱地区盐湖或干盐湖的蒸发沉积物或淤泥中,与石盐、天然碱、钠硼解石、无水芒硝、石膏等矿物共生。在干旱地区土壤表面也可见呈硼霜产出。此外,温泉溶液沉积物中也常可见硼砂。我国西藏拉萨附近的硼湖沉积矿床是世界上著名的硼砂产区之一。

10.1.6 钠硼解石族

钠硼解石(或硼钠钙石) Ulexite $NaCa[B_5O_6(OH)_6] \cdot 5H_2O$

三斜晶系,对称型 $\bar{1}$,空间群 $P\bar{1}$;$a_0=0.881$ nm,$b_0=1.286$ nm,$c_0=0.668$ nm,$\alpha=90°15'$,$\beta=109°10'$,$\gamma=105°5'$;$Z=2$。

晶体呈沿 c 轴的针状,完好晶形少见。集合体通常为由针状、毛发状或纤维状晶体组成的白色绢丝状、团状或放射状,有时也见结核状、豆状、肾状或土状块体。无色或白色;玻璃光泽,集合体呈丝绢光泽;透明。解理{010}、{1$\bar{1}$0}完全。硬度 2.5;密度 1.96 g/cm³。性极脆,手指能捻成粉末。有滑感。

为典型的干旱地区内陆湖相化学沉积产物,常与石盐、芒硝、石膏、天然碱、钠硝石及硼砂等共生;也可呈次生矿物产于盐沼中。

10.2　磷酸盐、砷酸盐和钒酸盐类矿物

10.2.1　概述

磷酸盐(phosphate)、砷酸盐(arsenate)和钒酸盐(vanadate)矿物是金属阳离子与磷酸根、砷酸根和钒酸根化合而形成的含氧盐矿物。本类矿物种属较多,目前已发现约 330 种左右。其中磷酸盐矿物近 200 种,砷酸盐矿物 100 余种,钒酸盐矿物约 20 余种。但只有极少数在自然界广泛分布,绝大多数产出量极少。其总量仅占地壳总质量的 0.7%。

(1) 化学组成:与本类矿物的络阴离子化合组成矿物的阳离子类型丰富,既有惰性气体型离子,也有过渡金属离子和铜型离子,甚至出现稀土元素离子。其中与磷酸根化合的阳离子主要是 Ca^{2+}、Al^{3+}、Fe^{2+}、Cu^{2+}、Pb^{2+}、TR^{3+}(稀土元素离子)等;与砷酸根化合的主要是 Ca^{2+}、Cu^{2+}、Pb^{2+}、Co^{2+}、Ni^{2+}、Fe^{2+}、Fe^{3+}、Mg^{2+} 等;而与钒酸根化合的主要是 Pb^{2+}、Cu^{2+}、Ca^{2+}、K^{+} 等。此外,本类矿物中还常见阳离子的络离子团铀酰 UO_2^{2+}。阴离子除了主要的 PO_4^{3-}、AsO_4^{3-}、VO_4^{3-} 络阴离子外,还常出现 OH^{-}、F^{-}、Cl^{-}、O^{2-} 及 CO_3^{2-}、SO_4^{2-} 等附加阴离子。半数左右的矿物还含水分子,尤其是含铀酰的矿物,均含结晶水。

本类矿物类质同像普遍发育。主要络阴离子 PO_4^{3-} 与 AsO_4^{3-}、AsO_4^{3-} 与 VO_4^{3-} 之间可以形成有限的类质同像替代。PO_4^{3-} 还可以被价态不同的 SO_4^{2-} 或 SiO_4^{4-} 替代。这在其他含氧盐矿物中是少见的。异价替代带来的电荷不平衡可以通过两种方式弥补,一种如 $SiO_4^{4-}+SO_4^{2-} \rightarrow 2PO_4^{3-}$;另一种伴随着阳离子替代的耦合置换,如 $Th^{4+}+SiO_4^{4-} \rightarrow TR^{3+}+PO_4^{3-}$,$Ca^{2+}+SO_4^{2-} \rightarrow TR^{3+}+PO_4^{3-}$。阳离子之间的类质同像替代也常见,如稀土元素之间的等价置换以及如 $Ca^{2+}+Th^{4+} \rightarrow 2TR^{3+}$,$Na^{+}+Y^{3+} \rightarrow 2Ca^{2+}$ 等的异价置换。

(2) 晶体化学特征:在磷酸盐和砷酸盐矿物中,络阴离子的基本单元是 PO_4^{3-} 与 AsO_4^{3-} 四面体。它们在结构中孤立存在而不互相自行连接,需要其他金属阳离子把它们联系起来。这些络阴离子与半径较大的三价阳离子如 TR^{3+} 结合形成稳定的无水化合物,如独居石(Ce,La)PO_4;与半径较大的二价阳离子(如 Ca^{2+}、Pb^{2+} 等)结合时,往往带有附加阴离子,如磷灰石 $Ca_5[PO_4]_3(F,Cl,OH)$;与较小半径的二价阳离子(如 Mg^{2+}、Fe^{2+}、Co^{2+}、Ni^{2+} 等)结合时,阳离子外需包裹上水分子的薄膜形成水合阳离子,从而形成含水化合物,如钴华 $Co_3[AsO_4]_2 \cdot 8H_2O$ 和镍华 $Ni_3[AsO_4]_2 \cdot 8H_2O$;一价阳离子,如 K^{+}、Li^{+} 等通常需要和 Al^{3+} 一起与络阴离子结合成复盐矿物,如磷锂铝石 $LiAlPO_4F$。此外存在铀酰 UO_2^{2+} 的矿物,都是成分复杂的含水化合物,如铜铀云母 $Cu[UO_2][PO_4]_2 \cdot 12H_2O$。

钒酸盐矿物结构中络阴离子的基本单元除了 VO_4^{3-} 外,还有 VO_4^{5-} 四方锥、VO_5^{5-} 三方双锥及 VO_6^{7-} 八面体,而且这些基本单元还可以自行连接,形成更为复杂的络阴离子,包括共角顶的 $V_2O_7^{4-}$ 双四面体、共棱的 $V_2O_8^{6-}$ 双四方锥、共角顶的 $[VO_3]_\infty^{n-}$ 四面体链、共棱的 $[VO_3]_\infty$ 三方双锥链和 $[VO_4]_\infty^{3-}$ 八面体链。

本类矿物大多数属于斜方和单斜晶系,少数为三斜、三方、六方和四方晶系,个别为等轴晶系。

(3) 形态和物理性质:本类矿物的形态与结构关系密切,如具有链状结构的磷灰石呈柱

状形态;层状结构的铜铀云母等呈片状形态。此外,由于许多矿物为外生风化壳成因,故常表现为土状、皮壳状等隐晶集合体形态。

由于本类矿物成分复杂,其物理性质也有很大的变化范围。硬度上,除了无水磷酸盐矿物外,大多具有低或中等硬度;相对密度变化范围很大,最低可至 1.81[水磷铍石(moraesite) $Be_2PO_4(OH)\cdot8H_2O$],高者可达 7 以上(砷铅石)。由于多含 Fe、Mn、Co、Ni、Cu、U 等元素,本类矿物常见较鲜艳的彩色。

(4) 成因:本类矿物在内生和外生地质作用下都可以形成。由于磷、砷、钒的地球化学性质有差异,所以其含氧盐矿物的成因特点也有所不同。磷酸盐的成因比较广泛,内生的所有地质作用中几乎都可以形成磷酸盐矿物,外生成因者主要是形成于复杂的生物化学作用或风化壳中,而且矿物种数上,外生成因的比内生的多。砷酸盐主要形成于风化壳,为砷化物氧化的次生矿物,少数为热液成因。而为数不多的钒酸盐矿物基本都是外生风化壳成因。

10.2.2 独居石族

独居石(磷铈镧矿)　Monazite　(Ce,La)PO₄

单斜晶系,对称型 $2/m$,空间群 $P2_1/n$;$a_0=0.679$ nm,$b_0=0.704$ nm,$c_0=0.647$ nm,$\beta=104°24'$;$Z=4$。

晶体常呈平行于{100}板状,且晶面粗糙;常依(100)形成接触双晶。黄褐或红褐色,有时呈黄绿色;树脂光泽。解理{100}中等;贝壳状或参差状断口;硬度 5~5.5;密度 4.9~5.5 g/cm³,随 Th 含量增高而增大。紫外光下发鲜绿色荧光。因含 Th、U 而具放射性。

作为副矿物产于花岗岩、正长岩及其伟晶岩以及片麻岩中,与锆石、磷灰石、铌铁矿等共生;也见于成因上和空间上与碱性岩有关的碳酸盐岩中,与烧绿石、氟碳铈矿等共生,甚至形成重要的稀土矿床。表生条件下常见于重砂中,并可富集成砂矿床。

10.2.3 磷灰石族

本族矿物包括磷灰石、磷氯铅矿、砷铅石和钒铅矿,同属于磷灰石型结构。晶体结构表现为金属阳离子(Ca^{2+} 或 Pb^{2+})有两种配位形式,一种位于六个分居上下两层的 PO_4^{3-} 四面体之间,与这些 PO_4^{3-} 四面体中的九个角顶氧相连,呈九配位;十二个分居上下两层的 PO_4^{3-} 四面体围成沿 c 轴延伸的较大通道。附加阴离子(F^-、Cl^-、OH^-)与上下两层六个金属阳离子(Ca^{2+} 或 Pb^{2+})形成配位八面体位于通道内,这种位置的金属阳离子与周围的四个 PO_4^{3-} 四面体中的六个氧及一个附加阴离子相连,为七配位(图 10-4)。

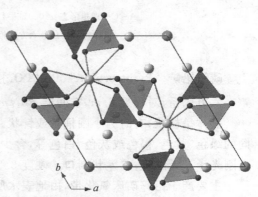

图 10-4　磷灰石族矿物的晶体结构

磷灰石是本族矿物中最常见者。按主要附加阴离子的不同分氟磷灰石(fluorapatite) Ca₅[PO₄]₃F、氯磷灰石(chlorapatite)Ca₅[PO₄]₃Cl、羟磷灰石(hydroxylapatite)Ca₅[PO₄]₃(OH)三个亚种,它们相互间成类质同像关系。此外还有碳磷灰石（carbonate-apatite）Ca₅[PO₄,CO₃(OH)](F,OH)。其中最常见的是氟磷灰石。

磷灰石　Apatite　Ca₅[PO₄]₃(F, Cl, OH)

六方晶系，对称型 $6/m$，空间群 $P6_3/m$；$a_0=0.937$ nm，$c_0=0.688$ nm；$Z=2$。

晶体呈六方柱状或厚板状（图10-5）。集合体为粒状、致密块状、结核状等，其中呈隐晶质者称胶磷矿（collophane）。颜色多样，以黄、绿、黄绿、褐等颜色为常见；沉积岩中的磷灰石因含有机质可染成深灰至黑色。玻璃光泽，断口油脂光泽。解理平行{0001}及{10$\bar{1}$0}不完全；参差状或贝壳状断口。硬度5；密度 $2.9\sim3.2$ g/cm³。加热后常可见磷光。

广泛出现于各种地质作用中，是大多数火成岩、变质岩和沉积岩中常见的副矿物。在基性岩、碱性岩及沉积岩和沉积变质岩中可形成有工业意义的磷矿床。我国磷矿资源较丰富，云南昆阳、贵州开阳、湖北襄阳是著名的沉积磷矿产地；江苏海州等地是沉积变质磷矿产地；河北钒山是岩浆成因磷矿产地。生命活动也可以形成磷灰石甚至有工业意义的磷矿，如主要由鸟粪或动物骨骼堆积形成的磷矿（我国西沙群岛有此类矿产），主要由羟磷灰石组成；人体的胆结石和尿路结石中也可含少量羟磷灰石。

一些磷灰石集合体（如结核状集合体或胶磷矿）仅靠物理性质难于识别，可用 HNO₃ 滴于其上，再加少许钼酸铵粉末，如果粉末由白色变成黄色（磷钼酸铵），则指示有磷存在，这是鉴别磷灰石包括其他磷酸盐矿物常用的化学方法。

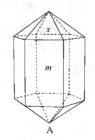  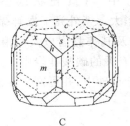 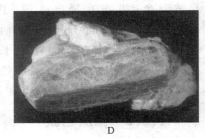

图 10-5　磷灰石的晶体形态

A～C—理想形态：c{0001}平行双面，m{10$\bar{1}$0}、a{11$\bar{2}$0}六方柱，x{10$\bar{1}$1}、s{11$\bar{2}$1}、h{21$\bar{3}$1}六方双锥；D—实际形态（六方柱状，4 cm，苏联）

磷氯铅矿　Pyromorphite　Pb₅[PO₄]₃Cl

六方晶系，对称型 $6/m$，空间群 $P6_3/m$；$a_0=0.997$ nm，$c_0=0.733$ nm；$Z=2$。

晶体呈柱状，有时为小圆桶状或针状。集合体呈晶簇状、粒状、球状、肾状等。各种深浅不同的绿色、黄色、褐色或灰色、白色等，含少量 Cr₂O₃ 的呈鲜红或橘红色。条痕黄白色；树脂或金刚光泽。无解理；参差状断口。硬度 $3.5\sim4$；密度 $6.5\sim7.1$ g/cm³。

主要产于铅锌矿床氧化带，由地表水所含的磷酸与铅矿物作用而形成，与白铅矿、菱锌矿等共生。

砷铅石　Mimetite　Pb₅[AsO₄]₃Cl

六方晶系，对称型 $6/m$，空间群 $P6_3/m$；$a_0=1.025$ nm，$c_0=0.746$ nm；$Z=2$。

晶体呈柱状,常见圆桶状、纺锤状或针状,且晶体常呈同心带状生长。集合体呈球状、肾状、葡萄状或似瘤状及粒状。黄至浅黄褐、橙黄色、白色或无色;条痕白色;松脂光泽;半透明。无解理;参差状断口。硬度 $3.5 \sim 4$;密度 $7.04 \sim 7.24 \ g/cm^3$。

产于铅锌矿床氧化带,为方铅矿等矿物的次生矿物,与铅矾、白铅矿等共生。

钒铅矿　Vanadinite　$Pb_5[VO_4]_3Cl$

六方晶系,对称型 $6/m$,空间群 $P6_3/m$;$a_0 = 1.033 \ nm,c_0 = 0.743 \ nm$;$Z = 2$。

晶体常呈空心柱状,也见针状、毛发状,有时成多孔状。集合体呈晶簇状、球状。不同深浅的黄、红或黄褐色,偶见白色或无色;条痕白或浅黄色;透明至半透明;金刚光泽,断口松脂光泽。无解理;贝壳状断口。硬度 $2.5 \sim 3$;密度 $6.66 \sim 6.88 \ g/cm^3$。

产于铅锌矿床氧化带,为方铅矿等矿物的次生产物,与钼铅矿、铬铅矿、白铅矿、针铁矿等共生。

10.2.4　臭葱石族

本族矿物为含两个结晶水的铁或铝的磷酸盐和砷酸盐矿物,包括臭葱石、砷铝石(mansfieldite)$AlAsO_4 \cdot 2H_2O$、磷铝石和红磷铁矿(strengite) $FePO_4 \cdot 2H_2O$。前二者和后二者都是 Al-Fe 完全类质同像系列的两个端员矿物;而 PO_4^{3-} 和 AsO_4^{3-} 之间也可以有有限的置换。较常见的是磷铝石和臭葱石。

臭葱石　Scorodite　$FeAsO_4 \cdot 2H_2O$

斜方晶系,对称型 mmm,空间群 $Pcab$;$a_0 = 1.028 \ nm,b_0 = 1.000 \ nm,c_0 = 0.890 \ nm$;$Z = 8$。

晶体呈斜方双锥状,有时与柱面成聚形;常见土状块体,也见细小晶簇。苹果绿色、淡蓝绿色、褐灰色或白色;条痕白色;玻璃光泽,土状者光泽暗淡。{100}、{001}和{201}解理均不完全;参差状断口。硬度 3.5;密度 $3.3 \ g/cm^3$。加热时放出砷臭味。

产于矿床氧化带,为毒砂、斜方砷铁矿等氧化的次生矿物,与残留的毒砂等伴生。

磷铝石　Variscite　$AlPO_4 \cdot 2H_2O$

斜方晶系,对称型 mmm,空间群 $Pcab$;$a_0 = 0.987 \ nm,b_0 = 0.957 \ nm,c_0 = 0.688 \ nm$;$Z = 8$。

晶体呈斜方双锥状,少见,多以皮壳状、球状、肾状、豆状等胶态集合体出现。无色或白色,含杂质可呈红、绿、黄、天蓝等色;条痕白色;玻璃光泽或油脂光泽。无解理。晶体硬度 5,胶态集合体硬度为 4;密度 $2.53 \ g/cm^3$。

产于矿床氧化带,与赤铁矿、褐铁矿等共生。

10.2.5　绿松石族

绿松石(土耳其玉)　Turquoise　$Cu(Al,Fe)_6[PO_4]_4(OH)_8 \cdot 4H_2O$

三斜晶系,对称型 $\bar{1}$,空间群 $P\bar{1}$;$a_0 = 0.747 \ nm,b_0 = 0.993 \ nm,c_0 = 0.767 \ nm,\alpha = 111°39',\beta = 115°23',\gamma = 69°26';Z = 1$。

偶见柱状晶体,通常为隐晶质致密块体,或呈皮壳状、结核状、葡萄状、瘤状、豆状等集合体。苹果绿、蓝绿、蓝色或黄绿色;条痕白色或淡绿色;蜡状光泽。{001}解理完全,{010}中等。

硬度5~6(在地表因风化和铜的流失,硬度变小);密度2.6~2.8 g/cm³。

由含铜硫化物及含磷、铝的岩石经风化淋滤作用形成,常与褐铁矿、高岭石、蛋白石等相伴产出。我国湖北郧西、郧县一带是著名产地。

10.2.6 蓝铁矿族

本族矿物为含八个结晶水的磷酸盐和砷酸盐矿物,包括蓝铁矿、钴华和镍华。其中钴华和镍华可以形成完全类质同像系列。

蓝铁矿 Vivianite Fe₃[PO₄]₂·8H₂O

单斜晶系,对称型 $2/m$,空间群 $C2/m$;$a_0=1.008$ nm,$b_0=1.343$ nm,$c_0=0.470$ nm,$\beta=104°30'$;$Z=2$。晶体结构见图10-6,其中包括单配位八面体 Fe-O₂(H₂O)₄ 和双配位八面体 Fe₂-O₆(H₂O)₄。PO₄³⁻ 四面体将两种配位八面体连接成层,层与层之间则以水分子相连接。

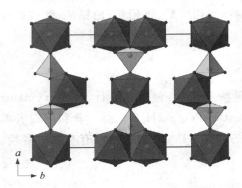

图 10-6 蓝铁矿的晶体结构

晶体呈柱状或针状;集合体常呈放射状、肾状、球状或土状块体。新鲜者无色透明,或带淡蓝色调,在空气中氧化后呈浅蓝、浅绿至深蓝色;新鲜者条痕白色,已氧化者条痕为浅蓝色;玻璃光泽,解理面珍珠光泽。{010}解理完全;薄片能弯曲;易切割。硬度1.5~2;密度2.68 g/cm³。

主要为外生成因,形成于还原环境中。通常产于富含磷的沉积铁矿和泥炭沼泽中,与菱铁矿及其他低价铁的矿物共生。

钴华 Erythrite (Co,Ni)₃[AsO₄]₂·8H₂O

单斜晶系,对称型 $2/m$,空间群 $C2/m$;$a_0=1.018$ nm,$b_0=1.334$ nm,$c_0=0.473$ nm,$\beta=105°1'$;$Z=2$。

晶体呈针状或片状,极少见;常呈被膜状、粉末状、皮壳状集合体。桃红色;条痕淡红色;玻璃光泽,解理面珍珠光泽,土状者光泽暗淡。{010}解理完全。硬度1.5~2.5;密度2.95 g/cm³。易溶于盐酸中。

为钴镍砷化物矿床氧化带的次生矿物,由砷钴矿、辉砷钴矿等氧化而成,常附于这些矿物的表面。

镍华 Annabergite (Ni,Co)₃[AsO₄]₂·8H₂O

单斜晶系,对称型 $2/m$,空间群 $C2/m$;$a_0=1.012$ nm,$b_0=1.328$ nm,$c_0=0.470$ nm,$\beta=104°45'$;$Z=2$。

晶体呈针状或片状,极少见;常呈被膜状、粉末状、皮壳状集合体。翠绿或苹果绿色;条痕淡绿色;玻璃光泽,解理面珍珠光泽,土状者光泽暗淡。{010}解理完全。硬度2.5~3;密度3.00 g/cm³。易溶于盐酸中。

为钴镍砷化物矿床氧化带的次生矿物,由红镍矿等氧化而成,常附于原生矿物的表面。

10.2.7 铜铀云母族

本族矿物的化学式可用 $R[UO_2]_2[XO_4]_2 \cdot nH_2O$ 表示。其中 R 主要为二价阳离子 Cu^{2+}、Ca^{2+},其次为 Mg^{2+}、Fe^{2+}、Ba^{2+} 等;X 主要是 P,其次为 As。其中以铜铀云母和钙铀云母较为常见。本族矿物的晶体结构中,XO_4^{3-} 四面体被哑铃状的 UO_2^{2+} 连接成相互平行的层,U^{6+} 为六次配位;层与层之间由金属阳离子 R 以及水分子连接。其结构属开放性的,其中部分水具有沸石水的性质。当温度升高到一定程度,部分水可以逸出。如铜铀云母,当温度高于 75℃时,会失去 1/3 的水分子而成为变铜铀云母。

铜铀云母 Torbernite $Cu[UO_2]_2[PO_4]_2 \cdot 12H_2O$

四方晶系,对称型 $4/mmm$,空间群 $I4/mmm$;$a_0 = 0.705$ nm,$c_0 = 2.050$ nm;$Z = 2$。

晶体呈细小的四方板状或短柱状;集合体常呈鳞片状,有时呈被膜状。翠绿色、苹果绿色、姜黄色;条痕淡绿色;玻璃光泽,解理面珍珠光泽。{001}解理极完全,{100}解理中等。硬度 2~2.5;密度 3.22~3.60 g/cm³。具强放射性;紫外光下发黄绿色荧光。

外生成因,产于氧化带,为原生铀矿物氧化后的次生矿物,与钙铀云母、砷铀矿、铁和锰的氧化物、高岭石等共生。

钙铀云母 Autunite $Ca[UO_2]_2[PO_4]_2 \cdot 10\sim12H_2O$

四方晶系,对称型 $4/mmm$,空间群 $I4/mmm$;$a_0 = 0.699$ nm,$c_0 = 2.063$ nm;$Z = 2$。

晶体呈四方板状、片状或鳞片状;集合体常呈鳞片状、球状、粉末状、被膜状等。柠檬黄、黄绿、浅绿色;颜色和透明度与湿度有关,比较潮湿时,矿物颜色鲜艳,透明度亦较好;条痕淡黄色;金刚光泽,解理面珍珠光泽。{001}解理极完全,{100}解理中等。硬度 2~2.5;密度 3.05~3.19 g/cm³。具强放射性;紫外光下发黄绿色荧光。

外生成因,产于氧化带,为原生铀矿物氧化后的次生矿物,与铜铀云母、砷铀矿、铁和锰的氧化物、高岭石等共生;也见于伟晶岩矿床中,与沥青铀矿、铌钽矿物等共生。

10.2.8 钒钾铀矿族

钒钾铀矿 Carnotite $K_2[UO_2]_2[V_2O_8]_2 \cdot 3H_2O$

单斜晶系,对称型 $2/m$,空间群 $P2_1/a$;$a_0 = 1.047$ nm,$b_0 = 0.841$ nm,$c_0 = 0.691$ nm,$\beta = 103°40'$;$Z = 2$。

晶体呈菱形板状;集合体呈致密块状、被膜状、粉末状、皮壳状等。鲜黄、金黄、浅黄绿色;条痕淡黄色;珍珠光泽,土状者集合体光泽暗淡。{001}解理完全。硬度 2~2.5;密度 4.70 g/cm³。具强放射性;无荧光。

次生矿物,产于砂岩及富钒和有机质的灰岩中,与钒钙铀矿及铀黑、黄铁矿、石膏、方解石等共生。

10.3 钨酸盐、钼酸盐和铬酸盐类矿物

10.3.1 概述

钨酸盐(tungstate)、钼酸盐(molybdate)和铬酸盐(chromate)矿物是金属阳离子与钨酸

根、钼酸根和铬酸根化合而形成的含氧盐矿物。本类矿物种属较少，目前已知的仅 30 种左右。在地壳中的分布也较少。

尽管铬、钼、钨同属于元素周期表中ⅥB族，但其地球化学性质却有明显差异。铬和钨明显更亲氧，主要形成氧化物和含氧盐矿物，而钼亲硫性显著，主要形成硫化物辉钼矿。

(1) 化学组成：与本类矿物的络阴离子化合组成矿物的阳离子种类有限，主要是 Ca^{2+}、Pb^{2+}，其次有少量 Cu^{2+}、Zn^{2+}、Fe^{3+}、Al^{3+}、K^+ 等。阴离子除了主要的 WO_4^{2-}、MoO_4^{2-}、CrO_4^{2-} 络阴离子外，个别矿物还含附加阴离子 OH^-、F^-、PO_4^{3-}、AsO_4^{3-}、SiO_4^{4-} 等。水分子也在个别矿物中出现，如水钨铝矿（anthoinite）$AlWO_4(OH) \cdot H_2O$ 等。

(2) 晶体化学特征：本类矿物络阴离子的基本单元是 WO_4^{2-}、MoO_4^{2-} 和 CrO_4^{2-} 四面体，但其形状有所不同。CrO_4^{2-} 为正四面体，体积较小；而 WO_4^{2-} 和 MoO_4^{2-} 为沿一个四次倒转轴压扁的四方四面体，且体积较大。因此 WO_4^{2-} 和 MoO_4^{2-} 不与 CrO_4^{2-} 发生类质同像替代，也不能被 SO_4^{2-}、PO_4^{3-}、SiO_4^{4-} 等置换。但 CrO_4^{2-} 可以被 PO_4^{3-}、SiO_4^{4-} 等少量替代。WO_4^{2-} 和 MoO_4^{2-} 之间的相互置换量也不大。

本类矿物的络阴离子与较大半径的阳离子 Pb^{2+}、Ca^{2+} 等结合形成无水化合物，如白钨矿、钼铅矿、铬铅矿；而与较小半径阳离子 Cu^{2+}、Zn^{2+}、Fe^{3+}、Al^{3+} 等结合时，形成含附加阴离子或水分子的化合物，如铜钨华（cuprotungstite）$Cu_2WO_4(OH)_2$、铁钼华（ferrimolybdite）$Fe_2[MoO_4]_3 \cdot 8H_2O$、水钨铝矿，或者形成含附加阴离子的复盐矿物，如磷铬铜铅矿（vauquelinite）$Pb_2Cu[CrO_4][PO_4](OH)$、硅锌铬铅矿（hemihedrite）$Pb_5Zn[CrO_4]_3[SiO_4]F$。

(3) 形态和物理性质：本类矿物主要呈双锥状、板状或柱状形态。物理性质特征较鲜明。密度范围较大，钨酸盐密度大，而铬酸盐一般不大，但含铅的铬酸盐矿物密度也很大；硬度都不高，不超过 4.5，含水者可低至 1。颜色上少数呈深色，如钨铅矿，大部分为白色或浅彩色。

(4) 成因：本类矿物中，无水钨酸盐矿物由内生作用形成，主要见于接触交代矿床和热液矿床中，其他矿物主要由表生作用形成，见于矿床氧化带中。

10.3.2　白钨矿族

本族矿物白钨矿晶体结构较简单，Ca^{2+} 和 WO_4^{2-} 均绕 c 轴成四次螺旋式排列，且二者沿 c 轴相间分布。Ca^{2+} 与周围四个 WO_4^{2-} 中的八个氧结合，呈八次配位。WO_4^{2-} 配位四方四面体的短轴均与 c 轴平行（图 10-7A）。

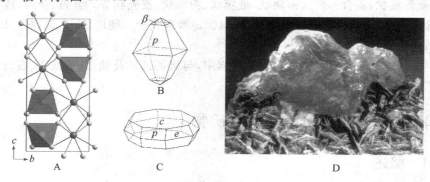

图 10-7　白钨矿的晶体结构和形态

A—晶体结构；B、C—理想形态：$c\{001\}$平行双面，$p\{111\}$、$\beta\{113\}$、$e\{101\}$四方双锥；D—实际晶体形态（5 cm，四川）

白钨矿 Scheelite CaWO₄

四方晶系,对称型 $4/m$,空间群 $I4_1/a$;$a_0=0.525$ nm;$c_0=1.140$ nm;$Z=4$。

晶体呈近于八面体的四方双锥状(图 10-7B~D);常见依(110)的双晶;集合体呈粒状或致密块状。白色,有时微带浅黄或浅绿色;油脂光泽或金刚光泽;透明至半透明。{101}解理中等;参差状断口。硬度 4.5;密度 5.8~6.2 g/cm³。具发光性,紫外光下发淡蓝色或黄白至白色荧光。

主要产于接触交代矿床中,与石榴子石、透辉石、符山石、萤石、辉钼矿等共生;也见于高温热液脉中。此外伟晶岩脉中也有少量产出。

10.3.3 钼铅矿族

钼铅矿 Wulfenite PbMoO₄

四方晶系,对称型 $4/m$,空间群 $I4_1/a$;$a_0=0.542$ nm;$c_0=1.210$ nm;$Z=4$。钼铅矿与白钨矿结构相似。

晶体多呈板状,少数呈四方双锥状(图 10-8);依(110)和(010)成双晶;集合体呈粒状或块状。橙黄至蜡黄色,有时带灰、绿、褐、红等色调;条痕白色或淡黄色;金刚光泽,断口油脂光泽;透明至半透明。{101}解理中等;参差状断口。硬度 2.5~3;密度 6.5~7.0 g/cm³。

图 10-8 钼铅矿的晶体形态
四方柱+双面(5 cm,墨西哥)

主要作为次生矿物产于铅锌矿床氧化带,与磷氯铅矿、白铅矿、铅矾等共生;偶见于低温热液脉中。

10.3.4 铬铅矿族

铬铅矿 Crocoite PbCrO₄

单斜晶系,对称型 $2/m$,空间群 $P2_1/n$;$a_0=0.711$ nm,$b_0=0.741$ nm,$c_0=0.681$ nm,$\beta=102°33'$;$Z=4$。

晶体呈柱状或假菱面体状(图 10-9);在岩石裂隙中常呈晶簇产出。橘红色;条痕橘黄色;金刚光泽。{110}解理中等。硬度 2.5~3;密度 5.99 g/cm³。溶于热盐酸并放出氯气。

图 10-9 铬铅矿的晶体形态
长柱状(2 cm,澳大利亚)

作为次生矿物产于超基性岩附近的含铅矿床氧化带中。

10.4 硫酸盐类矿物

10.4.1 概述

硫酸盐(sulfate)矿物是金属阳离子与硫酸根化合形成的含氧盐矿物。目前已发现该类矿物 180 余种。它们在地壳中分布不多,仅占地壳总质量的 0.1% 左右。其中石膏、硬石膏、重晶石、明矾石、芒硝等均能聚集成有工业意义的矿床,部分硫酸盐矿物还是提取 Sr、Pb、U 等金属元素的原料。

(1) 化学组成：本类矿物中与硫酸根结合的金属阳离子有 20 余种。其中主要是惰性气体型和过渡型离子，如 Ca^{2+}、Mg^{2+}、K^+、Na^+、Ba^{2+}、Sr^{2+}、Fe^{3+}、Al^{3+}，其次为 Cu^{2+}、Pb^{2+}、Zn^{2+} 等铜型离子。阴离子除主要络阴离子 SO_4^{2-} 外，有时还有附加阴离子 OH^-、F^-、Cl^-、O^{2-} 以及 CO_3^{2-} 等。此外，许多硫酸盐矿物中存在结晶水。

由于本类矿物多是表生常温条件下形成，因此类质同像替代在本类矿物中不发育，只有 Mg-Fe 和 Ba-Sr 在某些矿物中可形成完全类质同像系列。

(2) 晶体化学特征：硫在自然界以不同价态形成不同类型的矿物。在自然硫中它以中性原子存在；在硫化物中呈阴离子与金属阳离子结合；而在硫酸盐矿物中它以最高氧化态（S^{6+}）与氧形成络阴离子 SO_4^{2-}。该络阴离子为正四面体状，半径很大（0.295 nm），因此只有与大半径的二价阳离子 Ba^{2+}、Sr^{2+}、Pb^{2+} 结合成稳定的无水化合物，如重晶石 $BaSO_4$；当与小半径的 Mg^{2+}、Cu^{2+} 等二价阳离子结合时，往往形成含水硫酸盐矿物，如胆矾 $CuSO_4 \cdot 5H_2O$；若离子半径介于上述二者之间，如 Ca^{2+}，则既可形成无水硫酸盐矿物，如硬石膏 $CaSO_4$，也可形成含水硫酸盐矿物，如石膏 $CaSO_4 \cdot 2H_2O$。一价碱金属离子可以和 SO_4^{2-} 结合成无水或含水的矿物，如无水芒硝 Na_2SO_4 和芒硝 $Na_2SO_4 \cdot 10H_2O$，也可以与二价或三价阳离子（Al^{3+}、Fe^{3+} 等）一起组成含附加阴离子或结晶水的复硫酸盐矿物，如黄钾铁矾 $KAl_3[SO_4]_2(OH)_6$。

二价阳离子与 SO_4^{2-} 结合时，含结晶水的数量，随形成温度的不同，或形成后外界温度和湿度的改变而有所不同。例如七水胆矾（boothite）$CuSO_4 \cdot 7H_2O$ 在干燥气候条件下转变为胆矾 $CuSO_4 \cdot 5H_2O$；在 95℃ 以上转变为三水胆矾（bonattite）$CuSO_4 \cdot 3H_2O$；在 120℃ 以上转变为一水硫酸铜 $CuSO_4 \cdot H_2O$；在 320℃ 以上转变为无水的铜蓝矾（chalcocyanite）$CuSO_4$。

(3) 形态和物理性质：硫酸盐矿物对称程度较低，主要是单斜和斜方晶系，其次是三方晶系。晶体主要为板状和柱状。由于主要形成于表生条件下，常呈皮壳状、钟乳状、粉末状、块状等集合体出现。物理性质的主要特征是硬度低，小于 3.5。密度一般不大，在 $2 \sim 4$ g/cm³ 左右，含 Ba 和 Pb 等重元素者密度可达 4 g/cm³ 以上。颜色一般为白色或无色，含 Cu、Fe 等过渡型和铜型离子时呈绿、蓝、黄等彩色。玻璃光泽，少数为金刚光泽。透明至半透明。

(4) 成因：本类矿物形成于低温且氧逸度高的条件下，主要产出于地表和地壳浅部。多数为化学沉积作用形成。此外，低温热液作用晚期及金属硫化物在氧化带氧化也常形成本类矿物。

10.4.2 重晶石族

本族矿物主要包括重晶石 $BaSO_4$、天青石 $SrSO_4$ 和铅矾 $PbSO_4$。其中 Ba 和 Sr 之间成完全的类质同像系列；Ba 和 Pb 之间只能发生有限的类质同像替代；而 Sr 和 Pb 之间基本上不能互相置换。

本族矿物的晶体结构同属于重晶石型。SO_4^{2-} 四面体呈孤立的岛状由金属阳离子联系起来，每个阳离子周围有七个 SO_4^{2-} 四面体，并与其中的十二个角顶氧连接，配位数为 12；而 O^{2-} 则与一个 S 和三个金属阳离子接触，配位数为 4（图 10-10）。

重晶石 Barite $BaSO_4$

斜方晶系，对称型 *mmm*，空间群 *Pnma*；$a_0 = 0.8788$ nm，$b_0 = 0.5450$ nm，$c_0 = 0.7152$ nm；$Z = 4$。

晶体常沿{001}发育成板状（图 10-10），有时呈柱状或粒状；常以板状晶体的晶簇或块状、粒状、结核状或钟乳状集合体产出。无色或白色，有时呈黄、褐、灰、淡红等色；透明；玻璃光泽，解理面显珍珠光泽。{001}和{210}解理完全，{010}解理中等。硬度 3～3.5；密度 4.3～4.5 g/cm³。

主要产于中、低温热液脉中，与金属硫化物方铅矿、闪锌矿、黄铜矿、辰砂等共生，或以单一的重晶石脉出现；也产于沉积岩中，呈结核状或透镜状，多存在于沉积锰矿床和浅海的泥、砂质沉积岩中；在风化残积的粘土层中，也见结核状、块状的次生重晶石。我国重晶石矿产很多，湖南、广西、江西等地的矿床是巨大的热液单矿物脉。

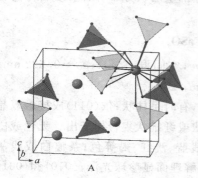
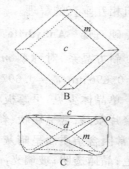

图 10-10　重晶石的晶体结构和形态
A—晶体结构；B、C—理想形态：c{001}平行双面，m{210}、d{101}、o{011}斜方柱；D—实际晶体（板状，3 cm，美国）

天青石　Celestite　SrSO₄

斜方晶系，对称型 *mmm*，空间群 *Pnma*；$a_0=0.8359$ nm，$b_0=0.5352$ nm，$c_0=0.6866$ nm；$Z=4$。

晶体呈厚板状或短柱状（图 10-11）；多以钟乳状、结核状或细粒状集合体产出。灰白色，带浅蓝色调，有时无色透明；玻璃光泽，解理面显珍珠光泽。{001}和{210}解理完全，{010}解理中等。硬度 3～3.5；密度 3.9～4.0 g/cm³。

主要为沉积成因，产于白云岩、石灰岩、泥灰岩等沉积岩中，也见于盐丘的顶帽中。少数为热液成因，以热液脉或基性喷出岩的洞穴充填物产出。我国江苏溧水爱景山是热液成因天青石的著名产地。

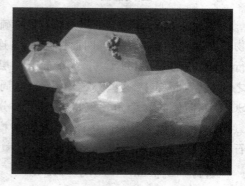

图 10-11　天青石的形态
柱状（10 cm，利比亚）

铅矾　Anglesite　PbSO₄

斜方晶系，对称型 *mmm*，空间群 *Pnma*；$a_0=0.8480$ nm，$b_0=0.5398$ nm，$c_0=0.6953$ nm；$Z=4$。

晶体呈厚板状或短柱状，少见；常呈致密块状、粒状、钟乳状、结核状或皮壳状集合体产出，包裹在方铅矿的表面。无色或白色，常因外来杂质而染成灰、浅黄、浅褐等色，若含未分解的方铅矿显微包裹体可呈暗灰或黑色；条痕白色；透明；金刚光泽。{001}和{210}解理中等，{010}解理不完全。硬度 2.5～3；密度 6.1～6.4 g/cm³。

主要产于铅锌硫化物矿床氧化带，由原生方铅矿经氧化而成，常与白铅矿等伴生。

10.4.3　硬石膏族

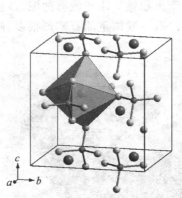

图 10-12　硬石膏的晶体结构

本族矿物硬石膏的结构与重晶石有明显区别。在硬石膏中 Ca^{2+} 位于四个 SO_4^{2-} 四面体之间，与其中的八个角顶氧连接，配位数为 8；O^{2-} 与一个 S^{6+} 和两个 Ca^{2+} 接触，配位数为 3（图 10-12）。Ca^{2+} 和 SO_4^{2-} 四面体在 (100)、(010) 和 (001) 面上都呈层状分布，因此，硬石膏具有三组相互垂直的解理。

硬石膏　Anhydrite　CaSO₄

斜方晶系，对称型 mmm，空间群 $Ccmm$；$a_0 = 0.622$ nm，$b_0 = 0.696$ nm，$c_0 = 0.697$ nm；$Z = 4$。

单晶体少见，呈厚板状，有时呈柱状；依 (011) 成接触双晶或聚片双晶；常呈块状、粒状或纤维状集合体产出。无色或白色，常因含杂质而呈暗灰、浅蓝、浅红、褐等色；条痕白或浅灰白色；晶体透明；玻璃光泽，解理面显珍珠光泽；{010} 和 {001}解理完全，{100} 解理中等，三组解理互相垂直。硬度 3～3.5；密度 2.8～3.0 g/cm³。

主要为化学沉积的产物，大量产于因蒸发作用所形成的盐湖沉积物中，常与石膏共生；石膏经脱水作用也可以形成硬石膏。此外，含硫酸的热液交代石灰岩或白云岩也可形成硬石膏。硬石膏在地表条件下不稳定，会转变为石膏。

10.4.4　石膏族

本族矿物石膏为含两个水分子的硫酸盐矿物。其晶体结构为 SO_4^{2-} 四面体与 Ca^{2+} 连接成平行于 (010) 的双层，H_2O 分子分布于双层与双层之间，以氢键连接这些双层。Ca^{2+} 与周围四个 SO_4^{2-} 四面体的六个角顶氧以及两个水分子中的氧相连，配位数为 8（图 10-13）。这种结构决定了石膏的板状形态和一组极完全解理。

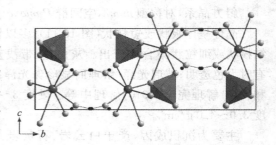

图 10-13　石膏的晶体结构

石膏　Gypsum　CaSO₄·2H₂O

单斜晶系，对称型 $2/m$，空间群 $C2/c$；$a_0 = 0.568$ nm，$b_0 = 1.518$ nm，$c_0 = 0.629$ nm，$\beta = 113°50'$；$Z = 4$。

晶体常依 {010} 呈板状；双晶常见，以 (100) 为双晶面者称燕尾双晶（或称加里双晶），以 (101) 为双晶面者称箭头双晶（或称巴黎双晶）（图 10-14）；集合体为块状、细粒状、纤维状、土状等。通常为白色或无色，因含杂质可成灰、浅黄、浅褐等颜色；无色透明晶体称透石膏（selenite）；条痕白色；玻璃光泽，解理面显珍珠光泽，纤维状集合体（称纤维石膏）呈丝绢光泽。{010} 解理极完全，{100} 和 {011} 解理中等，解理片裂成面夹角 66° 和 114° 的菱形体；硬度 2；薄片具挠性。密度 2.30～2.37 g/cm³。

广泛形成于沉积作用,在海盆或湖盆中因蒸发作用沉淀或由硬石膏水化而成,常以巨大的矿层或透镜体存在于石灰岩、页岩和砂岩、泥灰岩及粘土岩层之间,与硬石膏、石盐等共生。风化过程中硫化物矿床氧化带中的硫酸水溶液与石灰岩作用也可以形成石膏。少量热液成因的石膏产于低温热液硫化物矿床中。我国石膏分布广泛,储量居世界前列;湖北应城、湖南湘潭、山西平陆等都是著名产地。

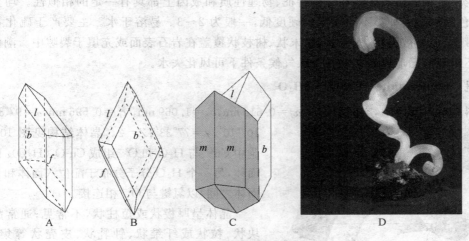

图 10-14 石膏的晶体形态

A、B—理想形态:$b\{010\}$平行双面,$m\{110\}$、$f\{120\}$、$l\{111\}$斜方柱;

C—双晶;D—实际晶体(卷曲状,16 cm,贵州)

10.4.5 芒硝族

芒硝 Mirabilite $Na_2SO_4 \cdot 10H_2O$

单斜晶系,对称型 $2/m$,空间群 $P2_1/c$;$a_0 = 1.148$ nm,$b_0 = 1.035$ nm,$c_0 = 1.282$ nm,$\beta = 117°45'$;$Z = 4$。

晶体呈柱状或针状,也见板条状(图 10-15);集合体呈针状、粒状、纤维状、粉末状、皮壳状。白色或无色,有时带浅黄、浅绿或浅蓝色;透明;条痕白色;玻璃光泽。$\{100\}$解理完全;贝壳状断口;性极脆。硬度$1.5 \sim 2$;密度 1.48 g/cm³。易溶于水;易潮解;味凉而微苦咸。

盐湖中典型的化学沉积产物。温度低于 33℃即从饱和溶液中结晶析出,与石膏、石盐、无水芒硝、泻利盐等共生。温度若高于 33℃则形成无水芒硝(thenardite) Na_2SO_4。我国西北干旱地区,如青海柴达木盆地的若干盐湖中盛产芒硝。

图 10-15 芒硝的晶体形态

板状(4.2 cm,美国)

10.4.6 胆矾族

本族矿物为含五个结晶水的 Mg^{2+}、Fe^{2+}、Cu^{2+}、Mn^{2+} 等二价离子的硫酸盐矿物。除胆矾外,还有五水泻盐(pentahydrite)$MgSO_4 \cdot 5H_2O$、铁矾(siderotil)$FeSO_4 \cdot 5H_2O$、五水锰矾(jokokulite)$MnSO_4 \cdot 5H_2O$。因易溶于水,本族矿物自然界产出很少。

本族矿物以及其他 Cu、Pb、Zn、Mn、Fe、Ni 等二价铜型和过渡型离子的含水硫酸盐矿物通称为"矾类"矿物。矾类矿物在结构特征、物理性质和成因上都具有一定的相似性。均呈玻璃光泽,颜色因阳离子种类不同而异。硬度低,一般为 2～3。易溶于水。主要产于硫化物矿床的氧化带中,多呈被膜状、皮壳状、粉末状、树枝状覆盖在岩石表面或充填于裂隙中。潮湿气候条件下不出现。已形成的矿物在干燥气候条件下可风化失水。

胆矾　Chalcanthite　$CuSO_4 \cdot 5H_2O$

三斜晶系,对称型 $\bar{1}$,空间群 $P\bar{1}$;$a_0=0.612$ nm,$b_0=1.069$ nm,$c_0=0.596$ nm,$\alpha=97°35'$,$\beta=107°10'$,$\gamma=77°33'$;$Z=2$。晶体结构见图 10-16,单胞中 Cu^{2+} 与 H_2O 和 O^{2-} 组成 $Cu-O_2(H_2O)_4$ 配位八面体,另一个 H_2O 分子分布于配位八面体和 SO_4 四面体之间,以氢键与 O^{2-} 相连接。

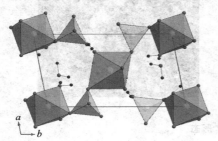

图 10-16　胆矾的晶体结构

晶体呈厚板状或短柱状,不常见;通常为致密块状、粒状或纤维状、钟乳状、皮壳状等集合体。蓝色、天蓝色,有时微带绿色;条痕白色;透明至半透明;玻璃光泽。{110}解理不完全;贝壳状断口。硬度 2.5;性极脆;密度 2.1～2.3 g/cm³。极易溶于水,水溶液呈蓝色;味苦而涩。

为含铜硫化物经氧化分解而成的次生矿物,多见于干燥地区铜矿床氧化带中。在干燥条件下,常温下失去一部分水变成浅绿色粉末状一水硫酸铜,最终变成绿白色的铜靛矾。

10.4.7 水绿矾族

本族矿物为含七个结晶水的 Mn^{2+}、Fe^{2+}、Co^{2+} 等二价离子的硫酸盐矿物。除水绿矾外,还有水锰矾(mallardite)$MnSO_4 \cdot 7H_2O$、赤矾(bieberite)$CoSO_4 \cdot 7H_2O$。因易溶于水,本族矿物自然界产出也很少。

水绿矾　Melanterite　$FeSO_4 \cdot 7H_2O$

单斜晶系,对称型 $2/m$,空间群 $P2_1/c$;$a_0=1.047$ nm,$b_0=0.650$ nm,$c_0=1.104$ nm,$\beta=105°34'$;$Z=2$。

晶体呈短柱状或厚板状,有时呈假菱面体或长柱状;通常为块状、纤维状、钟乳状、皮壳状集合体。淡绿至蓝绿色,随铜含量增加而趋于深蓝色,氧化后呈白色粉末状;条痕无色或白色;透明;玻璃光泽,也见丝绢光泽。{001}解理完全,{110}解理中等;贝壳状断口。硬度 2;性极脆;密度 1.89 g/cm³。易溶于水;味先涩而后甜。

为含铁硫化物矿物风化的产物,主要产于氧化带的最下部或次生富集带中,与铁明矾、粒铁矾、胆矾等共生。我国西北干旱地区的某些硫化物矿床氧化带有较多产出。

10.4.8 明矾石族

本族矿物为含附加阴离子 OH^- 的复杂硫酸盐矿物,其化学通式可表示为 $AB_3[SO_4]_2$ $(OH)_6$。其中 A 代表 K^+、Na^+、Ag^+、NH_4^+ 等一价离子,B 代表 Al^{3+} 和 Fe^{3+}。包括明矾石、黄钾铁矾、钠铁矾、银铁矾和黄铵铁矾等,以前两种矿物为常见。

明矾石 Alunite $KAl_3[SO_4]_2(OH)_6$

三方晶系,对称型 $3m$,空间群 $R3m$;$a_0=0.696\ nm$;$c_0=1.735\ nm$;$Z=3$。

晶体细小,呈假立方体状的菱面体或厚板状;通常为致密块状、细粒状、土状或纤维状、结核状集合体。白色,常带浅灰、浅黄或浅红色调;条痕白色;透明;玻璃光泽,解理面有时显珍珠光泽。{0001}解理中等;断口多片状至贝壳状。硬度 3.5～4;密度 2.6～2.9 g/cm^3。

中酸性火成岩(主要是火山岩)低温热液蚀变的产物,这种作用通常称为明矾石化。蚀变后岩石由石英、高岭石、明矾石等组成。此外,一些砂岩、粘土岩等沉积岩中可有结核状明矾石产出。我国明矾石产出广泛,主要产地有浙江苍南矾山(有"矾都"之称)、安徽庐江及福建福鼎等。

黄钾铁矾 Jarosite $KFe_3[SO_4]_2(OH)_6$

三方晶系,对称型 $3m$,空间群 $R3m$;$a_0=0.721\ nm$,$c_0=1.703\ nm$;$Z=3$。晶体结构见图 10-17,可视为平行(0001)面的 SO_4^{2-} 四面体层和 $Fe\text{-}O_2(OH)_4$ 配位八面体层交替排列沿 c 轴延伸,OH^- 平行(0001)成层分布于 SO_4^{2-} 四面体层和 Fe^{3+} 离子层之间。K^+ 与周围三个 SO_4^{2-} 中的六个 O^{2-} 和其上、下的六个 OH^- 相连,呈 12 次配位。

晶体呈假立方体状的菱面体或厚板状,罕见;通常为皮壳状、土状、致密块状或结核状集合体。黄至暗褐色;条痕淡黄色;玻璃光泽。{0001}解理中等。硬度 2.5～3.5;密度 2.91～3.26 g/cm^3。手指捏磨带滑腻感。不溶于水。

为金属硫化物矿床氧化带的次生矿物,主要由黄铁矿等氧化分解形成,分布于干旱地区,多产于氧化带上部。我国西北祁连山地区的锡铁山、照壁山的硫化物矿床中,黄钾铁矾较发育。

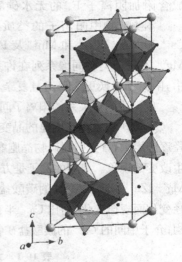

图 10-17 黄钾铁矾的晶体结构

10.5 碳酸盐类矿物

10.5.1 概述

本类矿物是金属阳离子与碳酸根 CO_3^{2-} 结合而形成的含氧盐矿物。在地壳中的分布很广,仅次于硅酸盐矿物。目前已发现矿物种数超过 100 种,占地壳总质量的 1.7% 左右。其中钙和镁的碳酸盐矿物分布最广,是重要的造岩矿物,往往形成很厚的海相沉积岩层。很多碳酸盐矿物和岩石是重要的非金属材料(如石灰岩、大理岩)或提取某种重要元素(如镁、铜、稀土元素及放射性元素 Th、U 等)的原料,具有重要的经济意义。

(1) **化学组成**：与碳酸根 CO_3^{2-} 结合的金属元素类型丰富,既有惰性气体型的 Ca、Mg、Sr、Ba、Na、K、Al 和过渡型的 Fe、Mn、Ni、Co,也有铜型的 Cu、Zn、Pb 等,还有稀土元素 Y、La、Ce 及放射性元素 Th、U 等。其中以 Ca 和 Mg 的碳酸盐矿物产出最多,分布最广泛。阴离子除了主要络阴离子 CO_3^{2-} 外,还有附加阴离子 OH^-、F^-、Cl^-、O^{2-}、SO_4^{2-}、PO_4^{3-} 等,其中以 OH^- 最常见。此外,一些碳酸盐矿物中还存在结晶水。

(2) **晶体化学特征**：本类矿物晶体结构中,主要络阴离子 CO_3^{2-} 为平面三角形构型,半径较大(0.255 nm)。和 SiO_4^{4-} 等络阴离子一样,内部为较强的共价键,与其他金属阳离子结合则以离子键性为主。CO_3^{2-} 和多数二价阳离子,如 Ca^{2+}、Mg^{2+}、Fe^{2+}、Mn^{2+}、Ba^{2+}、Sr^{2+}、Pb^{2+}、Zn^{2+} 等都可以结合成稳定的无水化合物;而与 Cu^{2+} 以及部分 Zn^{2+} 等可形成以 OH^- 为主要附加阴离子的碳酸盐,即所谓的基性盐矿物,如孔雀石 $Cu_2[CO_3](OH)_2$、水锌矿(hydrozincite) $Zn_5[CO_3]_2(OH)_6$;对于一价阳离子,主要是 Na^+,往往形成含结晶水的碳酸盐,如水碱(thermonatrite) $Na_2CO_3 \cdot H_2O$,有时还和氢离子一起形成所谓的酸性盐,如天然碱(trona) $Na_3H[CO_3]_2 \cdot 2H_2O$;对于三价金属阳离子,主要是稀土元素离子,与碳酸根结合时往往形成含附加阴离子 F^- 的无水碳酸盐,如氟碳铈矿 $(Ce, La...)[CO_3]F$。

本类矿物中阳离子的类质同像置换十分发育。完全类质同像系列如方解石族矿物中的 Ca^{2+} 和 Mn^{2+}、Fe^{2+} 和 Mn^{2+} 及 Fe^{2+} 和 Mg^{2+} 的等价替代;而 Ca^{2+} 和 Fe^{2+}、Fe^{2+} 和 Zn^{2+} 及 Mn^{2+} 和 Mg^{2+} 不完全类质同像系列在许多矿物中存在。在主要阳离子为稀土元素的矿物(如氟碳铈矿)中,阳离子置换更为普遍且复杂,广泛存在等价或异价、完全或不完全的类质同像系列。

成类质同像关系的阳离子间在结构中既可以无序分布,也可以有序分布,并往往形成超结构。

本类矿物中存在明显的晶变现象。所谓晶变现象是指一系列成分相似的矿物,随着阳离子半径逐渐增大,首先引起矿物晶胞参数的规律变化;当阳离子半径增大到某临界值时,矿物的结构发生改变的现象。典型的例子是方解石-文石族矿物(表 10-1)。从表 10-1 可以看出,比 Ca^{2+} 半径小的 Mg^{2+}、Zn^{2+}、Fe^{2+}、Mn^{2+} 的碳酸盐矿物都形成三方晶系的方解石型结构,但其晶胞参数随阳离子半径变化而规律变化;而比 Ca^{2+} 半径大的 Sr^{2+}、Pb^{2+}、Ba^{2+} 的碳酸盐矿物都形成斜方晶系的文石型结构;介于中间的 Ca^{2+} 的碳酸盐矿物有同质二像,既可以形成方解石,也可以形成文石。

表 10-1　方解石-文石族矿物的阳离子半径与结构的关系

结构型	晶系	矿物及其化学式	阳离子及其半径/nm	晶胞参数/nm
方解石型结构	三方	菱镁矿 $MgCO_3$	Mg^{2+}　0.072	$a_0 = 0.464, c_0 = 1.502$
		菱锌矿 $ZnCO_3$	Zn^{2+}　0.074	$a_0 = 0.465, c_0 = 1.503$
		菱铁矿 $FeCO_3$	Fe^{2+}　0.083	$a_0 = 0.469, c_0 = 1.537$
		菱锰矿 $MnCO_3$	Mn^{2+}　0.083	$a_0 = 0.478, c_0 = 1.567$
		方解石 $CaCO_3$	Ca^{2+}　0.100	$a_0 = 0.499, c_0 = 1.706$
文石型结构	斜方	文石 $CaCO_3$	Ca^{2+}　0.100	$a_0 = 0.495, b_0 = 0.796, c_0 = 0.573$
		碳锶矿 $SrCO_3$	Sr^{2+}　0.118	$a_0 = 0.513, b_0 = 0.842, c_0 = 0.609$
		白铅矿 $PbCO_3$	Pb^{2+}　0.119	$a_0 = 0.515, b_0 = 0.847, c_0 = 0.611$
		碳钡矿 $BaCO_3$	Ba^{2+}　0.135	$a_0 = 0.526, b_0 = 0.885, c_0 = 0.655$

碳酸盐矿物多数结晶成单斜、斜方和三方晶系,其次为六方晶系;而等轴、四方和三斜对称者则极少。

(3)形态和物理性质:本族矿物的晶体形态取决于晶体结构和形成条件。常见矿物主要表现为菱面体状、柱状和板状。集合体多呈块状、粒状、放射状、土状和晶簇状等。

多数碳酸盐矿物为白色或浅色,但当含 Cu、Fe、Mn、Co、U 等色素离子时可显鲜艳的彩色,如黄(Fe、U 及稀土元素离子)、蓝或绿(Cu 等)、红(Mn、Co 等)等色。玻璃光泽或金刚光泽。硬度不大(3~5)。密度范围大,与阳离子种类密切相关。许多矿物发育多组完全解理。此外,CO_3^{2-} 的存在使许多矿物有很高的双折射率。

(4)成因:本族矿物主要为外生成因,包括沉积作用和风化作用,分布广泛,尤其是海相沉积作用可以形成大面积分布且厚度很大的碳酸盐岩地层。内生地质作用主要形成于热液作用,少量形成于岩浆作用,作为碳酸岩中的主要造岩矿物。此外,区域变质的热液脉、接触变质带及热泉沉积物和火山岩的杏仁体中也可见到碳酸盐矿物。

10.5.2 方解石-文石族

本族矿物包括镁、锌、铁、锰、钙、锶、铅和钡等二价阳离子的无水碳酸盐矿物。其中镁、锌、铁、锰的碳酸盐矿物属三方晶系的方解石型结构;锶、铅、钡的碳酸盐矿物属斜方晶系的文石型结构。而 $CaCO_3$ 在自然界有三个同质多像变体:最常见的是三方晶系变体方解石;其次是斜方晶系变体文石;而六方晶系变体六方碳钙石(vaterite),由于稳定性很差,很少见。

方解石型结构可以看成由 NaCl 型结构变化而来(见图 6-3 和 10-18)。即用 Ca^{2+} 和 CO_3^{2-} 分别取代 NaCl 结构中的 Na^+ 和 Cl^-,再将 NaCl 的立方面心晶胞沿某一三次轴压扁成钝角菱面体状,就形成了方解石的结构。方解石结构中,CO_3^{2-} 平面三角形垂直于三次轴并成层排布,同一层内 CO_3^{2-} 三角形的方向相同,而相邻 CO_3^{2-} 层中的 CO_3^{2-} 三角形方向相反;Ca^{2+} 也在垂直三次轴方向成层排列,并与 CO_3^{2-} 层交替相间分布,其配位数为6。对应于石盐的{100}立方体解理,方解石中出现相应的{10$\bar{1}$1}菱面体解理(图 10-18)。

文石型结构属斜方对称,与方解石型明显不同。区别在于其结构中 Ca^{2+} 呈近似六方最紧密堆积方式排布,而不像方解石中的近似立方密堆积。每个 Ca^{2+} 周围仍然有六个 CO_3^{2-},但它与其中的九个角顶氧连接,呈 9 配位。而每个 O^{2-} 与一个中心 C 和周围的三个 Ca^{2+} 相连,配位数为4(图 10-19)。

根据结构类型的不同,方解石族相应的分为方解石和文石两个亚族。

10.5.2.1 方解石亚族

本亚族包括具有方解石型结构的方解石 $CaCO_3$、菱镁矿 $MgCO_3$、菱铁矿 $FeCO_3$、菱锰矿 $MnCO_3$ 和菱锌矿 $ZnCO_3$ 等。由于类质同像置换普遍,使各矿物成分在相当大的范围内变化。$CaCO_3$ 与 $MnCO_3$ 之间、$MnCO_3$ 与 $FeCO_3$ 之间、$FeCO_3$ 与 $MgCO_3$ 之间及 $MnCO_3$ 与 $ZnCO_3$ 之间可形成完全类质同像的系列;而 $CaCO_3$ 与 $ZnCO_3$ 之间、$CaCO_3$ 与 $FeCO_3$ 之间、$FeCO_3$ 与 $ZnCO_3$ 之间、$MgCO_3$ 与 $MnCO_3$ 之间、$MgCO_3$ 与 $ZnCO_3$ 之间可形成不完全类质同像系列。由于 Ca^{2+} 和 Mg^{2+} 的离子半径相差过大,在低温条件下相互取代的能力很小,因而当 Ca 和 Mg 同时存在时,主要形成复盐白云石 $CaMg[CO_3]_2$。

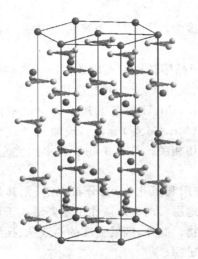

图 10-18　方解石的晶体结构

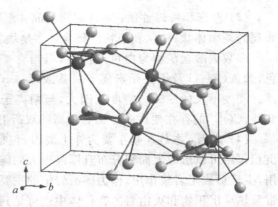

图 10-19　文石的晶体结构

方解石　Calcite　CaCO₃

三方晶系,对称型 $\bar{3}m$,空间群 $R\bar{3}c$;$a_0=0.499$ nm,$c_0=1.706$ nm;$Z=6$。

完好晶体常见,形态多种多样,常见的单形有:$\{10\bar{1}0\}$ 六方柱,$\{0001\}$ 底面,$\{01\bar{1}2\}$ 和 $\{02\bar{2}1\}$ 等菱面体,以及 $\{21\bar{3}1\}$ 复三方偏三角面体等。根据各单形的发育程度不同而表现为菱面体状、板状或片状、六方柱状、复三方偏三角面体状等(图 10-20)。形态与形成温度有关,一般高温趋向于板状或扁平的菱面体状,而低温趋向于柱状或尖菱面体状。双晶常见,如依 $(01\bar{1}2)$ 为双晶面的负菱面体聚片双晶或接触双晶,前者多为应力造成的滑移双晶;依 (0001) 为双晶面的方解石律接触双晶(底面双晶);不常见的有以 $(20\bar{2}1)$ 为双晶面的接触双晶(蝴蝶双晶)。集合体形态也多种多样,常为致密块状(灰岩)、粒状(大理岩)、晶簇状、片状、钟乳状(称钟乳石 stalactite)、土状(白垩)、多孔状(石灰华 travertine)、结核状、鲕状、豆状、被膜状等;平行或近于平行连生的片状(薄板状)者称层解石。无色或白色,因含杂质可呈浅黄、浅红、紫、褐、黑等色;无色透明者称冰洲石(iceland spar);玻璃光泽;$\{10\bar{1}1\}$ 解理完全。硬度 3;密度 $2.6\sim2.9$ g/cm³。遇冷稀盐酸剧烈反应产生气泡。某些方解石具荧光性。

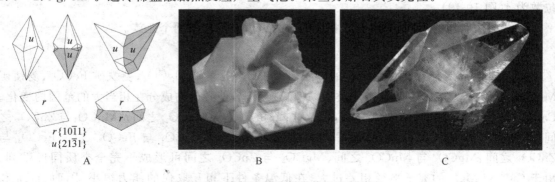

图 10-20　方解石的理想晶体和实际形态

A—理想晶体:$r\{10\bar{1}1\}$ 菱面体,$u\{21\bar{3}1\}$ 复三方偏三角面体;B—板状,5 cm,广东;C—接触双晶,5 cm,美国

分布最广的矿物之一,成因类型多。外生地质作用主要是由于溶解了重碳酸钙 $Ca[HCO_3]_2$ 的海水或溶液因 CO_2 的逸散,使方解石结晶析出,形成大量海相沉积的灰岩,或在石灰岩溶洞中形成风化型的石钟乳、在泉水出口处沉淀石灰华。生物吸取 $CaCO_3$ 形成的介壳亦可在海底堆积成石灰岩。岩浆成因的方解石为碱性岩浆分异的产物或上地幔来源的碳酸盐熔体,在地壳冷凝结晶而成,是碳酸岩的主要造岩矿物。中、低温热液矿脉中经常产出方解石。接触热变质或区域变质作用都可以使灰岩重结晶成大理岩。基性、超基性岩的风化蚀变也常形成方解石(称碳酸盐化,产物包括白云石)。

菱镁矿　Magnesite　$MgCO_3$

三方晶系,对称型 $\bar{3}m$,空间群 $R\bar{3}c$;$a_0 = 0.464$ nm,$c_0 = 1.502$ nm;$Z = 6$。

单晶体少见。通常为粒状或致密块状集合体,在风化壳中常呈隐晶质的瓷状块体。白色或浅黄白色、灰白色,有时呈淡红、黄、棕、褐色;瓷状集合体多为雪白色;玻璃光泽;$\{10\bar{1}1\}$ 解理完全;瓷状集合体具贝壳状断口。硬度 3.5~4.5;密度 2.98~3.48 g/cm^3,随 Fe^{2+} 含量增高而增大。遇冷稀盐酸不起泡,加热后剧烈反应起泡。

热液成因的菱镁矿由含镁热水溶液交代白云岩或白云质灰岩、超基性岩而形成,可以形成重要的工业矿床。超基性岩(如蛇纹岩、橄榄岩等)受地表含碳酸水溶液作用下,在风化壳底部常形成菱镁矿细脉或呈胶态充填于裂隙中,与蛋白石等共生。此外,海相沉积盐层中也可以形成菱镁矿,与硬石膏、白云石、硫镁矾、方硼石等共生。我国辽宁大石桥是世界著名的菱镁矿产地。

菱铁矿　Siderite　$FeCO_3$

三方晶系,对称型 $\bar{3}m$,空间群 $R\bar{3}c$;$a_0 = 0.469$ nm,$c_0 = 1.537$ nm;$Z = 6$。

晶体呈菱面体状、短柱状或复三方偏三角面体状,晶面常弯曲。有时依 $(01\bar{1}2)$ 成负菱面体聚片双晶。通常呈粒状、土状或致密块状集合体;隐晶或胶态集合体称球菱铁矿(球形、半球形隐晶质偏胶体结核)或胶菱铁矿(凝胶状)。新鲜时浅灰白或浅黄白色,有时微带浅褐色,风化后为褐色、棕红色、黑色;玻璃光泽,隐晶质光泽暗淡;透明至半透明。$\{10\bar{1}1\}$ 解理完全。硬度 3.5~4.5;密度 3.7~4.0 g/cm^3。灼烧后的残渣具磁性。遇冷稀盐酸反应缓慢,加热后反应剧烈。

形成于相对还原条件下。热液成因者可单独形成菱铁矿脉或存在于金属硫化物矿脉中,与铁白云石、方铅矿、闪锌矿、黄铜矿等共生。外生沉积成因者产于粘土或页岩岩层和煤层中。所谓泥铁矿即是在外生条件下,在缺氧的环境中,由生物作用或化学沉积作用形成,规模大者可作为铁矿开采。菱铁矿在氧化带不稳定,易分解为水赤铁矿、褐铁矿而形成铁帽。

菱锰矿　Rhodochrosite　$MnCO_3$

三方晶系,对称型 $\bar{3}m$,空间群 $R\bar{3}c$;$a_0 = 0.478$ nm,$c_0 = 1.567$ nm;$Z = 6$。

晶体呈菱面体状,晶面弯曲,不常见。通常为粒状、柱状、块状、肾状、鲕状、土状集合体。玫瑰红色或淡紫红色,随 Ca 含量增加色变浅,也见白色、黄色、灰白色、褐黄色集合体;氧化后呈褐黑色;玻璃光泽;$\{10\bar{1}1\}$ 解理完全。硬度 3.5~4.5;密度 3.6~3.7 g/cm^3,随 Ca^{2+}、Fe^{2+} 含量变化而变化。遇冷稀盐酸反应缓慢,加热后反应剧烈。

以外生沉积成因为主,大量产于海相沉积的锰矿床中,与水锰矿、赤铁矿、绿泥石、石英、黄铁矿等共生；也见于热液硫化物矿脉、热液交代及接触变质矿床中，与硫化物、低价锰氧化物和硅酸盐矿物等共生。

菱锌矿　Smithsonite　$ZnCO_3$

三方晶系，对称型 $\bar{3}m$，空间群 $R\bar{3}c$；$a_0=0.465$ nm，$c_0=1.503$ nm；$Z=6$。

晶体少见，常呈肾状、葡萄状、钟乳状、皮壳状及土状集合体。白色，因含杂质常被染成浅灰、浅黄、淡绿、浅褐、肉红、灰黑等色；玻璃光泽，解理面有时显珍珠光泽；透明至半透明。$\{10\bar{1}1\}$ 解理中等至完全。硬度 $4.5\sim5$；密度 $4.0\sim4.5$ g/cm^3。

主要产于铅锌矿床氧化带，由闪锌矿氧化分解产生的硫酸锌交代碳酸盐围岩或原生矿中方解石而形成，与异极矿、白铅矿、褐铁矿等伴生。

10.5.2.2　文石亚族

本亚族包括具有文石型结构的文石 $CaCO_3$、碳锶矿 $SrCO_3$、白铅矿 $PbCO_3$ 和碳钡矿 $BaCO_3$ 等。各矿物组分之间的类质同像替代，远不如方解石亚族中普遍。

文石（霰石）　Aragonite　$CaCO_3$

斜方晶系，对称型 mmm，空间群 $Pmcn$；$a_0=0.495$ nm，$b_0=0.796$ nm，$c_0=0.573$ nm；$Z=4$。

晶体呈柱状或矛状（图 10-21）；常依（110）成双晶或贯穿三连晶，三连晶常呈假六方对称。集合体常呈柱状、纤维状、晶簇状、皮壳状、钟乳状、珊瑚状、鲕状、豆状和球状等。多数软体动物的贝壳内壁珍珠质部分是由极细的片状文石沿贝壳面平行排列而成。白色、黄白色，有时呈浅绿色、灰色等；玻璃光泽，断口油脂光泽。$\{010\}$ 解理不完全；贝壳状断口。硬度 $3.5\sim4.5$；密度 $2.9\sim3.0$ g/cm^3，成分中含 Sr、Ba、Pb 者密度变大。遇冷稀盐酸剧烈反应，产生气泡。

在自然界分布远不如方解石，主要形成于外生作用。常与方解石一起产出于超基性岩风化壳、硫化物矿床氧化带及石灰岩洞穴中；也见于近代海底沉积和温泉沉淀物中；作为生物化学作用的产物，是许多动物贝壳、珍珠的主要矿物成分。内生成因的文石是热液作用最后阶段的低温产物，见于玄武岩杏仁体和裂隙中。区域变质作用也可以形成文石，并作为低温高压的标志矿物之一。文石不稳定，常转变为方解石（呈文石副像）。

碳锶矿　Strontianite　$SrCO_3$

斜方晶系，对称型 mmm，空间群 $Pmcn$；$a_0=0.513$ nm，$b_0=0.842$ nm，，$c_0=0.609$ nm；$Z=4$。

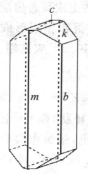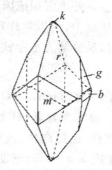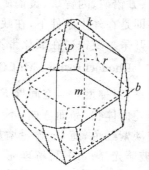

图 10-21　文石的晶体形态

$b\{010\}$、$c\{001\}$ 平行双面，$m\{110\}$、$k\{011\}$、$g\{061\}$ 斜方柱，$p\{111\}$、$r\{121\}$ 斜方双锥

晶体呈针状、柱状或矛状，少见；可依(110)成双晶或贯穿三连晶，三连晶呈假六方对称。常呈粒状、柱状、针状集合体产出，有时呈放射状集合体。白色，含杂质可染成灰、黄白、绿或褐色等；玻璃光泽，断口油脂光泽。$\{110\}$解理中等至不完全。硬度 3.5～4；密度 3.6～3.8 g/cm³，成分中含 Ca 时密度减小。溶于稀盐酸，并产生气泡。焰色反应呈鲜红色。

中、低温热液成因者，呈脉状产于灰岩或泥灰岩中，与重晶石、碳钡矿、方解石、天青石、萤石及一些硫化物矿物共生。沉积成因者呈结核状在沉积岩中产出，与石膏、天青石、磷灰石等共生。

碳钡矿（毒重石）　Witherite　BaCO₃

斜方晶系，对称型 mmm，空间群 $Pmcn$；$a_0=0.526$ nm, $b_0=0.885$ nm，$c_0=0.655$ nm；$Z=4$。

晶体少见，常依(110)成假六方双锥状贯穿三连晶。集合体为粒状、柱状、纤维状或葡萄状等。无色或白色，常带浅灰或浅黄白色；玻璃光泽，断口油脂光泽。$\{010\}$解理中等至不完全。硬度 3～3.5；密度 4.2～4.3 g/cm³。溶于稀盐酸，并产生气泡。焰色反应呈黄绿色。

为分布最广的含钡矿物之一。主要产于低温热液脉中，与重晶石、方解石、白云石、方铅矿等共生。外生成因者为含碳酸水溶液交代重晶石而形成，呈重晶石假像。

白铅矿　Cerussite　PbCO₃

斜方晶系，对称型 mmm，空间群 $Pmcn$；$a_0=0.515$ nm, $b_0=0.847$ nm，$c_0=0.611$ nm；$Z=4$。

晶体常呈板状、片状，有时呈柱状或假六方双锥；常依(110)成双晶或贯穿三连晶，三连晶呈假六方对称。集合体呈粒状、块状、钟乳状或土状。白色或灰白色，因含残余硫化物矿物包裹体而呈黑色；玻璃-金刚光泽，断口油脂光泽。$\{110\}$和$\{021\}$解理中等至不完全；断口不平坦或贝壳状。硬度 3～3.5；性极脆；密度 6.4～6.6 g/cm³。

产于铅锌矿床氧化带，为方铅矿氧化成的铅矾受含碳酸的水溶液作用而形成，与方铅矿、闪锌矿、铅矾等伴生。

10.5.3　白云石族

本族矿物为两种阳离子按固定比例与 CO_3^{2-} 结合而成的复盐。除白云石外，还有铁白云石(ankerite)Ca(Mg，Fe)[CO₃]₂、锰白云石(kutnohorite)CaMn[CO₃]₂ 等。其中铁白云石是 CaMg[CO₃]₂-CaFe[CO₃]₂ 类质同像系列的中间成员，但该系列的纯铁端员矿物在自然界尚未发现。

白云石结构与方解石结构相似，但由于 Ca 和 Mg 的有序分布使其对称程度低于方解石。

白云石　Dolomite　CaMg[CO₃]₂

三方晶系，对称型 $\bar{3}$，空间群 $R\bar{3}$；$a_0=0.484$ nm，$c_0=1.595$ nm；$Z=2$。

晶体常呈$\{10\bar{1}1\}$菱面体状，且晶面常弯曲成马鞍形(图 10-22)，有时见柱状或板状晶体。双晶常见以(0001)、$(10\bar{1}0)$、$(11\bar{2}0)$、$(02\bar{2}1)$为双晶面的聚片双晶，后者为应力作用造成的滑移双晶，与方解石的$\{01\bar{1}2\}$滑移双晶方向不同。集合体常呈粒状或致密块状，有时呈多孔状、肾状等。无色或白色，含 Fe 者为灰黄或黄褐色；玻璃光泽。$\{10\bar{1}1\}$解理完全；解理面常弯曲。硬度 3.5～4；密度 2.86 g/cm³，随成分中铁、锰、铅、锌含量增加而增大。遇冷稀盐酸微弱起泡。

沉积岩中广泛分布的矿物之一，是组成白云岩、白云质灰岩的主要造岩矿物。有沉积和热液两种主要成因。原生沉积的白云石是在盐度很高的海盆或湖盆中直接沉积形成，可以形成巨厚的白云岩层，或与灰岩、菱铁矿等成互层。大量的白云石是次生的，由灰岩受含镁热水溶液交代而形成。白云石还可从热液中直接晶出，与方解石、石英、黑钨矿、黄铜矿等共生。此外岩浆成因的白云石是碳酸岩的主要造岩矿物之一；白云质灰岩在接触变质和区域变质作用下可重结晶成白云质大理岩。在高级变质作用阶段，白云石可分解为方镁石和水镁石。

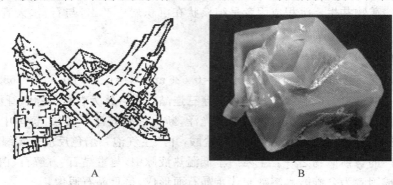

图 10-22　白云石的马鞍状晶形(A)和菱面体晶形(B,4 cm,西班牙)

10.5.4　钡解石族

钡解石　Barytocalcite　CaBa[CO₃]₂

单斜晶系，对称型 $2/m$，空间群 $P2_1/m$；$a_0=0.817$ nm，$b_0=0.523$ nm，$c_0=0.659$ nm，$\beta=106°8'$；$Z=2$。

晶体呈板状、柱状或粒状；集合体为致密块状或粒状等。白色，带灰、黄、绿色调；条痕白色；透明至半透明；玻璃光泽或树脂光泽。$\{110\}$解理完全，$\{001\}$解理中等至完全，三组解理夹角近似方解石。硬度 4；密度 3.64～3.66 g/cm³。溶于稀盐酸。

产于低温热液脉中，与重晶石等共生。

10.5.5　孔雀石族

本族矿物为铜的碳酸盐，且含附加阴离子 OH⁻。主要矿物有孔雀石和蓝铜矿。两者在结构上并不相同，但均为含铜硫化物矿床氧化带的次生矿物，并且共生在一起。

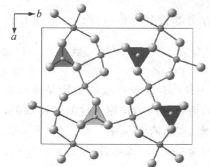

图 10-23　孔雀石的晶体结构

孔雀石　Malachite　Cu₂[CO₃](OH)₂

单斜晶系，对称型 $2/m$，空间群 $P2_1/a$；$a_0=0.948$ nm，$b_0=1.203$ nm，$c_0=0.321$ nm，$\beta=98°42'$；$Z=4$。孔雀石的晶体结构见图 10-23，结构中 Cu-(O,OH)₆ 配位八面体共棱连接，平行 c 轴延伸为链状，链与链之间由 CO₃²⁻ 相连。

晶体呈柱状或针状，极少见。以(100)为双晶面成接触双晶(燕尾双晶)。通常呈肾状、葡萄状集合体产出,内部具同心层状(图 10-24A)或放射纤维状构造,皮壳状、粉末状、被膜状、纤维状集合体也常见,偶见充填脉状或晶簇状。土状者称铜绿或石绿。不同深浅的绿色,色调变化大,从暗绿到绿白色;条痕淡绿色;玻璃光泽至金刚光泽,纤维状集合体呈丝绢光泽,土状者光泽暗淡。$\{\bar{2}01\}$、$\{010\}$ 解理中等至完全。硬度 3.5~4;密度 3.9~4.5 g/cm³。遇冷稀盐酸反应剧烈,产生气泡。

图 10-24　孔雀石的葡萄状集合体(A)和蓝铜矿晶体(B)

A—同心状,2 cm,广东;B—板状,4 cm,法国

含铜硫化物矿床氧化带中的次生矿物,系含铜硫化物氧化所产生的易溶硫酸铜与方解石(脉石矿物或碳酸盐围岩的矿物成分)相互作用而成,或者与含碳酸水溶液作用的结果,与蓝铜矿、赤铜矿、针铁矿等共生,是原生硫化物铜矿床的找矿标志。我国广东阳春石绿铜矿以盛产孔雀石闻名。

蓝铜矿(石青)　Azurite　$Cu_3[CO_3]_2(OH)_2$

单斜晶系,对称型 $2/m$,空间群 $P2_1/c$;$a_0 = 0.500$ nm,$b_0 = 0.585$ nm,$c_0 = 1.035$ nm,$\beta = 92°20'$;$Z = 2$。蓝铜矿的结构(图 10-25)与孔雀石的相似,但 Cu 的配位数为 4,呈 Cu-(O,OH)$_4$ 矩形配位,且平行 b 轴成链状分布,链之间由 CO_3^{2-} 连接。

晶体呈厚板状或短柱状(图 10-24B)。双晶可依(101)、(102)和(001)而成,但少见。集合体为粒状、晶簇状、放射状、土状、皮壳状、被膜状、钟乳状等。深蓝色,钟乳状或土状者常为浅蓝色;条痕浅蓝色;玻璃光泽,钟乳状或土状者光泽暗淡;透明至半透明。$\{011\}$、$\{100\}$ 解理完全或中等;贝壳状断口。硬度 3.5~4;密度 3.7~3.9 g/cm³。遇冷稀盐酸反应剧烈,产生气泡。

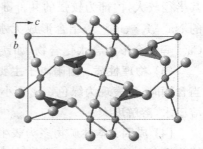

图 10-25　蓝铜矿的晶体结构

铜硫化物矿床氧化带中的次生矿物,与孔雀石成因相似,分布没有孔雀石广泛。一般形成稍晚于孔雀石。因风化作用,CO$_2$ 减少,湿度增大时,蓝铜矿可转变为孔雀石;反之在气候干燥,且有足够碳酸的条件下,孔雀石也可转变为蓝铜矿。

10.5.6 氟碳铈矿族

本族矿物为含附加阴离子 F^- 的稀土碳酸盐,其中最常见的是氟碳铈矿。

氟碳铈矿 Bastnaesite (Ce, La...)[CO₃]F

六方晶系,对称型 $\bar{6}m2$,空间群 $P\bar{6}2c$;$a_0 = 0.705 \sim 723$ nm,$c_0 = 0.979 \sim 0.988$ nm;$Z = 6$。晶体呈六方柱状或板状。集合体为细粒状、块状或肾状、球状。黄、黄褐或浅绿色;条痕白至黄色;玻璃光泽或油脂光泽;透明至半透明。$\{10\bar{1}0\}$ 解理不完全;发育平行 (0001) 的裂理;断口不平坦。硬度 $5 \sim 6$;密度 $4.72 \sim 5.12$ g/cm³。弱磁性。有时有弱放射性。

为分布最广的稀土碳酸盐矿物之一,内生、变质及外生作用中均可形成。内生作用中见于碳酸岩、花岗岩和碱性花岗伟晶岩及一些热液矿床中;外生作用中见于碱性岩的风化壳和粘土岩中;变质作用中见于花岗岩或正长岩的接触交代矽卡岩中。我国内蒙白云鄂博含稀土铁矿中,氟碳铈矿是其中最主要的稀土矿物之一。

10.6 硝酸盐类矿物

10.6.1 概述

本类矿物是金属阳离子与硝酸根化合形成的含氧盐矿物。因其在水中溶解度大,只在气候干旱炎热的地区能够形成并保存,因此本类矿物种类很少,在自然界中产出很有限。目前已知的该类矿物仅十种左右,主要用于工业上制造氮肥。

(1) 化学组成:本类矿物中与硝酸根结合的阳离子主要是碱金属和碱土金属(Na^+、K^+、Mg^{2+}、Ca^{2+}、Ba^{2+}),此外还有 Cu^{2+} 和 NH_4^+。阴离子除主要络阴离子 NO_3^- 外,有时还有附加阴离子 OH^-、SO_4^{2-}、PO_4^{3-} 等。此外,个别硝酸盐矿物中还有结晶水。

由于本类矿物多是表生常温条件下形成,因此类质同像替代在本类矿物中不发育。

(2) 晶体化学特征:本类矿物结构中的主要络阴离子 NO_3^- 为平面三角形,类似碳酸根。其半径较大,内部为较强的共价键,与其他阳离子结合则以离子键性为主。NO_3^- 和半径较大的 Na^+、K^+、Ba^{2+} 等结合形成无水化合物,如钠硝石 $NaNO_3$;而与半径较小的 Mg^{2+}、Cu^{2+}、Ca^{2+} 等结合形成含水化合物,如镁硝石 $Mg(NO_3)_2 \cdot 6H_2O$。

(3) 物理性质:因阳离子主要为惰性气体型离子,因此本类矿物一般为无色透明或白色,当含铜时,可表现为绿色。密度小,在 $1.5 \sim 3.5$ g/cm³ 之间;硬度也很低,在 $1.5 \sim 3$ 之间。易溶于水,溶解度大。

(4) 成因:本类矿物多为表生成因,形成于植被稀少的干旱地区,通过含氮有机物质的分解作用与土壤中的碱质(钾和钠)结合而形成。少数形成于火山喷气中。

10.6.2 钠硝石族

本族矿物包括钠硝石和钾硝石。两者化合物类型相同,晶体结构却不同。前者为方解石型结构,后者为文石型结构。

钠硝石　Natratine　NaNO₃

三方晶系,对称型 $\bar{3}m$,空间群 $R\bar{3}c$;$a_0=0.507$ nm,$c_0=1.681$ nm;$Z=6$。

晶体呈菱面体状,极少见。双晶可依(0001)、$\{01\bar{1}2\}$、$\{02\bar{2}1\}$ 而成。通常呈致密块状、皮壳状、盐华状集合体产出。

无色或白色,含杂质可被染成灰色、黄色或褐色;条痕白色;透明;玻璃光泽。$\{10\bar{1}1\}$ 解理完全。硬度 1.5 ~2;性脆;密度 2.24~2.29 g/cm³。具涩味凉感。易溶于水。能吸收空气中的水分,具强潮解性。

产于炎热干旱地区的土壤中。主要系由腐烂有机物受硝化细菌分解作用而产生的硝酸根与土壤中的钠化合而成,与石膏、芒硝、石盐等共生。我国青海西宁某地红土层中有巨厚的钠硝石层分布。

钾硝石　Niter　KNO₃

斜方晶系,对称型 mmm,空间群 $Pcmn$;$a_0=0.543$ nm,$b_0=0.919$ nm,$c_0=0.646$ nm;$Z=4$。

晶体呈针状,少见。通常呈疏松皮壳状或盐华状集合体产出。

无色或灰白色;条痕白色;透明;玻璃光泽。$\{011\}$ 解理完全。硬度 2;性脆;密度 1.99 g/cm³。味苦。易溶于水。空气中不易潮解。

主要分布于炎热干旱地区土壤中。主要系由腐烂有机物受硝化细菌分解作用而产生的硝酸根与土壤中的钾化合而成。

思　考　题

10-1　硼酸盐在结构上与硅酸盐有何相似之处和差别?为什么硼酸盐矿物种类较多?

10-2　硼酸盐矿物中,其 BO_3^{3-} 三角形络阴离子可以通过共用角顶 O^{2-} 的方式相互连接成如 $B_2O_5^{4-}$ 双三角形、$B_3O_6^{3-}$ 三联环等复杂形式的络阴离子,但碳酸盐和硝酸盐矿物中,其三角形络阴离子总是孤立存在的,为什么?

10-3　为什么磷酸盐分布广而砷酸盐和钒酸盐只分布于风化壳中?

10-4　为什么砷酸盐、铬酸盐、硫酸盐常在地表形成?在还原条件下,As、Cr、S 倾向于呈何种价态?出现在什么矿物中?

10-5　P、As、V 均为元素周期表中第 V 族的元素,它们与 O^{2-} 结合成的 PO_4^{3-}、AsO_4^{3-}、VO_4^{3-} 四面体络阴离子(但 V^{5+} 和 O^{2-} 还可结合成诸如 VO_5^{5-} 四方锥等其他形式的络阴离子)的性质极为相似,它们与金属阳离子化合而成的磷酸盐、砷酸盐和钒酸盐矿物也有很多共同的特性,在矿物学上通常将这三类含氧盐归为一类。Mo^{6+} 与 O^{2-} 结合形成 MoO_4^{2-} 四面体络阴离子。根据上述类似的考虑,你认为相应的钼酸盐矿物应与哪类含氧盐矿物性质相似而可被归为一类?为什么?

10-6　从晶体结构分析铜铀云母和钙铀云母的四方板状或鳞片状晶形及平行 $\{001\}$ 的极完全解理。它们形成于什么条件下?

10-7　硫酸盐、钨酸盐、钼酸盐、磷酸盐、砷酸盐等矿物晶体结构中的四面体络阴离子尽是孤立存在而从不连成复杂的络阴离子,为什么?

10-8　硫在自然界可出现哪些不同价态的矿物,各自的代表矿物是什么?它们的形成条件有哪些差异?

10-9　石膏是怎样形成的?又是怎样转变为硬石膏的?两者有什么不同?为什么在地表很少见到硬石膏?

10-10　在金属矿床氧化带和内陆盐湖中见到的硫酸盐在阳离子成分上各有何特点?

10-11　说明方解石-文石族矿物中的类质同像和同质多像现象。

10-12　从晶体结构角度说明为什么文石的相对密度比方解石大。

10-13　方解石和白云石的结构类型相同,为何对称上有差异?

10-14　方解石常见有什么样的形态? 其形态与生成环境有何关系?

10-15　孔雀石、蓝铜矿产于什么条件之下? 二者是如何互相转变的?

10-16　如何区分下列各组相似矿物?(1)磷灰石、绿柱石、天河石;(2)方解石、文石、菱镁矿、白云石、重晶石、石膏、硬石膏、白钨矿、斜长石和石英;(3)硼镁铁矿、黑电气石和普通角闪石。

11

矿物的鉴定与测试方法简介

　　矿物的鉴定与测试方法,是矿物学工作者应该了解的基本知识,它对于正确识别、研究以及利用矿物都是十分重要的。迄今为止,自然界已被确认的矿物种数约 4000 种,如何在理论和实际应用上研究和合理利用这些矿物,都需要首先知晓矿物鉴定与测试手段。

　　随着科学技术的发展,新的理论和测试技术不断被引入矿物学研究中,矿物的鉴定和测试方法也在不断丰富和发展。新的测试技术往往使我们能够在更微观的尺度上认识和研究矿物,如电子显微镜及一些新的波谱技术等。但是一些经典的传统方法仍然发挥着不可替代的作用。当然也有一些传统技术应用得越来越少,如火焰吹管技术等。

　　本章将简要介绍矿物的鉴定以及成分、形态、物理性质和结构等方面的常用测试方法。

11.1　矿物样品的采集与分选

11.1.1　矿物样品采集

　　样品的采集是矿物研究的第一步。在野外采样时应尽可能采集新鲜样品,并注意样品的代表性及目的性。采集样品的规格与数量一方面取决于矿物在地质体中的赋存状态、分布情况,同时也取决于研究的目的。如室内要进行矿物分选的样品,尤其是涉及副矿物研究的人工重砂样品,一般需要较大的量,有时需要 10 kg 以上。总的原则是能够满足鉴定和研究的需要,并适当留有余地。

　　解决地质体对比等地质问题的样品最好按地质剖面系统采集,而涉及矿物变形组构等构造问题的样品,还要采集定向标本。需要强调的是,对于自然界中极其宝贵的、少见的晶面较齐全、晶形较完整的晶体和双晶,采集和运输时应和对待古生物化石一样妥善保护,防止损坏。

　　对于矿物学研究来说,野外工作不应仅仅是简单地获得样品,而是要作为研究工作的一个重要部分。在野外首先要记录标本的野外产状和方位,更要仔细观察研究矿物所赋存的地质体的特征,即注意进行矿物的成因、世代、矿物共生及伴生组合以及矿化阶段等方面的宏观观察研究。

11.1.2　矿物分选

　　矿物分选首先要进行标本检查,其目的是确定矿物的产出情况。一般是通过手标本观察并结合(光)薄片光学显微镜下观察。若发现待测矿物有不同的世代,应当分别处理,以备查明不同世代同种矿物的差异情况。当手标本中发现有晶形特别完整的晶体时,应当小心分离,进行形貌方面的研究或留待作结构分析。同时还要观察矿物的平均粒径和最小粒径,以确定标本的破碎程度。

为使待测矿物与其他矿物分离,常常需要将标本破碎。破碎程度视待测矿物的粒径而定,破碎的粒径一般要求稍小于矿物自身的粒径。破碎以后要进行筛分,除去粉尘。有时还要清洗,以去除表层或裂缝中的杂质或粉尘。条件许可时,还可用超声波洗涤。筛分清洗后,即可以进行待测矿物的挑选。如果矿物粒径粗大,且待测矿物含量又高时,可以直接在双目实体显微镜下手工逐粒挑选。如果粒径很细,且待测矿物含量较少时,则需要先用合适的物理选矿方法,必要时辅以化学方法使之富集,然后进行手工挑选。最后的精样,一般都必须在双目实体显微镜下进行仔细检查,以保证达到纯度的要求。

物理选矿方法有很多种,常用的方法有重力分选和磁力分选。前者利用矿物比重的差异进行分选,可使用摇床、溜槽或淘砂盘手工淘洗;后者利用矿物磁性强弱不同进行分选,可利用普通永久磁铁吸出强磁性矿物,如磁铁矿、磁黄铁矿等,或者利用电磁仪区分出电磁性矿物和无磁性矿物。此外,还有利用矿物表面性质的浮选、利用矿物介电性质的介电分选等方法。有时物理选矿方法不能有效分离某些矿物,在不影响待测矿物的情况下,还可以选择化学方法。如为了分选出与方解石共生的石榴石,就可用酸溶的方法把方解石溶解掉。

不同矿物以及不同组合中同种矿物的分选流程都是有差异的。进行矿物分选时,要根据具体情况,选择方便、有效、经济的方法,尽快取得尽量纯净的单矿物样品,以供鉴定和研究使用。

11.2　矿物的物相鉴定方法

物相鉴定是矿物学研究的最基本工作。初步的物相鉴定可以通过矿物的外观鉴定特征以及矿物成因产状和共生、伴生组合的观察来研究,精确的鉴定则需要借助成分和结构的测试数据。新矿物的确定则必须提供成分和结构分析数据。

11.2.1　矿物的肉眼初步鉴定

尽管矿物学已经迈入现代矿物学阶段,但是借助小刀、瓷板、放大镜等简单工具,用肉眼对矿物外观特征进行观察和研究来初步鉴定矿物,因不受时间、场地和条件的限制,无论是过去、现在乃至将来,仍是初步研究矿物的好方法。

肉眼的物相鉴定主要是观察矿物的形态以及颜色、条痕、光泽、透明度、解理、大致的硬度和相对密度级别等直观物理性质,并参考矿物的成因产状和矿物组合。尽管有时肉眼初步鉴定难以对矿物给出确切的定名,但至少可以圈定一定的范围,获得必要的信息,为选择进一步鉴定和研究方法提供依据。

根据矿物外观特征作初步物相鉴定有时可以凭经验和知识积累直接做出判断,有时则需要查阅矿物鉴定表,有系统地按步骤进行鉴定。矿物鉴定表是根据矿物的光泽、颜色、条痕、硬度、解理等直观特征按一定的体系编排的矿物特征表,有的还有简单的特征描述。此外,国际和国内的相关机构也建立了包括全部已知矿物种的大型数据库,可供研究者查阅使用。

11.2.2 矿物的光学显微镜鉴定

对于颗粒较小和外观特征不明显的矿物常常要使用光学显微镜进行观察和鉴定。光学显微镜主要有实体显微镜、偏光显微镜和反光显微镜。

实体显微镜在矿物学研究中主要用于重砂矿物的鉴定和研究,也可以对块状标本和磨光面进行观察。双目实体显微镜可以观察矿物的晶形、颜色、条痕、透明度、解理、裂理、断口、硬度、延展性、脆性、粒度、磨圆度、包裹体、连生体以及重砂矿物定量分析等。

偏光显微镜是矿物学和岩石学中常用的常规仪器。它主要通过对透明矿物的晶形、解理、光学常数(如折射率、消光角、延性、多色性、光性和光轴角等)、光性方位及矿物间的相互关系等特征的观察来鉴定和研究矿物。利用偏光显微镜研究矿物时通常要把矿物或岩石磨制成 0.03 mm 厚的薄片,有时也可以把矿物的细小颗粒直接放置在玻璃片上观察。偏光显微镜结合一些其他装置还可形成一些专门的矿物研究方法。如加上费氏台可以精确测定矿物光学常数和光性方位的费氏台法、结合已知折射率的浸油和旋转针台精确测定矿物折射率的油浸法(或旋转针法)等。透明矿物的偏光显微镜研究属于光性矿物学的范畴,在岩石学中有专门的教科书和透明矿物的偏光显微镜鉴定表,需要者可以查阅参考。

反光显微镜主要用来研究不透明矿物。它通过对不透明矿物的形态以及反射率、反射色、双反射、反射多色性、内反射、均质和非均质性、聚敛偏光现象等光学特征的观察来鉴别和研究矿物,同时还可以进行显微硬度测定、侵蚀反应以及矿石中矿物间相互关系的观察研究。利用反光显微镜研究矿物要把矿物或矿石磨制成光片(或磨光面)。不透明矿物的反光显微镜研究属于矿相学范畴,在矿床学中有专门的教科书和不透明矿物的偏光显微镜鉴定表,需要者可以查阅参考。

11.2.3 矿物的简易化学实验鉴定

矿物的简易化学实验鉴定一般是利用简单的化学试剂对矿物中的主要化学成分或某些物理性质进行检验。它对于某些矿物的鉴定简单、快速而且灵敏有效,是肉眼初步鉴定矿物的主要辅助方法。常用的方法有斑点法、显微结晶分析法、染色法及珠球反应等。

斑点法:该方法是在白色滤纸、瓷板或玻璃板上将少量待定矿物的粉末溶于溶剂(水或酸)中,使矿物中元素呈离子状态,然后加微量试剂于溶液中,根据反应的颜色确定元素种类,从而达到鉴定矿物的目的。如镍黄铁矿$(Fe,Ni)_9S_8$与磁黄铁矿的区分可通过检查矿物中是否含镍来实现。做法是将少许矿物粉末置于玻璃片上,加一滴硝酸并加热蒸干,如此反复几次,以使溶解进行完全。稍冷却后加一滴氨水使溶液呈碱性,然后用滤纸吸取,再在滤纸上加一滴二甲基乙二醛肟酒精溶液(镍试剂),若出现粉红色斑点(二甲基乙二醛镍),即表明矿物中含镍。还有磷酸盐矿物用硝酸和钼酸铵示磷也属于此法。

显微结晶分析法:该方法是将矿物制成溶液,从中吸取一滴置于玻璃片上,然后加适当的试剂,在显微镜下观察反应沉淀物的晶形和颜色等特征,从而鉴定矿物中含有某种元素。如致密块状的白钨矿 $CaWO_4$ 和重晶石 $BaSO_4$ 相似,此时只要在前者的溶液中滴一滴 1∶3 的硫酸,如果出现石膏结晶(无色透明,常有燕尾双晶),表明该矿物是白钨矿而不是重晶石。

染色法:该法优点是需要矿物量少,只使用一般化学试剂,有时可不破坏样品,并可在岩石薄片上进行,故应用比较广泛。如利用茜素红溶液对不同碳酸盐矿物染色,根据方解石迅速染上红色,而白云石等其他碳酸盐矿物不染色,可达到快速鉴别的目的。此外,在粘土矿物和长石族矿物鉴定和研究中,染色法也有较好的效果。

珠球反应:是测定变价金属元素的一种灵敏而简易的方法。测定时将固定在玻璃棒上的铂丝前端弯成一直径约 1 mm 的小圆圈,然后在酒精灯氧化焰中加热,清污后趁热粘上硼砂或磷盐,再放入氧化焰中煅烧,如此反复几次,直到硼砂或磷盐熔成无色透明的小球。此时即可将灼热的珠球粘上少许待定矿物粉末,然后将珠球分别先后送入氧化焰和还原焰中煅烧,使其中变价元素发生氧化还原反应,通过反应后得到的高价态和低价态离子的颜色来判定为何种元素,如在氧化焰中珠球为红紫色,放入还原焰中煅烧一段时间后变为无色时,表明待定矿物应为含锰矿物,具体矿物名称可根据其他特征确定。

11.2.4　矿物的精确鉴定

当上述初步鉴定不能满足要求时,必须对矿物进行精确的鉴定。此时需要对矿物成分和结构等方面进行测定。本章 11.5 节和 11.6 节分别叙述了矿物的成分和结构测试的主要方法,它们也是进行矿物精确鉴定所采用的方法。

11.3　矿物的形态测试方法

矿物形态的研究除了肉眼和普通光学显微镜观察外,对于颗粒较大的晶体有晶体测角法,对于微小的矿物有扫描电子显微镜(SEM)法等。此外,扫描探针显微镜(SPM)还可以在原子级别观察矿物表面的形貌情况。

11.3.1　晶体测角法

晶体测角法是研究矿物晶体形态的一种古老方法,它无需破坏晶体,而是通过测角仪对晶体的面角进行测量,从而获得矿物晶体的宏观形态特征。同时也可为矿物鉴定、矿物成因以及矿物内部结构研究提供信息。

测角法通常使用的仪器有简单的接触测角仪和较为复杂的单圈或双圈反射测角仪。测角仪可测得晶面的方位角和极距角,通过换算,可得到晶面之间的夹角。然后可以通过在乌尔夫网上的投影计算和绘图,从而恢复矿物晶体的理想形态。

测角法所用的矿物晶体一般较大,接触测角仪一般需要晶体达 1 cm 以上,而反射测角仪也要求晶体在 2～5 mm 大小,而且两者都要求样品是自形晶或半自形晶,且晶面平整,否则测量误差较大。

11.3.2　扫描电子显微镜

简称扫描电镜,是 1964 年以后迅速发展的一种新型电子光学仪器。它是以细聚焦的电子束为照射光源,使之在样品表面扫描而产生某些物理信号,从而得出分析区域的样品微观形貌、成分乃至结构等信息的显微分析仪器。

　　扫描电镜主要由电子光学系统、信号接收处理显示系统、电源系统、真空系统等四部分组成。其成像原理类似于电视摄影显像原理。电子枪发射出来的电子束,经电磁透镜聚焦成直径为 $20\,\mu m \sim 2.5\,nm$ 的电子束,电子束在试样表面上作光栅状逐点扫描。在电子束作用下,试样被激发出各种信号(主要有背散射电子、二次电子、吸收电子、透射电子、特征 X 射线等),信号的强度取决于试样表面的形貌、受激区域的成分和晶体取向。探测器把激发出的电子信号接收下来,经信号处理放大系统后,输送到阴极射线管(显像管)的栅极以调制显像管的亮度。由于显像管中的电子束和镜筒中的电子束是同步扫描的,且显像管亮度是由试样激发出的电子信号强度来调制,因此,试样状态不同,相应的亮度也必然不同。由此得到的图像一定是试样形貌的反映。其中常用的是二次电子像和背散射电子像。

　　扫描电镜获得的形貌图像,不仅分辨率高、放大倍数范围大(可达 20 万倍,且连续可调),而且图像景深大,立体感强。在 SEM 上装上必要的专用附件能谱仪能实现一机多用,在观察形貌像的同时,还可对样品的微区进行成分分析。此外,扫描电镜所用样品的制备方法很简便,可不破坏样品。对于能导电的金属矿物,可以直接放在样品托上进行观察。对于非导体的矿物来说,样品表面要喷镀厚约 $20\,nm$ 的导电膜,一般选用金或碳。扫描电镜的出现和不断完善,弥补了光学显微镜和透射电镜的某些不足之处,是进行表面形貌研究的有力工具。

11.3.3　扫描探针显微镜

　　扫描探针显微镜是一类表面分析仪器的总称,它们通过监测探针针尖与样品之间的电、光、力、磁场等随针尖与样品间隙的变化,从而获得样品的表面信息。其中最重要的两种仪器是扫描隧道显微镜(STM)和原子力显微镜(AFM)。

　　扫描隧道显微镜是一种新型的表面分析工具,其基本原理是基于量子隧道效应,用一个极细的针尖(原子级别)去接近样品表面,当针尖和表面靠得很近时,针尖头部原子和样品表面原子的电子云发生重叠。若在针尖和样品之间加上一个偏压,电子便会通过针尖和样品构成的势垒而形成隧道电流。通过控制针尖与样品表面间距的恒定并使针尖沿表面进行精确的三维移动,就可把表面的信息(表面形貌和表面电子态)记录下来。扫描隧道显微镜的主要特点是空间分辨率极高(横向可达 $0.1\,nm$,纵向可优于 $0.01\,nm$),能直接观察到物质表面的原子结构,并可实时获得实空间中表面的三维图像,可用于观察、研究各种表面结构。它可以在多种不同环境下工作,如真空、大气、常温、变温等环境,对样品制备也无特殊要求,且不损坏样品。配合扫描隧道谱还可获得表面电子结构信息;利用探头针尖可以对原子和分子进行操纵,实现人工的表面重组。

　　原子力显微镜的基本原理是:将一个对微弱力极敏感的微悬臂一端固定,另一端有一微小的针尖,针尖与样品表面轻轻接触,由于针尖尖端原子与样品表面原子间存在极微弱的排斥力,通过在扫描时控制这种力的恒定,带有针尖的微悬臂将对应于针尖与样品表面原子间作用力的等位面而在垂直于样品的表面方向起伏运动。利用光学检测法或隧道电流检测法,可测得微悬臂对应于扫描各点的位置变化,从而可以获得样品表面形貌的信息。原子力显微镜与扫描隧道显微镜最大的差别在于并非利用电子隧道效应,而是利用原子之间的范德华力作用来呈现样品的表面特性。与 STM 一样,原子力显微镜对样品制备无特殊要求,观察过程中不损坏样品,其分辨率也达到了原子级。

11.4 矿物的物理性质测试方法

矿物的物理性质包括很多方面,各种物理性质都有一些专门的仪器进行测定,如测折射率有专门的折射仪,测反射率有专门的反射仪,测导热性能有专门的热导仪等。这里只简要介绍矿物的硬度、相对密度的测定方法。

11.4.1 矿物硬度的测定方法

硬度是矿物的重要物理参数和鉴定标志,某些矿物硬度的变化还常与形成条件有关。粗略测定矿物硬度常用摩斯硬度计,并辅以指甲(硬度约 2.5)、铜针(硬度约 3)、普通玻璃(硬度约 5.5)、钢刀(硬度约 5.5～6)等,通过与样品互相刻划,获得矿物的摩斯硬度值。

精确测定矿物硬度需要使用专门的显微硬度仪,在显微镜下测定压入硬度,即所谓的维克法(参见 3.2.2 节),测得的硬度也称维氏硬度。维氏硬度 H_V 与摩斯硬度 H_M 可通过经验关系 $H_M = 0.7\sqrt[3]{H_V}$ 来换算。

11.4.2 矿物相对密度的测定方法

相对密度是矿物的重要常数之一,也是一种可靠的鉴定依据。精确测定矿物相对密度的方法很多,如扭力天平法、乔莱弹簧秤法、比重瓶法、有机液体介质称重法、重液悬浮法和 X 射线测定法等。除后两种方法外,其他方法都是利用浮力的原理,分别测得矿物在空气中以及液体(通常用水)中的重量,即可计算出矿物的相对密度。重液悬浮法则是通过配制一系列大小不同的重液,把矿物放置这些重液中,通过矿物在其中的下沉、漂浮和悬浮状态获得矿物的相对密度范围。其中悬浮状态表明矿物与该重液的相对密度相同。

X 射线测定法是主要用于那些颗粒细小、无法实测相对密度的矿物的一种密度计算方法。它是利用矿物 X 射线测定数据,求得矿物的单位晶胞体积 V,再根据矿物相对分子质量 M 和单位晶胞内分子数 Z 来计算矿物的理论密度。计算公式为

$$D = \frac{ZM}{NV}$$

其中 N 为阿伏加德罗常数,当晶胞体积以 Å^3 为单位时,$1/N = 1.6605$。各晶系晶体的单位晶胞体积 V 的计算公式如下:

等轴晶系	$V = a_0^3$
四方晶系	$V = a_0^2 c_0$
六方晶系	$V = \dfrac{\sqrt{3}}{2} a_0^2 c_0$
三方晶系(菱面体晶胞)	$V = a_0^3 \sqrt{1 - 3\cos^2\alpha + 2\cos^3\alpha}$
斜方晶系	$V = a_0 b_0 c_0$
单斜晶系	$V = a_0 b_0 c_0 \sin\beta$
三斜晶系	$V = a_0 b_0 c_0 \sqrt{1 - \cos^2\alpha - \cos^2\beta - \cos^2\gamma + 2\cos\alpha\cos\beta\cos\gamma}$

　　此方法适于计算成分简单而固定的矿物的相对密度,常作为理论计算值与实测相对密度进行对比,互相验证。对于颗粒非常细小的矿物,其相对密度无法实测,唯一的办法就是应用这种方法计算。相对密度的计算值和实验值之间可能会有一定的偏差。

11.5　矿物的成分测试方法

　　矿物成分的测试方法有很多,有传统的湿化学分析、光谱类分析以及现代的电子探针显微分析等。

11.5.1　湿化学分析

　　湿化学分析是对矿物样品进行化学成分定量分析的传统方法。它以化学反应定律为基础,通常使样品在溶液中发生化学反应。包括重量法、容量法和比色法。前二者是经典的分析方法,检测下限较高,但只适用于常量元素的测定。比色法由于应用了分离、富集技术和高灵敏显色剂,可用于部分微量元素的测定。

　　湿化学分析特点是精度高,但分析周期长,分析费用较大,样品用量大(一般 1g 以上),且需要分选较纯的单矿物样(纯度 98% 以上),不宜作大量样品的快速分析。

11.5.2　光谱类分析

　　光谱类分析是应用各种光谱仪检测样品中元素含量的分析方法。分析原理是应用某种试剂或能量(热、电、粒子能等)对样品施加作用或"刺激",使样品发生反应,如产生颜色,发光,产生电位或电流,发射粒子等,再利用敏感元件,如光电池、敏感器、闪烁计数器等,接收这些放映信号,经电路放大、计算机运算,得出样品的化学组成。这类分析方法很多,如发射光谱(ES)、原子吸收光谱(AA)、X 射线荧光光谱(XRF)、电感耦合等离子发射光谱(ICP)、原子荧光光谱(AF)、极谱(POL)等。其中前四者应用较为普遍。其特点是灵敏、检测下限低,可分析样品中的微量元素,而且样品用量少,一次可以获得许多元素的含量信息。但某些方法精度不够高,只能作半定量分析,如发射光谱和原子吸收光谱。X 射线荧光光谱适用于原子序数 $Z \geqslant 9$ 的元素,可测定从百万分之几到 100% 的含量,分析准确度高,并可不破坏样品。电感耦合等离子发射光谱检测下限达 $0.1 \times 10^{-9} \sim 10 \times 10^{-9}$,可检测除 H、O、N 及惰性气体以外的所有元素。

11.5.3　电子探针显微分析

　　电子探针 X 射线显微分析仪(EPM),简称电子探针,是一种现代成分分析仪器。由于它可以获得矿物微米量级微区内的化学成分,并且无需分离和破坏样品,费用也不高,尤其是对于那些含量少、颗粒微小以及成分不均匀样品的成分分析,提供了有效的分析方法,因此目前在矿物成分研究中应用最广。它除了可以给出一个微区的成分外,还可以对矿物进行成分的线扫描和面扫描,从而得出矿物的成分分布特征。

　　电子探针基本上由电子光学系统、光学显微镜、X 射线分光光谱仪和图像显示系统四部分组成,此外还配有真空系统、自动记录系统和输出系统及样品台等。目前新型探针都带有 X

射线波谱仪和 X 射线能谱仪两种测定样品成分的系统。前者分辨率高,精度高,但测定速度慢,后者可作多元素的快速定性和定量分析,但分析精度较前者差。其工作原理是由电子枪发射出来的电子束,透过聚焦镜将其聚焦成直径约 1 μm 的微束,以此作为激发源轰击样品待分析微区,在样品表面几个立方微米的范围内将会产生特征 X 射线、连续 X 射线、二次电子、背散射电子、阴极荧光、吸收电子等信息。然后将这些信息分别进行收集、处理,通过与标样进行对比,就可获得样品微区成分的定性或者精确定量分析。也可得到样品所含元素的点、线、面分布图像和微形貌图像,其分辨率可达 7 nm,放大倍数连续可调,可达 20 万～30 万倍。

电子探针可分析的元素范围是[5]B～[92]U(波谱分析)或[11]Na～[92]U(能谱分析),其实际相对灵敏度很高,接近万分之一至万分之五。一般分析区内含量达 10^{-14} g 的元素即可被感知。电子束斑直径最小为 1 μm,最大为 500 μm。

电子探针分析的样品要求表面清洁平整,没有外来物质污染,光片、光薄片或用环氧树脂胶结的磨平抛光的砂片,均可使用。表面要力求平整,不然会影响 X 射线的强度,降低分析的精度。对不导电的样品要喷镀一层对 X 射线吸收少的碳膜或金膜。电子探针分析不能测定矿物中的水,也不能给出变价元素各价态的含量比例,如矿物中含的 Fe^{2+}、Fe^{3+} 含量不能直接由电子探针给出。

11.5.4　热分析

热分析是目前较常用的研究矿物物理、化学性质与温度间关系的一种方法,尤其适用于含水矿物的研究。可根据矿物在不同加热温度下所发生的脱水、分解、氧化、同质多像转变等热效应特征,来鉴定和研究矿物。热分析包括热重(TG)分析、差热(DT)分析和示差扫描量热(DSC)分析。

热重分析是测定矿物在加热过程中重量变化的方法。由于大多数矿物在加热时因脱水而失去一部分重量,故又称失重分析或脱水试验。用热天平来测定矿物在不同温度下所失去的重量而获得热重曲线。曲线的形式决定于水在矿物中的赋存形式和在晶体结构中的位置。不同含水矿物具有不同的脱水曲线。这一方法只限于研究含水矿物。

差热分析是利用矿物在连续加热过程中,伴随物理化学变化而产生的吸热和放热效应来研究矿物。不同矿物出现热效应时的温度和热效应的强度互不相同,而对于同种矿物来说,只要实验条件相同,热效应总是基本固定的。因此,只要准确地测定了热效应出现时的温度和热效应强度,并和已知资料对比,就能对矿物做出定性和定量的分析。差热分析的具体工作过程是,将试样粉末与中性体(在加热过程中不产生热效应的物质,通常为煅烧过的 Al_2O_3 粉末分别装入样品容器,然后一同送入高温炉中加热。由于中性体是不发生任何热效应的物质,所以加热过程中,当试样发生吸热或放热效应时,其温度将低于或高于中性体。此时,插在它们中间的一对反接的热电偶(铂-铑热电偶)将把两者之间的温度差转换成温差电动势,并借光电反射检流计或电子电位差计记录成差热曲线。

差热分析的优点是样品用量少,分析时间短,而且设备简单。缺点是许多矿物的热效应数据近似,尤其当混合样品不能分离时,就会互相干扰,从而使分析工作复杂化。为了排除这种干扰,应与其他方法(特别是 X 射线分析)配合使用。

示差扫描量热分析的原理和功能与差热分析相似,但其测量的是热反应的能量而不是温度差。其测定精度高于差热分析,但测量的温度范围一般只到 700℃,明显低于差热分析。

11.6 矿物的结构测试方法

本节简要介绍的矿物结构分析方法包括 X 射线衍射、谱学方法(含红外光谱、拉曼光谱、顺磁共振、核磁共振、穆斯堡尔谱)以及透射电子显微镜等分析方法。

11.6.1 X 射线衍射分析

X 射线衍射分析在矿物晶体结构分析、矿物鉴定和研究上都有着极其重要的作用,并广泛应用于许多其他领域,是一种不可或缺的物质结构分析的常规方法。

当 X 射线入射晶体后会与晶体中的原子发生各种相互作用,其中相干散射的 X 射线,会由于晶体中原子排列的周期性影响,使之发生叠加或者抵消,在特定方向上产生叠加的次生 X 射线就称为衍射。由于不同晶体的原子种类、原子位置以及晶格常数都有所不同,因此其衍射方向和衍射强度都会有所差异。反过来,通过对衍射强度和衍射方向的研究和计算,可以探讨物质的原子位置和晶格常数等。这就是 X 射线衍射结构分析的基本原理。

X 射线衍射结构分析分为粉末法和单晶法两类。前者对粉晶的研究主要有粉末照相法和粉末衍射仪法,后者对单晶的研究包括劳厄法、旋进法、回摆法、魏森堡法以及四圆单晶衍射仪法等。粉末法要求样品颗粒粉碎到 $1\sim10\,\mu m$,样品量可达几十到几百毫克;而单晶样品则一般需要其直径在 $0.1\sim1.0\,\mu m$ 之间即可。无论是粉末法或是单晶法,都可以获得矿物的晶格常数、对称性以及原子位置等结构参数。关于 X 射线衍射分析的具体原理和实验方法可以参阅专门的 X 射线衍射分析著作。

11.6.2 红外光谱和拉曼光谱

矿物的波谱分析是指利用矿物对各种电磁波的吸收和发射特征,从而对物质成分和结构进行分析的方法。电磁波因波长(或频率)的不同可划分为不同的波段,对应于不同的波段,就有不同的波谱分析方法。对应于红外波段电磁波的吸收光谱就是红外光谱(IR)。

红外光谱是红外波段电磁波(波长为 $0.75\sim1000\,\mu m$)与物质作用出现的吸收光谱。如用波数(cm^{-1})来表示红外波段电磁波的频率,则其范围约为 $13\,333\sim10\,cm^{-1}$。当以一定频率的红外光照射物质时,其辐射能量不足以激发组成物质分子中的电子跃迁,但可以被分子所吸收,使其振动或转动能级产生跃迁。研究在不同频率的红外光照射下,被样品吸收后的强度变化,就可以得到各种物质的红外吸收光谱。由于被吸收的特征频率取决于组成分子的原子质量、键力以及分子中原子排布的几何特点,亦即取决于物质的化学成分和内部结构,因此每一种矿物都有自身特征的红外吸收光谱,研究其吸收谱带的位置、谱带数目、带宽及强度等,就可获得矿物的局部结构特性,从而可用以鉴定矿物。

测量和记录红外吸收光谱的仪器称为红外光谱仪。如果在光谱仪和数据处理系统采用傅里叶变换函数,那么这类光谱仪又称为傅里叶变换红外光谱仪(FTIR)。红外光谱可以划分为近红外、中红外和远红外三个频率区。其中近红外区($13\,333\sim4000\,cm^{-1}$)的吸收带主要是由低能电子跃迁、含氢原子团伸缩振动的倍频吸收等产生的。中红外区($4000\sim400\,cm^{-1}$)的吸收带主要为基频吸收带,其中的 4000～1250 cm^{-1} 称为特征频率区,此区的吸收峰较疏,主要包括含有氢原子的单键、各种叁键和双键的伸缩振动的基频峰;1250～400 cm^{-1} 频区是矿物鉴定的指纹区,所出现的谱带相当于各种单键的伸缩振动,以及多数基团的弯曲振动。远红外区(400～10 cm^{-1})的吸收带主要与晶格振动、转动以及气体分子中的纯转动跃迁、振动-转动跃迁有关,使用远红外光或波长更长的微波去照射分子时,将不引起电子能级和振动能级的变化,但会引起转动能级之间的跃迁,因而得到分子的转动光谱。从转动光谱中可能精确地测定分子的键长、键角以及偶极矩等参数。

红外吸收光谱分析操作简捷,用样极少(仅几毫克),而且又不损耗样品,已成为结构分析和矿物鉴定中的一种重要方法。

拉曼光谱(RS)是一种分子的联合散射光谱,由于它的产生与分子振动能级间的跃迁有关,因此也是分子的一种振动光谱。主要用于物质分子结构的研究,与红外光谱各有所长,可互为补充。

用单色光照射透明样品时,光的绝大部分沿着入射光的方向透过,一部分被吸收,还有一部分被散射。用光谱仪测定散射光的光谱,发现有两种不同的散射现象,一种叫瑞利散射,另一种叫拉曼散射。前者是由于光子与物质分子发生弹性碰撞,两者之间无能量交换而产生的弹性散射,散射光的频率与入射光的频率相等,只是光子的传播方向发生改变。后者则是由于光子与分子发生非弹性碰撞,光子与分子之间有能量交换,光子把一部分能量给予分子,或从分子获得一部分能量,光子的能量会减少或增加,这样散射光的频率就会低于或高于入射光的频率,因此拉曼散射是在瑞利散射线两侧的一系列低于或高于入射光频率的散射线。

理论与实践证明,拉曼散射散射光频率 ν' 与入射光频率(ν)之差等于分子某一简正振动频率 ν_i,即 $\nu'=\nu\pm\nu_i$,若入射光为一单色光(光源为激光),则在散射光谱中,$\nu-\nu_i$ 的拉曼谱线叫做斯托克斯线,$\nu+\nu_i$ 的拉曼谱线叫做反斯托克斯线。斯托克斯线和反斯托克斯线的跃迁几率是相等的。但是,在正常情况下,分子大多处于基态,所以斯托克斯线比反斯托克斯线强得多,拉曼光谱分析多采用斯托克斯线。

激光拉曼光谱仪的主要部件包括激发源(氩离子激光光源)、样品室、信号检测系统和数据处理系统四部分。现代拉曼光谱仪还常与显微镜组装成在一起构成显微拉曼探针,它不仅兼有光谱仪和摄谱仪两种功能,而且充分发挥了激光光源高方向性、高强度、高单色性的特点。激光拉曼光谱的空间分辨本领达 $1\ \mu m^2$,探测极限为 $10^{-9}\sim10^{-12}$ g,可用于鉴别样品的微颗粒、微区域、微结构中分子的种类和相对数量。

由于拉曼光谱分析技术可以做到非破坏性测试,样品用量少(几毫克),并可以进行无损分析、原位分析和深度分析,因而在矿物学研究中正在发挥越来越重要的作用。除了微小矿物的鉴定外,其原位深度分析功能,为矿物中各种相态包裹体的研究提供了不可替代的分析手段。

11.6.3 穆斯堡尔谱

穆斯堡尔(Mössbauer)效应是由于原子核吸收同类放射性核素发出的 γ 射线,而导致核能级之间的跃迁而产生的共振吸收效应,是于 1957 年在实验中发现的。穆斯堡尔谱就是这种无反冲核 γ 射线共振吸收谱。具有穆斯堡尔效应的元素约有 40 多种,同位素约 90 余种,但目前得到广泛应用的只是 ^{57}Fe 和 ^{119}Sn。

在矿物中,原子核总是处于一定的化学环境中。核外电子云的分布及周围其他原子或离子的分布等决定着核所在的内电场和内磁场,而原子核与这些内场的相互作用又影响着核能级的情况,会使核能级移动和分裂。因此反映核能级间跃迁的穆斯堡尔谱能够提供具有穆斯堡尔效应核素(如 ^{57}Fe)所处的化学环境和有关结构信息。如确定铁的价态(Fe^{2+} 或 Fe^{3+})、铁的电子构型(高自旋或低自旋)、铁离子周围的配位对称性(四面体或八面体配位)、偏离四面体或八面体配位对称的畸变情况以及铁离子的占位等。

穆斯堡尔谱仪由放射源、γ 光子探测系统、信号记录和数据处理系统及保证放射源和吸收体(样品)间产生相对运动的驱动装置组成。穆斯堡尔谱的主要参数包括同质异能位移、四极分裂和磁分裂。同质异能位移主要由化学键性质、离子价态决定,自旋状态及离子配位数也对其有影响;四极分裂主要与离子价态和配位多面体的畸变程度有关;磁分裂则反映着穆斯堡尔效应核素位置的内磁场情况,提供有关磁结构信息。由于地球中含铁矿物的分布相当广泛,因此穆斯堡尔谱已成为含铁矿物研究中的一个重要手段。应用这种方法可以测定矿物结构中铁的氧化态、配位以及在不同位置上的分布等。

利用穆斯堡尔谱方法对试样无破坏,试样可以是晶体或薄膜,也可以是粉末、超细小颗粒,甚至是冷冻的溶液。试样的制备和实验技术也相对简单。不足之处是它只能研究含具有穆斯堡尔效应元素的矿物。

11.6.4　顺磁共振和核磁共振

电子顺磁共振(EPR)是由不配对电子的磁矩发源的一种磁共振技术,是研究化合物或矿物中不成对电子状态的重要工具,用于定性和定量检测物质原子或分子中所含的不配对电子,并探索其周围环境的结构特性。电子顺磁共振亦称电子自旋共振(ESR)。

其基本原理为电子是具有一定质量和带负电荷的一种基本粒子,它能进行两种运动:一是在围绕原子核的轨道上运动,二是通过本身中心轴所作的自旋。由于电子运动产生力矩,在运动中产生电流和磁矩。在外加磁场中,简并的电子自旋能级将产生分裂。若在垂直外磁场方向加上合适频率的电磁波,能使处于低自旋能级的电子吸收电磁波能量而跃迁到高能级,从而产生电子的顺磁共振吸收现象。

电子顺磁共振谱仪由辐射源、谐振腔、样品座、信号接收、放大和记录器等部分组成。矿物的 EPR 谱可以提供矿物中具有顺磁中心的杂质的晶格位置、价态、局域对称、浓度及晶体场参数等信息,从而研究基态电子结构和化学键性质,解释矿物的某些物理性质。

电子顺磁共振谱仪在矿物学中的主要应用一是研究矿物中顺磁性杂质离子(浓度低于1%),如过渡元素离子和稀土元素离子的类质同像置换、有序-无序、化学键及晶格参量和局域对称;二是研究与点缺陷有关的电子-空穴中心的类型、浓度、性质等。电子顺磁共振谱在矿物颜色研究方面也有重要作用。

核磁共振(NMR)是处于静磁场中的原子核在另一交变磁场作用下发生的物理现象。只有具有核自旋的原子核才能产生核磁共振现象。原子核自旋产生磁矩,当核磁矩处于静止外磁场中时产生进动核和能级分裂。在交变磁场作用下,自旋核会吸收特定频率的电磁波,从较低的能级跃迁到较高能级,从而产生核磁共振吸收现象。因此核磁共振现象来源于原子核的自旋角动量在外加磁场作用下的进动。

由于原子核携带电荷,当原子核自旋时,会由自旋产生一个磁矩,这一磁矩的方向与原子核的自旋方向相同,大小与原子核的自旋角动量成正比。将原子核置于外加磁场中,若原子核磁矩与外加磁场方向不同,则原子核磁矩会绕外磁场方向旋转,这一现象类似陀螺在旋转过程中转动轴的摆动,称为进动。进动具有能量,也具有一定的频率。

原子核进动的频率由外加磁场的强度和原子核本身的性质决定,也就是说,对于某一特定原子,在一定强度的外加磁场中,其原子核自旋进动的频率是固定不变的。原子核发生进动的能量与磁场、原子核磁矩,以及磁矩与磁场的夹角相关,根据量子力学原理,原子核磁矩与外加磁场之间的夹角并不是连续分布的,而是由原子核的磁量子数决定的,原子核磁矩的方向只能在这些磁量子数之间跳跃,而不能平滑地变化,这样就形成了一系列的能级。当原子核在外加磁场中接受其他来源的能量输入后,就会发生能级跃迁,也就是原子核磁矩与外加磁场的夹角会发生变化。这种能级跃迁是获取核磁共振信号的基础。

核磁共振谱的主要参数包括化学位移、耦合常数和谱峰强度。化学位移反映了原子核所处位置周围的化学键和电子云分布状况;耦合常数可以提供晶体结构中各原子的连接关系;谱峰强度由谱峰曲线下面积的积分表征,可以在一定程度上反映特征原子核的数量。

迄今为止,常为人们所利用作核磁共振研究的原子核有:^1H、^7Li、^9B、^{11}B、^{13}C、^{17}O、^{19}F、^{23}Na、^{27}Al、^{29}Si、^{31}P,并且主要集中在^1H和^{13}C两类原子核上。在矿物学中,可用来研究诸如矿物中水的赋存状态、Si-Al分布的有序-无序、B的配位特征等问题。

11.6.5 透射电子显微镜

透射电子显微镜(TEM),简称透射电镜,是以短波长电子束作为照明源,用电磁透镜聚焦成像的一种高分辨率、高放大倍数的电子光学仪器。透射电镜的成像原理与普通光学透射显微镜相似,只是以磁透镜取代了玻璃透镜,以电子枪代替普通光源,整个体系应在真空条件下进行而已。透射电镜的组成包括照明系统、成像系统及图像观察和记录系统。当电子枪加上高压(50~300 kV)后,随即发射出高速电子流,并通过磁透镜后被聚成很细的电子束,照射到极薄的样品(样品厚度<200 nm),透过的电子束再经聚焦放大,可以在成像平面上形成一幅能反映样品微观结构特征的高分辨率电子像。

透射电镜的重要特征是分辨率高、放大倍数大。现在高分辨透射电镜的点分辨率可达0.1 nm,放大倍数可达80万~100万倍,使得人们能够在原子尺度上直接观察晶体结构和晶格缺陷,特别适合于进行微区的结构分析。此外,透射电镜配备各种附件,还可以进行形貌、化学成分、电子衍射分析等。像透射电镜这样,能使晶体形貌特征与微观结构在同一仪器上得到反映,这是现有其他方法难以实现的,因此它成为矿物学研究的重要现代工具。

电子衍射与X射线衍射的原理相同,多晶体的电子衍射花样为一系列不同半径的圆环,类似德拜图像。单晶体的衍射花样是排列得十分整齐的斑点,类似于劳厄图像。但由于电子衍射的电子束波长较X射线波长要短很多,且物质对电子的散射更强,所以电子衍射有其自己的特点,如曝光时间短(只需几秒钟),衍射斑点与结构图像一一对应等。

由于TEM电子束穿透矿物的能力很弱,所以要将矿物制成对电子束透明的试样(厚度<200 nm)极不容易,特别是为了观察它的晶格像或晶格缺陷等,对厚度的要求更严。此外,还要保证在制样过程中不发生结构的变化。所以,减薄技术以及样品制备是透射电镜的一个重

要环节。

思 考 题

11-1 用什么方法可以检出矿物中的硼？

11-2 如何用化学方法区分磷块岩和石灰岩？

11-3 根据矿物手标本的外观特征能够鉴定矿物，其根本原因何在？

11-4 红宝石和蓝宝石分别为含有痕量类质同像替代杂质 Cr 和 Ti 的刚玉亚种。用粉晶 X 射线物相分析法能否区分这两者？根据手标本的外观特征是否易于区分？从这一实例你能得到什么启示？

11-5 某矿物根据化学成分定量分析结果为 $CaCO_3$，能否鉴定其即为方解石？为什么？

11-6 简述矿物物相鉴定、形态分析、化学成分分析、结构分析的主要测试方法及其原理。

附录 1

实 习 指 导

实习一 矿物的形态

1. 掌握要点

(1) 矿物的单体形态。矿物的单体形态也称晶体习性,即矿物单晶体的外观形状。对于单形发育较好的晶体,晶体习性可以用其中的优势单形来描述,如萤石的八面体习性;大多数情况下用晶体在三维空间延伸的比例及形态的几何形状描述。矿物单体的延伸情况有三种类型:三向等长(单体在三维空间的发育程度基本相同,呈粒状或等轴状)、二向延伸(单体在三维空间中有两个方向特别发育,另一方向发育较差,呈板状、片状等)、一向延伸(单体在三维空间只有一个方向特别发育,呈柱状、针状等)。根据矿物外形发育的完好程度不同,可以简单地描述为粒状习性、片状习性、柱状习性等,也可以配合一些可以识别的外观几何形状,进一步描述为带双锥的柱状习性、双锥形粒状习性等。另外,按晶体晶面的发育完好程度可分为自形、半自形、他形三种类型。

(2) 矿物的集合体形态。矿物集合体形态取决于单体形态及其集合方式。根据集合体中矿物颗粒大小可分为以下三种:肉眼可以辨认单体的为显晶集合体;显微镜下才能辨认单体的为隐晶集合体;在显微镜下也不能辨认单体的为胶态集合体。其中显晶集合体形态按单体结晶习性和集合方式的不同可分为:粒状、片状、板状、针状、柱状、棒状、放射状、纤维状、晶簇状等集合体。隐晶和胶态集合体中的主要形态有:结核体、鲕状及豆状集合体、分泌体、钟乳状集合体、粉末状集合体、土状集合体等。

2. 要求

通过实习系统了解矿物单体形态和集合体形态的类型,掌握正确描述矿物形态的方法,并熟悉常见矿物的形态特征。

3. 内容

(1) 观察并描述矿物的单体形态,认识常见矿物的常见晶体习性。

一向延伸的矿物:柱状、针状,如辉锑矿、角闪石、电气石、石英、绿柱石等。

二向延伸的矿物:片状、板状,如云母、辉钼矿、石墨、石膏、重晶石、黑钨矿等。

三向等长的矿物:粒状,如橄榄石、石榴子石、黄铁矿、方铅矿、萤石、石盐等。

(2) 观察并描述矿物集合体形态,认识矿物集合体形态的类型及区分标志。

● 显晶集合体：

粒状集合体，如方解石(大理岩)、橄榄石等。

板状、片状、鳞片状集合体，如锂云母、石膏、叶钠长石等。

柱状、针状、纤维状集合体，如石英、辉铋矿、石膏等。

束状集合体，如透闪石等。

放射状集合体，如阳起石、红柱石等。

树枝状集合体，如自然铜、软锰矿等。

晶簇，如石英晶簇、辉锑矿晶簇、方解石晶簇、萤石晶簇等。

● 隐晶和胶态集合体：

结核状，如黄铁矿结核、方解石(钙质结核)等。

分泌体，如玛瑙等。

杏仁状，如安山岩中的方解石杏仁体。

钟乳状，如方解石钟乳。

葡萄状，如硬锰矿。

鲕状，如方解石(鲕状灰岩)、赤铁矿。

豆状，如赤铁矿。

肾状，如赤铁矿。

土状，如高岭石。

被膜状，如孔雀石、蓝铜矿等。

还有块状、皮壳状等。

4. 需要注意的问题

(1) 描述矿物单体形态时，要根据矿物晶体外形发育程度作尽可能详细的描述，如可以识别单形时要加上优势单形的名称来描述。

(2) 对于集合体形态，首先要确定集合体中的矿物是显晶的还是隐晶的或胶态的，然后按各自的特点描述其集合体形态。显晶集合体要从单体习性着手，注意同种矿物单体，在不同方位的断面可呈现不同的几何形态，因此必须多观察、分析、统计后才能确定单体的形态，进而观察其集合方式。对于肉眼不能分辨个体的隐晶及胶态集合体，注意区分其集合体类型。

实习二　矿物的物理性质

1. 掌握要点

(1) 矿物的颜色、条痕、光泽、透明度、发光性。矿物的颜色是矿物对可见光选择性吸收的结果，分为自色、他色和假色。条痕是矿物粉末的颜色。光泽指矿物表面反光的能力，分为金属光泽、半金属光泽、金刚光泽、玻璃光泽四级。此外还有珍珠光泽、丝绢光泽、蜡状光泽、油脂光泽、树脂(松脂)光泽、土状光泽、沥青光泽等特殊光泽。透明度是指矿物可以透过可见光的程度，分为透明、半透明、不透明三级。发光性是指矿物受外加能量激发，能发出可见光的性质。

（2）矿物的解理、裂开、断口。解理是指晶体受到应力作用而超过弹性极限时，能沿着晶格中特定方向的面网发生破裂的固有特性，分为极完全、完全、中等（清晰）、不完全和极不完全解理五级。裂开是指晶体在受应力作用时有时可沿着晶格中除解理以外的特定方向面网发生破裂的非固有特性。断口是指矿物在外力打击下不以一定结晶方向发生断裂而形成的断开面。断口根据断口面的形状命名，常见有贝壳状、锯齿状、平坦状、参差状断口等。

（3）矿物的硬度、相对密度。矿物的硬度是指矿物抵抗外力机械作用的强度。摩斯硬度是一种刻划硬度，它以十种不同硬度的矿物作为标准，从软到硬分为十级：1—滑石，2—石膏，3—方解石，4—萤石，5—磷灰石，6—正长石，7—石英，8—黄玉，9—刚玉，10—金刚石。相对密度是指单矿物质量与 $4℃$ 时同体积水的质量之比。通常手标本鉴定把矿物按相对密度分轻、中等和重矿物三级。

（4）矿物的弹性、挠性、脆性和延展性是矿物受外力作用所表现的变形、延展及破裂等性质。在某些矿物的肉眼鉴定上有辅助作用，如云母的弹性，辉钼矿、绿泥石的挠性，自然金的延展性等。

（5）磁性是指矿物在外磁场作用下，矿物被磁化时所表现的性质，包括被外磁场吸引、排斥，以及被磁化的矿物对外界产生磁场等。矿物磁性通常分磁性、电磁性和无磁性三级。肉眼鉴定时只用永久磁铁区分出强磁性矿物（如磁铁矿、磁黄铁矿等）与其他矿物。

（6）矿物的热膨胀性、可塑性、吸水性、易燃性、味感和触感。

2. 要求

（1）通过实习加深对矿物主要物理性质（颜色、光泽、条痕、透明度、解理、裂理、断口、相对密度、硬度、磁性）概念的理解，熟悉分级标准及判断特征，学会用正确术语描述矿物的物理性质，了解各物理性质之间的关系。

（2）观察某些矿物的发光现象，了解弹性、挠性、延展性、脆性以及其他如热膨胀性、可塑性、吸水性、易燃性、味感和触感在某些矿物上的鉴定意义。

3. 内容

（1）观察并描述矿物的颜色。

（2）将矿物在白色无釉的磁板上划擦，观察其颜色并描述。

（3）观察矿物的光泽、透明度并确定其等级，并认识一些特殊光泽。

（4）观察矿物的解理，确定其解理等级、方向、组数、夹角；观察刚玉等矿物的裂理，并注意与解理区分；观察并描述石英等矿物的断口形状，掌握主要断口的形态特征。

（5）用小刀、指甲和标准摩斯硬度计矿物刻划对比确定矿物的硬度。

（6）用手掂量矿物，与标准矿物相比较，确定矿物相对密度。

（7）用永久磁铁测定矿物的磁性。

（8）观察白钨矿、萤石、方解石、磷灰石、蛋白石的发光，并记录发光颜色及强弱。

（9）观察一些矿物具有鉴定意义的其他性质，如云母的弹性、辉钼矿和绿泥石的挠性、自然锡的延展性、自然硫的脆性和易燃性、蛭石的热膨胀性、石膏的可塑性、光卤石和石盐的吸水性、石盐和明矾等的味觉、滑石和辉钼矿的滑感、石墨和辉钼矿的污手感、硅藻土的粗糙感等。

实习报告形式：

矿物名称	颜色	条痕	光泽	透明度	解　理			
					等级	方向	组数	夹角

矿物名称	裂理	断口	硬度	相对密度	发光性	磁性	其他性质

4. 需要注意的问题

(1) 观察矿物颜色时,应着重观察和描述新鲜面上而不是风化面上的颜色;要区分金属色与非金属色;反复对比,对不同色调作准确描述。特殊光学效应,如锖色、晕色、变彩的观察应注意,锖色须在矿物氧化面上观察;晕色则是矿物内部密集的解理或裂隙导致的;变彩观察须转动矿物到适当角度才能看到。

(2) 熟悉具有标准等级的矿物光泽,通过反复对比,掌握不同级别光泽的特征,可以结合条痕色判断矿物光泽级别。

(3) 透明度应在厚度约为 1 cm,且具平整表面的矿物单体上观察。透明矿物则是指其 0.03 mm 厚的薄片能够透光的矿物。大多数透明矿物的手标本都是不透明的。

(4) 测定硬度时应选用纯净、致密和新鲜的矿物标本。此外,当以硬度较低而脆性显著的矿物去刻划硬度较高的矿物时,如用力过大,前者可被磨碎而在后者表面上留下一条粉末痕迹,此时不要误以为前者被后者所刻伤。

(5) 解理和裂理都应在较大的单晶粒上观察。

实习三　自然元素矿物和卤化物矿物

1. 掌握要点

(1) 自然元素矿物分为自然金属元素矿物、自然半金属元素矿物和自然非金属元素矿物。自然金属元素矿物包括铂族元素(Ru,Rh,Pd,Os,Ir,Pt)及部分铜族元素(Cu,Ag,Au)构成的单质矿物及一些金属互化物矿物。晶体化学特点:(近似)等大质点作立方或六方最紧密排列,结晶成等轴或六方晶系。物理性质:金属色,强金属光泽,不透明,通常无好的晶形,解理不发育,硬度低,有延展性,相对密度大,是热和电的良好导体。自然半金属元素矿物主要是 As、Sb、Bi 三种元素的单质矿物。晶体均属三方晶系。完好晶形少见,一般成粒状、片状。新鲜面锡白或银白色,金属光泽,氧化后则暗淡无光,有{0001}完全解理。自然非金属元素包括自然硫族、金刚石-石墨族。组成固体非金属元素矿物的有 S、Se、Te、C 等元素,以硫和碳最为主要。自然非金属元素的键性视不同矿物而异,其中金刚石具典型共价键,结构类型为金刚石型;自然硫具分子键,呈分子结构型;石墨具层状结构,层内为共价键-金属键,层间为分子键。这些矿物由于彼此间的结构类型和键性差异极大,因而物理性质很不相同。

(2) 卤化物矿物的化学成分、晶体化学特征和物理性质。组成卤化物矿物的阳离子主要是惰性气体型离子的钾、钠、钙、镁、铝等离子。此外还有部分是属于铜型离子银、铜、铅、汞等,不过它们所组成的卤化物在自然界极为少见。晶体结构上,由于阳离子性质的不同,结构的键性也不同。由惰性气体型离子组成的卤化物表现离子键性,而由铜型离子组成的卤化物则表现共价键性。由惰性气体型离子组成的卤化物矿物一般为无色透明,呈玻璃光泽,比重不大,导电性差;而由铜型离子组成的卤化物矿物一般显浅色,呈金属光泽,透明度降低,比重增大,导电性增强,并具延展性。氟化物的硬度一般比氯化物、溴化物、碘化物为高,其中氟镁石的硬度为 5,是本大类矿物中硬度最高的。

2. 要求

(1)熟悉自然元素矿物的化学成分、形态、物理性质及成因产状特征,掌握主要自然元素矿物的鉴定特征。

(2)熟悉卤化物矿物的化学组成、形态、物理性质及主要成因产状。掌握其主要矿物的主要鉴定方法和鉴定特征。

3. 内容

(1)观察描述下列自然元素矿物,重点掌握其外观鉴定特征。

自然金、自然银、自然铜、自然铋、自然硫、金刚石、石墨。

(2)观察描述下列卤化物矿物,重点掌握其外观鉴定特征。

萤石、石盐、钾盐、氟镁石、光卤石、冰晶石。

4. 需要注意的问题

(1)自然元素矿物鉴定主要依靠形态、颜色、光泽、硬度、延展性、脆性等。有些自然金属、半金属元素矿物由于受氧化而呈现不同颜色,注意以其新鲜面颜色及条痕来鉴定。

(2)卤化物矿物主要依靠形态、颜色、解理以及必要的简易化学实验来鉴定。自然界萤石有多种颜色和形态,注意这些颜色和形态的变化与形成条件之间的关系,并注意萤石的解理特征。石盐和钾石盐除味觉上的差异外,还可借焰色反应来区别。取小块矿物置酒精灯的火焰上灼烧,透过蓝玻璃观察,钾石盐呈紫色焰色反应,而石盐呈浓黄色。

实习四 硫化物及其类似化合物矿物

1. 掌握要点

(1)化学成分。硫化物及其类似化合物包括一系列金属元素与硫、硒、碲、砷等相化合的化合物,因此除硫化物外,也有硒化物、砷化物、碲化物,还包含少数锑化物和铋化物。阴离子主要是 S,有少量 Se、Te、As、Sb、Bi 等。阳离子主要是 Cu、Pb、Zn、Ag、Hg、Fe、Co、Ni 等。

(2)晶体化学特点。硫化物的晶体结构常可看做硫离子作密堆积,阳离子位于四面体或八面体空隙,因此,金属阳离子的配位多面体很多是八面体和四面体或由此畸变的多面体,少数为三角形、柱状或其他的多面体形态。从堆积特点看,硫化物应属于离子化合物,但它又具有一系列不同于标准离子晶格的特点。硫化物的化学键体现着离子键向共价键的过渡,以共价键为主,并带有金属键的成分。

(3)形态及物理性质。简单硫化物由于组分简单,一般对称程度较高,多为等轴或六方晶系,少数为斜方、单斜晶系。组分复杂的硫盐对称程度较低,主要是单斜和斜方晶系。大多数硫化物晶形较好,特别是复(对)硫化物完好晶形更为常见,如黄铁矿、毒砂;硫盐主要呈粒状或块状集合体出现。大多数硫化物具有金属色、金属光泽、低透明度和强反射率,如方铅矿、黄铜矿、黄铁矿。少数呈非金属色,如闪锌矿、辰砂、雄黄、雌黄等。部分硫化物具有完好的解理,一般简单硫化物的解理较复硫化物发育。简单硫化物和硫盐硬度低,一般 2～4;具有层状结构的辉钼矿、铜蓝、雌黄等硬度较小,而复硫化物由于阴离子为对硫 S_2^{2-}、对砷 As_2^{2-} 或砷硫对 AsS^{2-} 使硬度增高,可达 5～6.5。硫化物相对密度较大,一般在 4 以上,这是由于组成硫化物的多数金属元素具有较大的相对原子质量。

2. 要求

(1) 熟悉硫化物及其类似化合物矿物的化学组成、形态和物理性质、成因产状特点,了解本大类矿物的共生组合及在氧化带和次生富集带的变化。

(2) 掌握主要矿物的鉴定特征。

3. 内容

(1) 观察描述下列硫化物及其类似化合物矿物,重点掌握其鉴定特征。

方铅矿、闪锌矿、黄铜矿、磁黄铁矿、辰砂、雄黄、雌黄、辉锑矿、辉铋矿、黄铁矿、毒砂、斑铜矿、辉钼矿。

(2) 参观了解下列硫化物及其类似化合物矿物。

辉铜矿、铜蓝、镍黄铁矿、白铁矿、黝铜矿、浓红银矿、淡红银矿、脆硫锑铅矿。

4. 需要注意的问题

(1) 本大类的大多数矿物可以根据颜色、条痕、光泽、硬度等几个性质较容易地区分开。但是有的外观相似矿物或矿物呈细粒致密集合体时,需要借助化学法准确区分。

(2) 几个简易化学实验。辉铜矿、黄铜矿等含铜矿物可用铜的焰色反应鉴定:加一滴盐酸于矿物碎块上,放在氧化焰上烧,出现蓝绿色火焰,如不加盐酸则火焰呈绿色。硫锰矿:加 H_2O_2 起泡,加盐酸放出 H_2S,有臭味。镍黄铁矿:试镍。将矿粉置于载玻片上,用 HNO_3 加热溶解,再加氨水稀释后吸于滤纸上,加一滴二甲基乙二醛肟酒精溶液,则出现桃红色(二甲基乙二醛镍)。

(3) 当方铅矿成细粒状并与其他矿物伴生而难以观察其解理和估量其比重时,可用 KI 及 $KHSO_4$ 与少许矿物粉末共同研磨,若出现 PbI_2 黄色沉淀,则可证明其为方铅矿。

(4) 当辉锑矿或辉铋矿呈细粒块体而外观难以区别时,可滴 KOH 于其上,如立刻呈现黄色,随后变为橘红色者为辉锑矿,而辉铋矿无此反应。

(5) 当辉钼矿呈细鳞片状而难以与石墨区别时,可根据辉钼矿研细的粉末呈绿灰色(条痕)而区别于石墨的颜色。

(6) 磁黄铁矿、黄铜矿或黄铁矿在其表面上经常出现锈色,而容易被误认为斑铜矿。应根据矿物新鲜断面的颜色及其他特征来区别。

实习五　氧化物和氢氧化物矿物

1. 掌握要点

(1) 氧化物矿物。组成氧化物的主要阴离子是氧,可与氧结合的阳离子约 40 种,主要是惰性气体型离子(如硅、铝等)和过渡型离子(如铁、锰、钛、铬等),而在硫化物中占主导地位的铜型离子则极少见。此外在少数氧化物中还有 F^-、Cl^- 等附加阴离子及水分子的存在。氧化物中的键性以离子键为主,并以由低价惰性气体型离子所组成的氧化物中为最强,如方镁石 MgO。随着离子电价的增加,共价键的成分趋向增多,如刚玉 Al_2O_3 已具有较多共价键成分,而石英 SiO_2 则以共价键占优势。另外阳离子的类型不同,键性亦随之改变,即随着从惰性气体型、过渡型离子向铜型离子改变时,共价键则趋向增强,同时阳离子配位数趋向减少。氧化物的物理性质以硬度最为突出,一般均在 5.5 以上,如石英、尖晶石、刚玉依次为 7,8,9。氧化物的比重彼此间相差较大,其中以钨、锡、铀等氧化物的比重为最大,一般大于 6.5;而 α-石英的比重仅为 2.65。在光学性质方面镁、铝、硅等惰性气体型离子组成的氧化物通常呈浅色或无色,半透明至透明,以玻璃光泽为主;而由铁、锰、铬等过渡型离子组成者则呈深色或暗色,不透明至微透明,表现出金属光泽,并且磁性增高。

(2) 氢氧化物矿物的化学成分、晶体化学特征和物理性质。氢氧化物的阴离子主要为 OH^- 和 O^{2-};阳离子主要为 Mg^{2+}、Fe^{2+}、Fe^{3+}、Mn^{4+}、Al^{3+} 以及少量 Ca^{2+},此外还有中性的水分子。结构中由 OH^- 或 OH^- 和 O^{2-} 共同形成密堆积,在后一种情况下 OH^- 和 O^{2-} 通常呈互层分布。氢氧化物的晶体结构主要呈层状或链状。由惰性气体型离子组成的矿物颜色、条痕色均浅,玻璃光泽;由过渡型阳离子组成的矿物颜色、条痕色深,甚至是黑色,金属至半金属光泽。由于键力较弱,往往具一组完全至极完全解理。

2. 要求

(1) 熟悉氧化物和氢氧化物类矿物的化学组成、形态、物理性质及主要成因产状,对某些重点矿物联系其晶体化学特征作进一步的理解。

(2) 掌握氧化物和氢氧化物矿物主要矿物的鉴定方法和鉴定特征。

3. 内容

(1) 观察描述下列氧化物和氢氧化物矿物,重点掌握其鉴定特征。

刚玉、赤铁矿、金红石、锡石、α-石英、磁铁矿、铬铁矿、尖晶石、钛铁矿、黑钨矿、软锰矿、硬锰矿、铝土矿、褐铁矿、水镁石。

(2) 参观了解下列氧化物矿物。

赤铜矿、锐钛矿、板钛矿、铌铁矿、蛋白石。

4. 需要注意的问题

(1) 本大类矿物的鉴定主要依靠形态、颜色、解理、磁性以及必要的简易化学实验。

(2) 赤铁矿有很多集合体形态,不同集合体的外观颜色不同,但其条痕色都是樱红色,可作为鉴定依据。镜铁矿(具金属光泽的玫瑰花状或片状集合体的赤铁矿)因常含磁铁矿的显微包裹体而显强磁性,应以其条痕色与磁铁矿相区别。

(3) α-石英有多种颜色的亚种和集合体形态,如水晶、紫晶、黄水晶、玛瑙、玉髓等,注意了解石英的颜色变化以及集合体种类。

(4) 鉴定金红石时,可将矿粉溶于热磷酸中,冷却稀释后,加 H_2O_2 或 Na_2O 可使溶液呈黄褐色(钛的反应)。

(5) 鉴定锡石时,可利用锡镜反应:置锡石细粒于锌版上,加一滴盐酸,经几分钟后,锡石表面形成一层锡白色金属锡薄膜。

（6）水镁石易溶于盐酸而不起泡，可作为鉴定特征与其他石棉矿物区别。

（7）致密块状铝土矿不易鉴定，可将矿物的碎块浸于硝酸钴溶液，而后置于酒精灯火焰上灼烧，若矿物的表面呈现蓝色，则是 Al 的反应。此外，加盐酸不起泡，以此可与石灰岩区别。

（8）铝土矿、褐铁矿都不是一种纯净的矿物，而是由几种矿物组成的混合物，并含较多机械杂质，因此其颜色、相对密度、硬度的变化范围较大。

实习六　硅酸盐（一）：岛、环、链状结构硅酸盐矿物

1. 掌握要点

（1）岛状结构硅酸盐矿物的络阴离子主要有孤立的 SiO_4^{4-} 硅氧四面体和孤立的硅氧双四面体 $Si_2O_7^{6-}$。有时二者共存于同一种矿物的结构中，如绿帘石。本亚类矿物种类较多，同时阳离子远较其他亚类复杂多样，主要是 Ca、Mg、Fe、Mn、Al、Ti、Zr 等。但在其他亚类矿物中分布较普遍的 K、Na，在本亚类矿物中却很少出现。此外，本亚类矿物中很少有铝硅酸盐。本亚类矿物一般具有完好的晶形，多呈无色或浅色，透明至半透明，具玻璃光泽或金刚光泽，高硬度（一般均大于 5.5），相对密度和折射率也都较大。

（2）环状结构硅酸盐矿物中的络阴离子虽有多种形式，但实际上只有具六联环络阴离子的硅酸盐矿物如绿柱石、堇青石和电气石较为常见。本亚类矿物一般具有完好的晶形，多呈无色或浅色，透明至半透明，具玻璃光泽或金刚光泽，高的硬度（一般均大于 5.5），相对密度和折射率中等。

（3）链状结构硅酸盐中的络阴离子为 SiO_4 四面体共角顶相连而成的沿一维方向无限延伸的链状硅氧骨干。其晶体结构中链状硅氧骨干依靠骨干外的阳离子而互相联系。这些阳离子主要为 K、Na、Ca、Li、Rb、Mg、Al、Be 等惰性气体型离子和 Fe、Mn、Ti、Cr 等过渡型离子。其结构中还常见附加阴离子 OH^-、F^-、Cl^- 等。此外，硅氧骨干中的 Si 常被少量的 Al 替代。链状结构硅酸盐矿物一般为平行链状硅氧骨干延伸方向的板状、柱状、针状、纤维状的晶体形态；发育平行链延伸方向的解理及含惰性气体型阳离子的矿物一般为无色或浅色，而含过渡型阳离子者表现为深彩色，具玻璃光泽等。链状硅氧骨干有多种，有具单链硅氧骨干的辉石族、硅灰石族、蔷薇辉石族矿物和具双链硅氧骨干的角闪石族、夕线石族矿物等。

2. 要求

（1）了解并熟悉的岛状、环状、链状硅酸盐矿物的化学组成、形态和物理性质以及成因特征。

（2）掌握常见的岛状、环状、链状硅酸盐矿物的宏观鉴定特征。

3. 内容

（1）观察描述下列硅酸盐矿物，重点掌握其鉴定特征。

锆石、橄榄石、石榴子石、黄玉、红柱石、蓝晶石、夕线石、十字石、榍石、绿帘石、符山石、绿柱石、电气石、透辉石、普通辉石、硬玉、锂辉石、普通角闪石、蓝闪石、透闪石、阳起石、霓石、硅灰石、蔷薇辉石。

（2）参观了解下列硅酸盐矿物。

褐帘石、堇青石、顽火辉石、镁铁闪石、直闪石。

4. 需要注意的问题

（1）细粒的锆石和锡石无法估量它们的比重时，可利用锡膜反应。

（2）当透闪石和硅灰石两者的解理特征难以看清时，可将矿物粉末置于浓盐酸中，透闪石不溶于酸，而硅灰石变成絮状物。

（3）霓石和钠闪石是碱性辉石中最常见的矿物，它们产于碱性岩中，是碱性岩的造岩矿物。因此产状可作为识别它们的一个途径。

（4）锂辉石只出现于伟晶岩形成过程的锂交代作用阶段而成为标型矿物，这一特点可作为识别锂辉石的特征之一。

实习七 硅酸盐（二）：层、架状结构硅酸盐矿物

1. 掌握要点

（1）层状结构硅酸盐矿物的结构、成分和物理性质、四面体片和八面体片、二八面体和三八面体的概念。硅氧四面体通过位于同一平面上的桥氧在二维空间内相互连接所形成的结构单元，叫做结构片。在四面体片中，SiO_4 四面体分布在一个平面内，彼此以三个角顶相连，形成二维延展的网层（最常见的为六方形网）。四面体片以字母 T 表示。上下两层四面体片以顶氧（及 OH）相对，在其间形成了八面体空隙，其中为六配位的 Mg^{2+}、Fe^{2+}、Al^{3+}、Li^+、Fe^{3+} 等充填，配位八面体共棱连接形成八面体片，以字母 O 表示。八面体片与硅氧四面体片通过共用活性氧的方式相互连接组成结构层，有 T—O 和 T—O—T 两种基本类型。无论在哪种层中，基于电价平衡的要求，如果八面体阳离子为二价阳离子时，每个八面体空隙都必须为阳离子所占有，这样的结构层称为三八面体层；当为三价阳离子时，则只需 2/3 的八面体空隙有阳离子，电价即可达到平衡，其余八面体位置是空位，这样的结构层称为二八面体层。层状硅酸盐矿物的许多性质是由其特殊的层状结构决定的，就形态而言，均呈假六方片状或短柱状。在物理性质上表现为硬度小，相对密度也不高，有完全的 {001} 解理，解理面上可见珍珠光泽等。云母族矿物还具有弹性。至于粘土矿物的可塑性则是因为粒径极细而引起的。

（2）架状结构硅酸盐矿物的结构、成分和物理性质。架状结构硅酸盐矿物的结构特征是每个硅氧四面体的所有四个角顶均与比邻的硅氧四面体共用，形成类似于氧化物石英中的 Si—O 架状结构。由于其结构中由 Al^{3+}（或 Be^{2+}、B^{3+}）等置换 Si^{4+} 而与其他阳离子结合形成铝硅酸盐等，最常见的阳离子是 K^+、Na^+、Ca^{2+}、Ba^{2+} 等。架状结构硅酸盐矿物中，硅氧或铝氧四面体间的连接方式多种多样，形成的四面体骨架中可以有巨大的空隙和管道，可被 K^+、Na^+、Ca^{2+}、Ba^{2+} 等离子或附加阴离子或水分子占据。形态上有粒状、片状等，某些方向具解理，具有较高的硬度，一般呈浅色，相对密度较小，折射率也较低。

2. 要求

（1）了解并熟悉层状和架状硅酸盐矿物的化学组成、形态和物理性质以及成因特征。

（2）掌握常见的层状和架状硅酸盐矿物的宏观鉴定特征。

3. 内容

（1）观察描述下列硅酸盐矿物，重点掌握其鉴定特征。

蛇纹石、高岭石、叶蜡石、滑石、白云母、黑云母、金云母、锂云母、蒙脱石、绿泥石、正长石、微斜长石、斜长石、霞石、白榴石、方柱石。

（2）参观了解下列硅酸盐矿物。

铁锂云母、蛭石、海绿石、埃洛石、伊利石、葡萄石、日光榴石、方钠石、青金石、沸石。

4. 需要注意的问题

（1）高岭石、埃洛石和蒙脱石三者中，其矿物块体表面干裂后碎裂成棱角状者为埃洛石，矿物碎块加水后体积迅速膨胀者为蒙脱石。

（2）灼烧蛭石时，其体积迅速膨胀而成银灰色的蝗虫状体，为其最显著的一个鉴定特征。

（3）钾长石和斜长石除外观特征判别外，还可采用染色法：在矿物颗粒表面或磨光面上涂以 HF，半分钟后以水洗净，再用亚硝酸钴钠溶液涂其表面，经一分钟，再以水洗净。钾长石被染成黄色，而斜长石不染色。

（4）当霞石和石英两者难以区别时，可将矿物粉末置于试管中，加浓盐酸煮沸几分钟后，残渣中有胶状物者为霞石。

（5）透长石是标型矿物，产于酸性火山岩中；白榴石也是标型矿物，只产于碱性火山岩中。它们的产状均可作为各自的一个鉴定标志。

（6）蛇纹石石棉和闪石石棉仅据外表不易区别，可将它们的纤维体少许放在研钵中研磨，蛇纹石性柔，可研成面饼状薄片，而闪石石棉性脆，研成粉末状。

实习八　硫酸盐和碳酸盐矿物

1. 掌握要点

（1）硫酸盐矿物的金属阳离子主要有 Mg^{2+}、Ca^{2+}、Na^+、Fe^{3+}、K^+、Ba^{2+}、Sr^{2+}、Pb^{2+}、Al^{3+}、Cu^{2+}。阴离子除 SO_4^{2-} 外有时还有 OH^- 等附加阴离子。此外许多硫酸盐矿物中存在结晶水。物理性质特征是硬度低，通常在 2～3.5 之间；相对密度一般不大，在 2～4 左右，含钡和铅的矿物可达 4～7；一般呈无色或白色，含铁者为黄褐色或蓝绿色，含铜者呈绿色，含锰或钴者呈红色。

（2）碳酸盐矿物的金属阳离子主要是 Ca^{2+} 和 Mg^{2+}，其次是 Fe^{2+}、Mn^{2+}、Na^+，以及 Cu^{2+}、Zn^{2+}、Pb^{2+}、稀土元素离子等。阴离子部分除 CO_3^{2-} 外，有时还有附加阴离子，其中以 OH^- 为主要。碳酸盐矿物晶体结构中存在的络阴离子较一般的阴离子为大，它与较大或中等离子半径的二价阳离子结合成无水化合物，与 Cu^{2+} 等可形成含 OH^- 的碳酸盐，与 Na^+ 等一价阳离子形成含结晶水的碳酸盐。碳酸盐矿物的物理性质特征是硬度不大，一般在 3 左右；非金属光泽；大多数为无色或白色，含铜者呈鲜绿色或鲜蓝色，含锰者呈玫瑰红色，含稀土或铁者呈褐色。

2. 要求

（1）了解并熟悉硫酸盐和碳酸盐矿物的化学组成、形态和物理性质以及成因特征。

(2) 掌握常见的硫酸盐和碳酸盐矿物的宏观鉴定特征。

3. 内容

(1) 观察描述下列碳酸盐和硫酸盐矿物,重点掌握其鉴定特征。

方解石、菱镁矿、白云石、菱锰矿、菱铁矿、菱锌矿、文石、孔雀石、蓝铜矿、重晶石、石膏、硬石膏、明矾石。

(2) 参观了解下列碳酸盐和硫酸盐矿物。

碳锶矿、氟碳铈矿、天青石、铅矾、芒硝、黄钾铁帆、胆矾、水绿矾。

4. 需要注意的问题

(1) 方解石、菱镁矿和白云石外观上较难识别,可借助盐酸反应来区别。方解石遇冷稀盐酸即剧烈起泡;白云石遇冷稀盐酸只微弱起泡;菱镁矿则与冷稀盐酸不起作用,只与热盐酸才剧烈起泡。

(2) 当方解石和文石颗粒过细而难以识别它们的解理时,可采用重液法来区分。将矿物置于三氯甲烷中,文石下沉,而方解石和白云石均漂浮。

(3) 可用焰色反应来区分天青石与重晶石:将矿物小片置火焰上灼烧,天青石的火焰呈深红色,而重晶石呈黄绿色。

(4) 明矾石凭外观不易鉴定,可利用焰色反应识别(类同铝土矿)。

(5) 铅矾作为方铅矿的氧化次生产物,常与方铅矿伴生,由于铅矾溶解度很低,常包裹在方铅矿的外表,而使后者不易于进一步氧化。因此在铅锌硫化物矿床氧化带见到包裹和交代方铅矿的无色或灰白色矿物,很可能是铅矾。

实习九　其他含氧盐类矿物

1. 掌握要点

(1) 磷酸盐矿物的金属阳离子主要有 Ca^{2+}、Al^{3+}、Pb^{2+}、Cu^{2+}、Fe^{2+}、Fe^{3+}、Mn^{2+} 及稀土元素离子等。此外还常存在 UO_2^{2+} 络阳离子。阴离子除 PO_4^{3-} 外常存在附加阴离子如 OH^-、F^-、Cl^-、O^{2-} 等。同时有半数左右矿物含 H_2O 分子,尤其是含 UO_2^{2+} 的矿物均为含水化合物。在物理性质方面的变化范围也较大,大多数矿物具有低的或中等的硬度,只有无水磷酸盐矿物可有较高的硬度;相对密度的变化范围很大;含铁、锰、铜、铀等的矿物均出现较为鲜艳的颜色。

(2) 硼酸盐矿物的金属阳离子主要有 Mg^{2+}、Ca^{2+}、Na^+、Fe^{2+}、Fe^{3+}、Mn^{2+}。大多数硼酸盐矿物含水分子和羟离子 OH^-。晶体结构中除 BO_3^{3-} 三角形外,还可存在 BO_4^{5-} 四面体络阴离子。大部分硼酸盐矿物呈白色或无色,只有含 Fe^{2+}、Fe^{3+}、Mn^{2+} 等呈深色至黑色;硬度变化范围较大,但大部分属低硬度和中等硬度;绝大部分相对密度在 4 以下,其中约有半数在 2.5 以下。

(3) 硝酸盐矿物的阳离子为 Na^+、K^+、NH_4^+、Mg^{2+}、Ca^{2+}、Ba^{2+}、Cu^{2+},阴离子除 NO_3^- 外,少数还有 OH^- 或结晶水。晶体结构中存在 NO_3 三角形络阴离子,较一般阴离子大,与半径大的阳离子结合成无水化合物,而与较小的二价阳离子形成含水化合物。硝酸盐矿物一般呈无色透明或白色,只有当阳离子为铜时才表现为绿色;相对密度一般偏低,在 1.5～3.5 之间;

硬度一般也偏低,在 1.5～3.0 之间;溶解度大。

(4) 钨、钼、铬酸盐矿物的金属阳离子主要有 Ca^{2+}、Pb^{2+},它们形成无水化合物;半径较小的 Cu^{2+}、Al^{3+} 等,则在它们的钨、钼、铬酸盐中同时存在附加阴离子 OH^- 或水分子。钨、钼、铬酸盐矿物的相对密度都较大,硬度一般不高,含水者则很低;颜色除钨铅矿为深色外,其余多为浅色。

2. 要求

(1) 了解并熟悉常见的磷酸盐、硼酸盐、硝酸盐、钨酸盐等含氧盐矿物的形态和物理性质、成分特点及成因产状。

(2) 掌握常见磷酸盐、硼酸盐、硝酸盐、钨酸盐等含氧盐矿物的宏观鉴定特征。

3. 内容

(1) 观察描述下列含氧盐矿物,重点掌握其鉴定特征。

磷灰石、独居石、白钨矿、硼镁铁矿、绿松石、钼铅矿、铬铅矿。

(2) 参观了解下列含氧盐矿物。

磷铝石、磷氯铅矿、方硼石、硼镁石、硼砂、钠硝石、镍华、钴华。

4. 需要注意的问题

(1) 对于不易识别的磷灰石和磷块岩(主要由胶磷矿组成的海相沉积岩石),可用 HNO_3 滴于其上,再加少许钼酸铵粉末,如白色粉末变为黄色,指示有磷存在。其他磷酸盐矿物与相似矿物的区分也可用此方法。

(2) 白钨矿与石英、长石相似,但是相对密度差别较大,当白钨矿与其他矿物共存而无法估测相对密度时,可以利用白钨矿的发光性来区别(紫外光下,白钨矿发蓝白色荧光)。

附录2

主题词和矿物名称索引

α-硫　α-Sulfur 43

α-石英　α-Quartz 76

β-石英　β-Quartz 77

A

I束 106

TOT 型 116

TO 型 116

X 射线衍射 177

埃洛石 Halloysite 119

凹凸棒石 Attapulgite 125

奥(更)长石 Oligoclase 133

B

八面体片 115

巴温诺律 131

巴西双晶 76

白榴石 Leucite 135

白硼锰石 Sussexite 141

白铅矿 Cerussite 163

白铁矿 Marcasite 63

白钨矿 Scheelite 151

白云母 Muscovite 122

白云石 Dolomite 163

斑点法 171

斑铜矿 Bornite 58

板钛矿 Brookite 73

半金属光泽 23

伴生组合 13

包裹体 14

贝壳状断口 28

钡冰长石 Hyalophane 128

钡长石 Celsian 128

钡解石 Barytocalcite 164

铋化物 Bismuthide 51

变埃洛石 Metahalloysite 120

变彩 21

变胶体矿物 12

变生矿物 12

变质作用 7

变种 3

标型矿物 13

标型特征 13

冰晶石 Cryolite 48

玻璃光泽 23

不完全解理 27

C

参差状断口 28

层间水 36

层间域 116

层状硅氧骨干 90

层状结构硅酸盐 115

差热分析 176

长石 Feldspar 4

常林钻石 44

沉积作用 9

辰砂 Cinnabar 55

成因矿物学 7

赤矾 Bieberite 156

赤铁矿 Hematite 72

赤铜矿 Cuprite 70

臭葱石 Scorodite 147

测角仪 172

磁赤铁矿 Maghemite 71

磁黄铁矿 Pyrrhotite 56

磁铁矿 Magnetite 80

雌黄 Orpiment 60

次贝壳状断口 28

次生包裹体 15

粗铂矿 Polyxene 41

脆硫锑铅矿 Jamesonite 66

翠榴石 Demantoid 97

D

单斜辉石 Clinopyroxene 107

单斜闪石 Clinoamphibole 114

胆矾 Chalcanthite 156

淡红银矿 Proustite 66

蛋白光 21

蛋白石 Opal 77

纤维状断口 28

岛状硅氧骨干 88

岛状结构硅酸盐 94

道芬双晶 76

低温热液作用 9

地开石 Dickite 119

地质温度计 14

地质压力计 14

碲化物 Tellurides 51

碲铅矿 Altaite 53

电气石 Tourmaline 8

电子探针 37

毒砂 Arsenopyrite 64

独居石 Monazite 145

多相包裹体 15
惰性气体型离子 33
惰性氧 90

F

钒钾铀矿 Carnotite 149
钒铅矿 Vanadinite 147
钒酸盐 Vanadate 144
反光显微镜 171
反条纹长石 Antiperthite 129
反铁磁性 29
反压电效应 30
方沸石 Analcite 138
方解石 Calcite 160
方钠石 Sodalite 135
方硼石 Boracite 142
方铅矿 Galena 53
方石英 Cristobalite 75
方柱石 Scapolite 136
沸石 Zeolite 9
沸石水 35
分泌体 19
分散元素 33
风化作用 9
氟化物 Fluoride 46
氟镁石 Sellaite 47
氟碳铈矿 Bastnaesite 166
符山石 Vesuvianite 102
斧石 Axinite 88
副像 11

G

钙长石 Anorthite133
钙钒榴石 Goldmanite 96
钙锆榴石 Kimzeyite 96
钙铬榴石 Uvarovite 96
钙铝榴石 Grossular 96
钙十字沸石 Phillipsite 138
钙钛矿 Perovskite 79
钙钛榴石 Schorlomite 97
钙铁辉石 Hedenbergite 110

钙铁榴石 Andradite 96
钙铀云母 Autunite 149
钙柱石 Meionite 136
橄榄石 Olivine 95
刚玉 Corundum 71
高岭石 Kaolinite 119
高温热液作用 8
锆石（锆英石）Zircon 95
铬铅矿 Crocoite 151
铬酸盐 Chromate 149
铬铁矿 Chromite 81
古铜辉石 Bronzite 108
钴华 Erythrite 148
固态包裹体 15
光卤石 Carnallite 49
规则混层矿物 127
硅钙铀钍矿 Ekanite 89
硅华 Geyserite 78
硅灰石 Wollastonite 111
硅灰石式单链 89
硅孔雀石 Chrysocolla 120
硅酸盐 Silicate 87
硅锌铬铅矿 Hemihydrite 150
硅氧骨干 87
硅藻土 Diatomite 78
贵蛋白石 77
国际矿物学会 107
过渡型离子 34

H

海蓝宝石 Aquamarine 104
海绿石 Glauconite 124
海泡石 Sepiolite 125
合成矿物 1
核磁共振 179
褐铁矿 Limonite 4
黑辰砂 Metacinnabar 55
黑电气石 Schorl 104
黑榴石 Melanite 96
黑钨矿 Wolframite 81
黑云母 Biotite 122
红宝石 Ruby 71

红磷铁矿 Strengite 147
红砷镍矿 Nickeline 57
红外光谱 177
红柱石 Andalusite 99
虎睛石 77
花岗岩 Granite 1
滑间皂石 Aliettite 127
滑石 Talc 120
化学沉积 10
环状结构硅酸盐 103
黄钾铁矾 Jarosite 157
黄铁矿 Pyrite 63
黄铜矿 Chalcopyrite 58
黄锡矿 Stannite 57
黄玉（黄晶）Topaz 99
辉铋矿 Bismuthinite 59
辉钼矿 Molybdenite 61
辉砷钴矿 Cobaltite 64
辉石 Pyroxene 4
辉石式单链 89
辉锑矿 Stibnite（Antimonite）59
辉铜矿 Chalcocite 53
混层结构 126
活性氧 90
火蛋白石 77
火山沉积作用 9

J

机械沉积作用 9
钾长石 Potash feldspar 128
钾石盐 Sylvine 49
钾霞石 Kaliophilite 134
钾硝石 Niter 167
架状硅氧骨干 90
架状结构硅酸盐 127
假次生包裹体 15
假色 21
假像 11
尖晶石 Spinel 80
间层结构 126
碱性长石 Alkali feldspar 128
交代作用 10

胶磷矿 Collophane 146
胶态集合体 19
胶体沉积 10
胶体结晶作用 12
胶体矿物 Colloid mineral 10
焦电性 30
角闪石 Amphibole 4
角银矿 Chlorargyrite 49
阶梯状断口 28
接触变质作用 10
接触交代作用 10
接触热变质作用 10
结构式 36
结核体 19
结晶习性 16
金刚石 Diamond 44
金红石 Rutile 72
金云母 Phlogopite 122
金属光泽 23
堇青石 Cordierite 104
晶变现象 158
晶体测角法 172
晶体化学式 36
晶质铀矿 Uraninite 74
镜铁矿 Specularite 72
锯齿状断口 28

K
卡斯巴律 131
柯绿泥石 Corrensite 127
柯石英 Coesite 75
克拉克值 32
孔雀石 Malachite 164
矿物的形成顺序 12
矿物分类 5
矿物分选 170
矿物科学 3
矿物学 2
矿物种 3

L
拉长石 Labradorite 133

拉曼光谱 178
蓝宝石 Sapphire 71
蓝晶石 Kyanite 98
蓝闪石 Glaucophane 115
蓝石棉 115
蓝铁矿 Vivianite 148
蓝铜矿 Azurite 165
蓝锥矿 Benitoite 88
累托石 Rectorite 127
离溶结构 107
锂电气石 Elbaite 104
锂辉石 Spodumene 111
锂云母 Lepidolite 123
利蛇纹石 Lizardite 118
沥青铀矿 Pitchblende 74
链状硅氧骨干 89
链状结构硅酸盐 105
裂理 27
裂理面 27
磷铬铜铅矿 Vauquelinite 150
磷光 24
磷灰石 Apatite 146
磷铝石 Variscite 147
磷氯铅矿 Pyromorphite 146
磷酸盐 Phosphate 144
鳞石英 Tridymite 75
菱沸石 Chabazite 138
菱镁矿 Magnesite 161
菱锰矿 Rhodochrosite 161
菱铁矿 Siderite 161
菱锌矿 Smithsonite 162
硫镉矿 Greenockite 54
硫化物 Sulfide 51
硫酸盐 Sulfate 151
硫盐 Sulfosalt 64
六方辰砂 Hypercinnabar 55
六方金刚石 Lonsdaleite 43
六方碳钙石 Vaterite 159
卤化物 Halide 46
铝回避原则 92
铝土矿 Bauxite 4
绿帘石 Epidote 102

绿泥间蜡石 Lunijianlaite 127
绿泥石 Chlorite 124
绿泥间滑石 Kulkeite 127
绿松石 Turquoise 147
绿柱石 Beryl 103
氯黄晶 Zunyite 88
氯磷灰石 Chlorapatite 145

M
玛瑙 Agate 76
曼尼巴律 131
芒硝 Mirabilite 155
猫眼光 23
毛沸石 Erionite 138
镁电气石 Dravite 104
镁橄榄石 Forsterite 95
镁铝榴石 Pyrope 96
镁直闪石 Magnesio-anthophyl-
lite 114
蒙脱石 Montmorillonite 123
锰白云石 Kutnohorite 163
锰方硼石 Chambersite 142
锰铝榴石 Spessartine 96
锰土 Wad 85
明矾石 Alunite 157
摩斯硬度 25
墨铜矿 Valleriite 127
钼铅矿 Wulfenite 151
钼酸盐 Molybdate 149
穆斯堡尔谱 178

N
内生作用 7
钠长石 Albite 133
钠长石-卡斯巴律 131
钠长石律 131
钠长石-肖钠长石律 131
钠沸石 Natrolite 138
钠铬辉石 Ureyite 111
钠硼解石 Ulexite 143
钠闪石 Riebeckite 115

钠硝石 Natratine 167

钠柱石 Marialite 136

铌铁矿-钽铁矿 Columbite-Tantalite 82

霓辉石 Aegirine-augite 109

霓石 Aegirine 110

镍华 Annabergite 148

镍黄铁矿 Pentlandite 57

浓红银矿 Pyrargyrite 66

P

培长石 Bytownite 133

硼镁石 Szaibelyite 142

硼镁铁矿 Ludwigite 141

硼砂 Borax 143

硼酸盐 Borate 140

硼铁矿 Vonsenite 141

铍钨大隅石 Milarite 89

铍黄长石 Aminoffite 88

片沸石 Heulandite 138

偏光显微镜 171

坡缕石 Palygorskite 125

葡萄石 Prehnite 126

普通辉石 Augite 110

普通角闪石 Hornblende 114

Q

气体包裹体 15

铅矾 Anglesite 153

蔷薇辉石 Rhodonite 112

蔷薇辉石式单链 89

羟硅钡石 Muirite 88

羟硅铝石 Tosudite 127

羟磷灰石 Hydroxylapatite 145

氢氧化物 Hydroxide 68

区域变质作用 11

缺席构造 56

R

染色法 172

热液作用 8

热重分析 176

人造矿物 1

日本双晶 76

日光榴石 Helvite 135

软锰矿 Pyxrolusite 73

软水铝石 Boehmite 84

锐钛矿 Anatase 73

S

三水铝石 Gibbsite 83

扫描电子显微镜 172

扫描隧道显微镜 173

扫描探针显微镜 173

色素离子 20

铯绿柱石 Morganite 104

闪锌矿 Sphalerite 55

蛇纹石 Serpentine 118

砷化物 Arsenides 51

砷铝石 Mansfieldite 147

砷铅石 Mimetite 146

砷酸盐 Arsenate 144

砷黝铜矿 Tennantite 65

生物化学沉积 10

失水作用 11

湿化学分析 175

十字石 Staurolite 99

石膏 Gypsum 154

石榴子石 Garnet 97

石棉 Asbestos 113

石墨 Graphite 44

石笋 19

石盐 Halite 48

石钟乳 19

实体显微镜 170

实验式 36

世代 12

示差扫描量热分析 176

梳状构造 176

双晶石 Eudidymite 90

水钙铝榴石 Hydrogrossular 97

水黑云母 Hydrobiotite 127

水化作用 11

水晶 Rock crystal 76

水绿矾 Melanterite 156

水镁石 Brucite 83

水锰矾 Mallardite 156

水凝胶体 35

水溶胶体 35

水钨铝矿 Anthoinite 150

顺磁共振 179

丝光沸石 Mordenite 138

斯石英 Stishovite 75

似长石 Feldspathoid 134

似辉石 Pyroxenoid 111

似矿物 2

T

他色 21

钛铁矿 Ilmenite 78

碳磷灰石 Carbonate-apatite 146

碳钡矿（毒重石）Witherite 163

碳锶矿 Strontianite 162

碳酸盐 Carbonate 157

锑化物 Antimonides 51

体色 20

天河石 Amazonite 133

天青石 Celestite 153

条纹长石 Perthite 129

铁白云石 Ankerite 163

铁磁性 29

铁矾 Siderotil 156

铁方硼石 Ericaite 142

铁橄榄石 Fayalite 95

铁-尖晶石 Fe-spinel 79

铁锂云母 Zinnwaldite 123

铁钼华 Ferrimolybdite 150

铁铝榴石 Almandite 96

铁云母 Annite 122

铁闪锌矿 Marmatite 54

铁赭石 Red ocher 72

铁直闪石 Ferro-anthophyllite 114

铁紫苏辉石 Ferrohypersthene 108

铜金矿 Cuproaurite 40
铜蓝 Covellite 61
铜钨华 Cuprotungstite 150
铜铀云母 Torbernite 149
透长石 Sanidine 132
透辉石 Diopside 109
透闪石 Tremolite 114
透闪石式双链 89
透射电子显微镜 180
透石膏 Selenite 154

W

歪长石 Anorthclase 128
顽火辉石 Enstatite 108
微斜长石 Microcline 132
围岩蚀变 8
维氏硬度 26
文石（霰石）Aragonite 162
钨锰矿 Huebnerite 81
钨酸盐 Tungstate 149
钨铁矿 Ferberite 81
无水芒硝 Thenardite 155
五水泻盐 Pentahydrite 156
五水锰矾 Jokokulite 156

X

矽卡岩 Skarn 9
夕线石 Sillimanite 99
夕线石式双链 90
硒化物 Selenides 51
硒铅矿 Clausthalite 53
锡石 Cassiterite 73
霞石 Nepheline 134
纤蛇纹石 Chrysotile 118
纤铁矿 Lepidocrocite 85
纤维石膏 Satin spar 154
纤锌矿 Wurtzite 53
显微结晶分析法 171
香花石 Hsianghualite 136
硝酸盐 Nitrate 166

肖钠长石 Pericline 133
肖钠长石律 131
斜长石 Plagioclase 133
斜发沸石 Clinoptilolite 138
斜方辉石 Orthopyroxene 107
斜方闪石 Orthoamphibole 114
斜方铁辉石 Orthoferrosilite 109
楣石 Sphene 100
新矿物及矿物命名委员会 3
星光红宝石 Star-ruby 71
星光蓝宝石 Star-sapphire 71
杏仁体 19
雄黄 Realgar 60
溴银矿 Bromargyrite 49

Y

压电效应 30
亚铁磁性 29
亚种 3
烟水晶 Smoky quartz 77
阳起石 Actinolite 114
氧化物 Oxide 68
叶蜡石 Pyrophyllite 121
叶钠长石 Cleavelandite 133
叶蛇纹石 Antigorite 118
液体包裹体 15
伊利石 Illite 122
异极矿 Hemimorphite 101
异性石 Eudialyte 88
易解石 Aeschynite 68
银金矿 Electrum 40
鹰眼石 77
萤石 Fluorite 47
硬硅钙石式双链 89
硬锰矿 Psilomelane 85
硬石膏 Anhydrite 154
硬水铝石 Diaspore 83
硬玉 Jadeite 110
尤莱辉石 Eulite 108
有序-无序 130

黝铜矿 Tetrahedrite 65
玉髓 Chalcedony 76
原生包裹体 14
原子力显微镜 173
云辉闪石 Biopyribole 91
云母 Mica 4
云母赤铁矿 Mica hematite 72
云母间蒙脱石 Tarasovite 127

Z

造矿元素 34
造岩元素 33
粘土矿物 Clay minerals 117
赵石墨 Chaoite 43
针铁矿 Goethite 84
珍珠陶石 Nacrite 119
正长石 Orthoclase 132
直闪石 Anthophyllite 114
蛭石 Vermiculite 124
中长石 Andesine 133
中温热液作用 9
钟乳状集合体 19
重晶石 Barite 152
珠球反应 172
准矿物 Mineraloid 2
浊沸石 Laumontite 138
紫苏辉石 Hypersthene 108
自然半金属元素 42
自然铋 Bismuth 42
自然铂 Platinum 41
自然非金属元素 43
自然金 Gold 41
自然金属元素 40
自然硫 Sulphur 43
自然铜 Copper 40
自然元素矿物 39
自色 21
祖母绿 Emerald 104
最大微斜长石 Maximum micro-
　　cline 130

主要参考书目

[1]　Andrew Putnis. Introduction to Mineral Sciences. Cambridge：Cambridge University Press，1992

[2]　Cornelis Klein. Manual of Mineral Science (22nd edition). New York：John Wiley & Sons，Inc，2002

[3]　Ivan Kostov. Mineralogy. Edinburg and London：Oliver and Boyd，1968

[4]　Joseph A Mandarino and Malcolm E Back. Fleischer's Glossary of Mineral Species. Tucson：The Mineralogical Record Inc，2004

[5]　Keith Frye. The Encyclopedia of Mineralogy. Stroudsburg：Hutchinson Ross Publishing Company，1981

[6]　Leonard G Berry，Brian Mason. Mineralogy：Concepts，Descriptions，Determinations. San Francisco：Freeman and Company，1983

[7]　Maurice Hugh Battey. Mineralogy for Students (2nd edition). London and New York：Longman，1981

[8]　William D Nesse. Introduction to Mineralogy. New York：Oxford University Press，2000

[9]　〔美〕T. 佐尔泰，J. H. 斯托特著；施倪承，马喆生等译. 矿物学原理. 北京：地质出版社，1992

[10]　长春地质学院矿物教研室. 结晶学及矿物学教学参考文集. 北京：地质出版社，1983

[11]　常铁军，祁欣主编. 材料近代分析测试方法. 哈尔滨：哈尔滨工业大学出版社，1999

[12]　陈敬中主编. 现代晶体化学——理论与方法. 北京：高等教育出版社，2001

[13]　陈武，季寿元. 矿物学导论. 北京：地质出版社，1985

[14]　郭克毅，周正. 矿物珍品. 北京：地质出版社，1996

[15]　李哲，应育浦. 矿物穆斯堡尔谱学. 北京：科学出版社，1996

[16]　罗谷风主编. 基础结晶学与矿物学. 南京：南京大学出版社，1993

[17]　罗谷风. 结晶学导论. 北京：地质出版社，1985

[18]　马喆生，施倪承. X 射线晶体学. 武汉：中国地质大学出版社，1995

[19]　潘兆橹等编. 结晶学及矿物学（上、下）. 北京：地质出版社，1993

[20]　秦善. 晶体学基础. 北京：北京大学出版社，2004

[21]　王濮，潘兆橹，翁玲宝等. 系统矿物学（上、中、下）. 北京：地质出版社，1982

[22]　王文魁，彭志忠. 晶体测量学简明教程. 北京：地质出版社，1992

[23]　王永华，刘文荣. 矿物学. 北京：地质出版社，1985

[24]　新矿物及矿物命名委员会. 英汉矿物种名称. 北京：科学出版社，1984